简明造园实务手册

[日]木村了 著
刘云俊 译

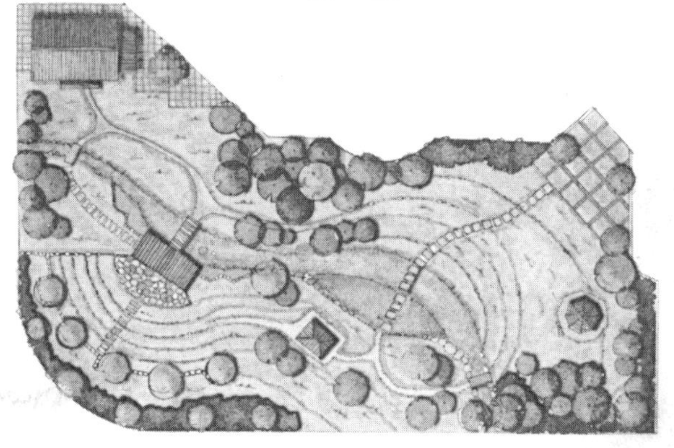

中国建筑工业出版社

著作权合同登记图字：01-2009-5384号
图书在版编目（CIP）数据

简明造园实务手册／（日）木村了著；刘云俊译．－北京：中国建筑工业出版社，2011．8
ISBN 978-7-112-13214-0

Ⅰ．①简… Ⅱ．①木… ②刘… Ⅲ．①园林－规划－手册 Ⅳ．①TU986-62

中国版本图书馆CIP数据核字（2011）第089113号

Original Japanese edition
Wakariyasui Zouen Jitsumu Pocket-book
by Ryou Kimura

Published by Ohmsha, Ltd.
This Chinese Language edition published by China Architecture & Building Press

责任编辑：刘文昕　杜　洁
责任设计：董建平
责任校对：陈晶晶　赵　颖

简明造园实务手册
[日]木村了　著
刘云俊　译
*
中国建筑工业出版社出版、发行（北京西郊百万庄）
各地新华书店、建筑书店经销
华鲁印联（北京）科贸有限公司制版
北京中科印刷有限公司印刷
*
开本：880×1230毫米　1/32　印张：8⅞　字数：348千字
2012年3月第一版　2012年3月第一次印刷
定价：36.00元
ISBN 978-7-112-13214-0
（20637）

致读者

一提起设计，似乎多数人都会想到“绘制图纸的情景”；然而，实际情况是，制图作业只占整个设计中很小的一部分，更多的精力都花在图纸形成前的基础工作上。如确定规模，研讨功能是否能全面实现，从结构方面计算其是否安全，调查有无法规上的限制，选择材料及可否将其全部纳入预算……，最后才能将这些以图纸形式表现出来。

这种比较直观化的图纸，尽管相当于设计的一个结果，但却只是冰山的一角而已，接下来的工作则更加庞杂和艰巨。图纸绘制完成后，为了能够将其付诸实施，还要进行各种各样的数值计算，编制概预算、工程计划和管理计划等一系列作业，然后才能进入施工阶段。近年来，由于必须考虑项目对环境和景观的影响，压到设计者肩上的担子也逐年加重。

在建筑领域，对这些涉及面很广的各种知识和各类作业做了更细的划分，实行分业制。但如我们已经看到的那样，如此过细的分业制度，却难保不会发生一些意想不到的问题。值得庆幸的是，迄今为止，造园业尚未实行这样的分业制度。有赖于此，个人所掌握的知识和技能才能够得以不断扩展。

■本书的特点

当类似这样的作业达到一定规模时，为了建造一座设施，便不得不去找多本参考书来看，才能做到心中有数。好不容易有了一点儿自己的心得，待进一步揣摩，发觉还有疑点，又得重新钻到堆积如山的书本中去……而本书则是以著者的经验为基础，像下面讲的那样，在编写结构上，把设计中认为必不可少的资料作为中心内容。

☆选取了很多施工事例，以便让设计者更易于理解施工程序，并利用简单的图表，浅显易懂地向施工者讲述了有关设计的步骤以及施工阶段的全过程。

☆着重以与使用频率、设计频率高的材料、设施、规划内容为中心组织而成。

☆将常常容易忘记的排水计算、流量计算、土方量计算、测量、雨水流量等公式均在本书总结归纳。并且配备了简单实用的例题，以便掌握这些知识。

☆以实例通俗地讲解了作为设计新手颇感棘手的概算编制问题。

☆为了节省在表面铺装、挡土墙和公园设施等典型图纸的绘制中查找大量数据所花费的精力，书中列出了在样本或说明书中经常涉及的U形槽和缘石等典型制成品尺寸的一览表。

☆作为本书的附录，还使用了表格和图形，对平时经常遇到的疑难问题，且又构成设计依据的诸如人体模数、汽车尺寸及设施规模的计算方法等项，都做了简单明了的归纳。

☆特别是，为了使读者能够对资料缺乏的“工程费用”问题有所了解，在每个列举的项目后面都附有所需工程费用的参考数目。

■以造园设计施工的“圣经”作为目标

本书在内容结构上，仅以此一册，就几乎穷尽了有关设计的基本事项。因此，只要手持这一本书，便可以了解造园设计施工的大概。换言之，假如设计者或施工者能够将此书经常带在身边，作为“造园设计施工的圣经”加以利用，则幸甚矣。

著者

2008年6月

关于本书内容的注意事项

· 本书尽管列举了一些典型项目的结构计算及规模计算等方面的实例，但只是采用了基本的数字和简单的结构，归根结底不过是读者理解这些计算的基础。

· 至于本书中记载的工程造价，可看作是一般工程采用中等材料时所发生的费用。而且，即使这样，也由于受到施工地域、材料价格波动和运输距离远近等各种条件的影响，会使工程费用发生很大变化。因此，请读者明察，并仅以此作为参考数据使用。

·目录及要点一览

—紧紧抓住要点，使其在实践中发挥作用—

● 8章　法　规　不留神便会落入圈套！ ●

● 9章　资　料　请立刻翻阅 ●

★练习 目录

☆趣味杂谈 目录

1章 ● 设计策划

按照自己的意愿去构筑空间！

1-1 设计步骤

1 设计流程

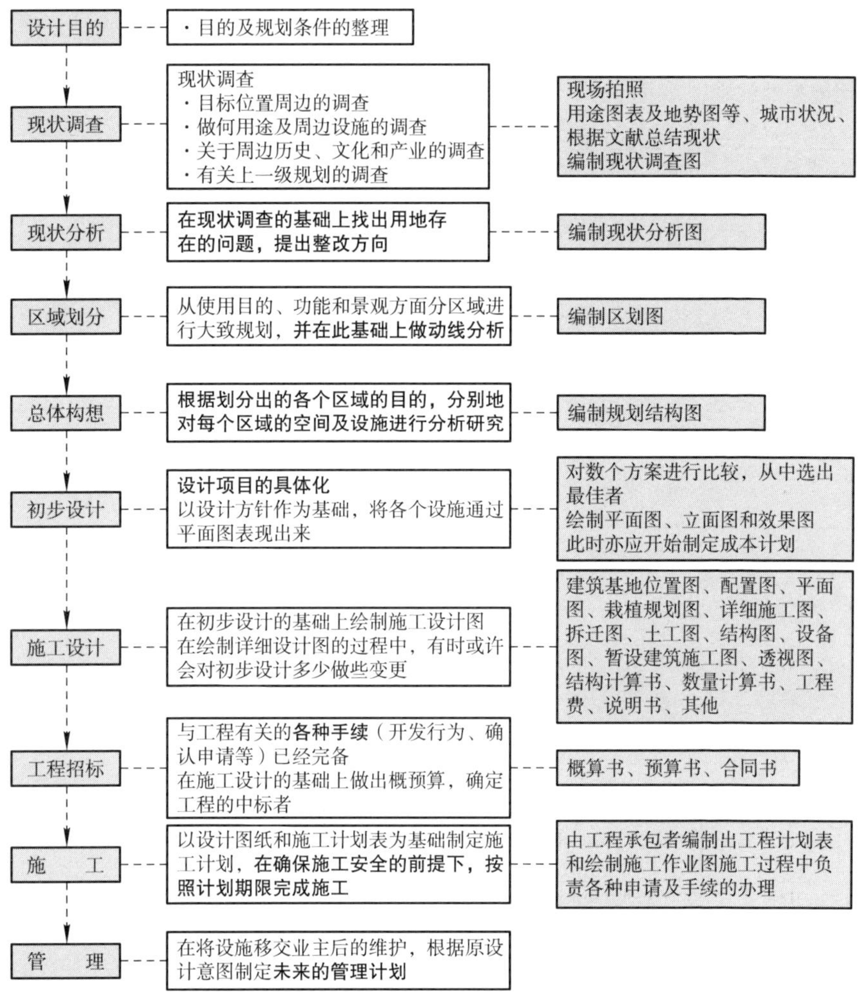

2 调查・分析

在对地块整理的目的明确之后，接下来便要开始调查整理规划用地的条件。

在设计全部完成后，有时会发现拟整理的地块按照法律规定是不能用于设计目的的。这时，就不得不根据地区情况和有关条例来重新确定开发方向。

即便是法律允许的开发，由于设计完全是按照自己的意愿进行的，也可能没有从景观角度考虑是否与周边环境的协调问题。因此，**设计之前准确地调查用地条件**就显得尤为重要。

◆**调查项目和调查方法**

调查项目	调查内容	调查方法
1. 位置	・规划用地的规模，目前的用途，在国家、县、城市、地域及地区范围内所处的位置 ・与其他设施之间的关系 ・距主要利用者的远近、方向、交通、到达的时间	图上调查，现地调查 通过网络检索 依据市况要览收集资料
2. 法律条令的限制	・开发指导纲要，依据城市规划法获得的开发许可，自然保护，高度限制，林地开发许可	从相关政府部门收集资料
3. 周边土地的利用情况	・周边土地利用情况及其规划，农田、邻地、宅地，市区土地的利用等	场地踏勘 资料收集
4. 地形	・不仅是规划用地，对规划用地周围的地形也应有所了解，山地、丘陵、大地、低地、水际	场地踏勘、拍摄照片、 资料收集
5. 历史、文化	・地域特点、地域文化、地域景观、历史遗存	拍摄照片、文化部门资料、现地踏勘
6. 自然状况	・有无珍稀物种、原生物种、植被图、生物栖息空间状况	资料收集、现地踏勘、 拍摄照片
7. 土质、土壤	・土质、土层结构、周边开发地的土地调查资料	场地踏勘 资料收集
8. 水系	・河流状况、污染与否、降雨覆盖范围	场地踏勘、拍摄照片 资料收集
9. 各种权利	・所有权、水利权、水路	访问调查、拷贝资料、 地籍图
10. 景观特点	・用地的景观效果及从用地看到的景观 ・用地与景观树、遗迹、山峦、村落和水际的关系	现场调查 拍摄照片
11. 气象	・风向、风速、降雨量、积雪、气温、冻土层深度	从理科年表和气象台获得相关资料
12. 其他	・有无动力和水源、利用者的设想	从有关部门收集资料
13. 委托者意见	・当地的期许、土地整理的程度 ・当地的标准、图集、说明书和监理要点等	从有关部门收集资料 访问调查

将具体调查结果图式化，并插入照片，然后再对用地条件进一步加以整理。

◆用地调查图
图中标注的“照片” 系指贴在调查图上的实拍照片，用以更清晰明了地表现出树木形状、周边景观和水洼状态
*通学路：在日本的中、小学校附近的道路上，会标有“通学路”字样，以提醒过往车辆、行人注意，避免事故的发生。

3 设 计

（1）区划

对用地的调查，在分析的过程中应该进一步确认土地规划所要达到的目的；并从功能和景观等方面对规划用地做大致的区域划分，然后再对动线进行研讨。

采用区划的方法，可以提高用地的利用度和安全性。

在进行区划时应注意之处

· 私人庭园

花坛所在区域是否能被阳光照射到？

浇灌设备的位置是否得当？

如果从室内向外张望，与植物有关的区域是否处于较好的位置？

· 公园

假如让静谧区（老龄者或幼儿所在区域）与活动区（中小学生所在区域）

相邻，则不太安全。

从防范角度上看，视野是否开阔？

浇灌设备的位置恰当与否？

动线是否设有明显的标志？

对周边环境是否完全了解？

· 自然公园等

制定的利用度及分区计划是否超出规划用地所能承受的限度？

回游步道和管理用路是否会对生态系统造成负面影响？

区划与用地形态是否相符？

对于利用者来说，这样的区划是否清晰明了？

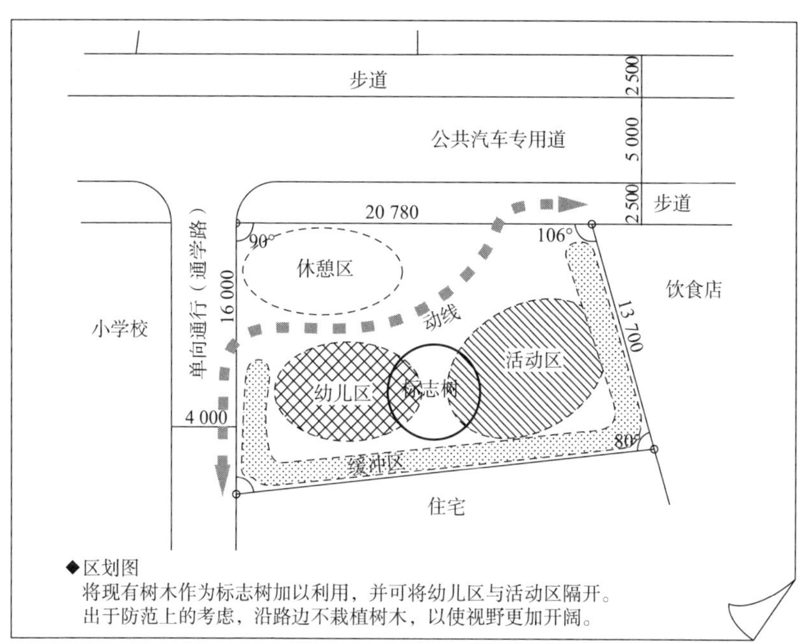

◆区划图
将现有树木作为标志树加以利用，并可将幼儿区与活动区隔开。
出于防范上的考虑，沿路边不栽植树木，以使视野更加开阔。

(2) 从总体结构图到施工设计图

在通过区划大体确定其配置之后，下一步便可以进入设施如何具体配置的作业阶段。不过，一旦实际着手绘制施工设计图，有可能会出现一些意想不到的情况，费了很大气力画成的平面图、断面图和详图等又不得不重新开始。为了避免这些重复的劳动，如果按照以下步骤作业，便能够提高图纸的精确程度。

① **总体布置图：**依据划分出的各区域的用途，对每个空间及其设施结构做分析研究。

⬇

② **初步设计图：**以设计项目的具体化设计方针作为基础，试着将各个设施都布置到平面图中去（要经过反复试验，在试错的过程中找到最佳的初步设计方案）。

③ **施工设计图：**以初步设计图为基础绘制施工设计图。在绘制详图的过程中，有时对初步设计也许会做些变更。

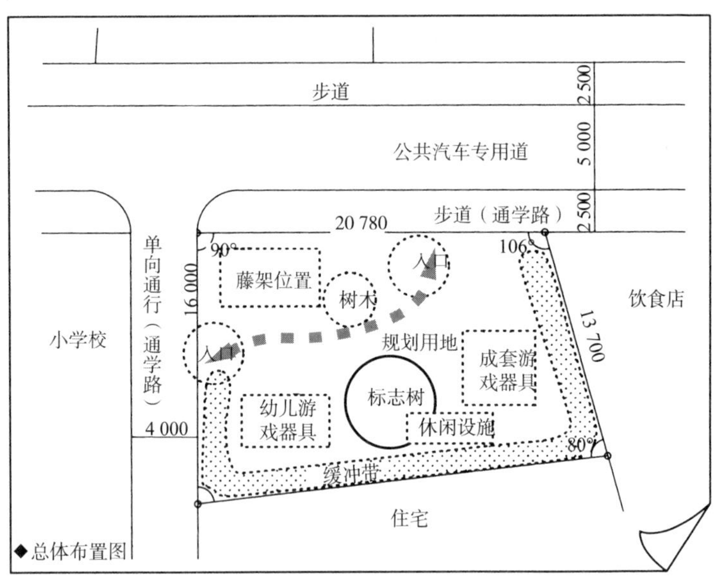

◆总体布置图

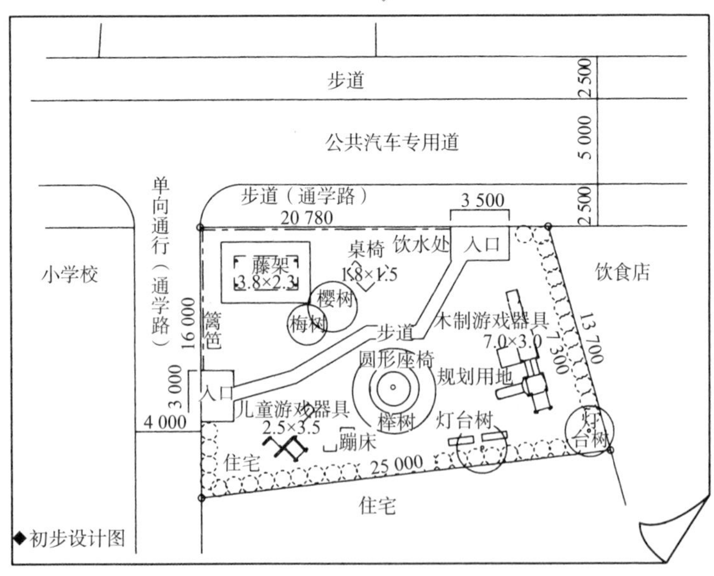

◆初步设计图

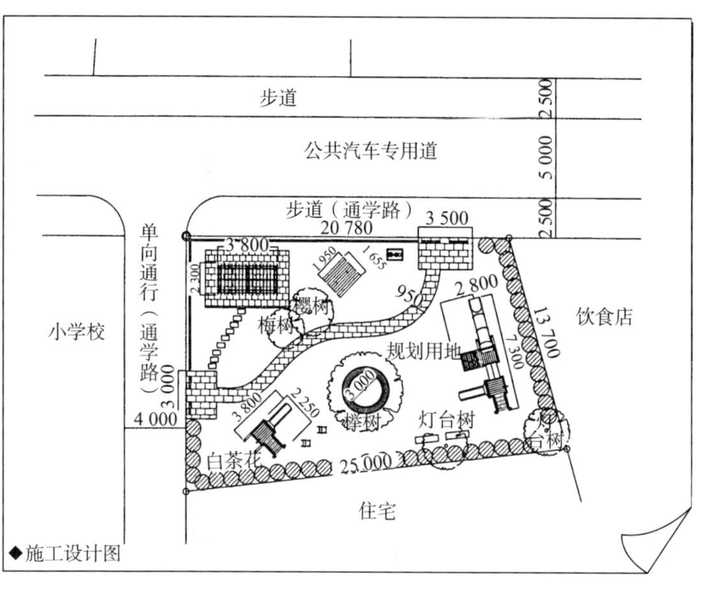

◆施工设计图

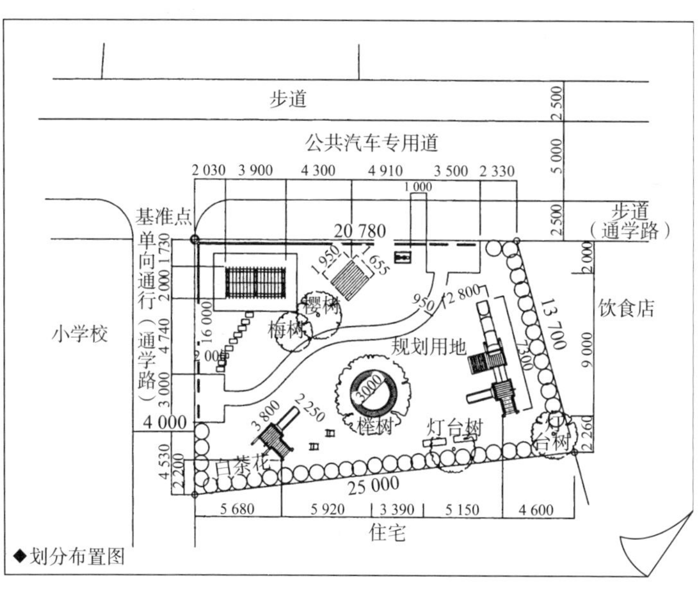

◆划分布置图

还需要更加详细的图纸

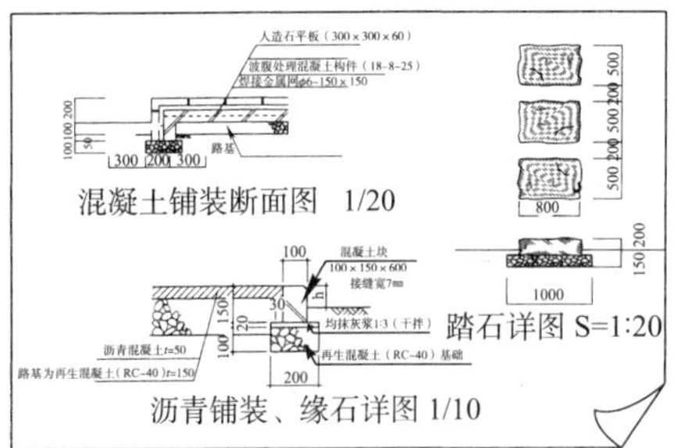

铺装详图

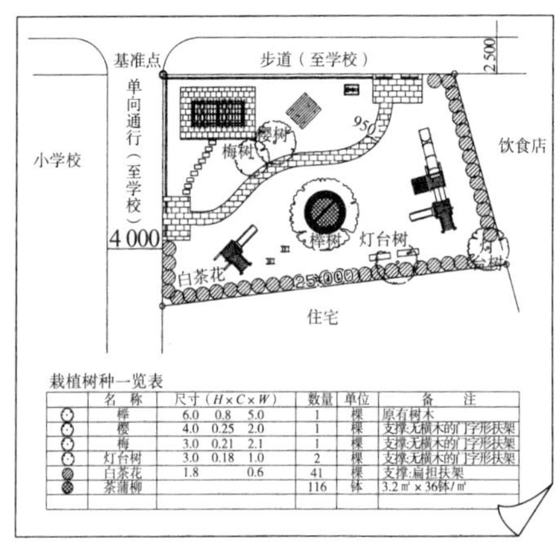

栽植图

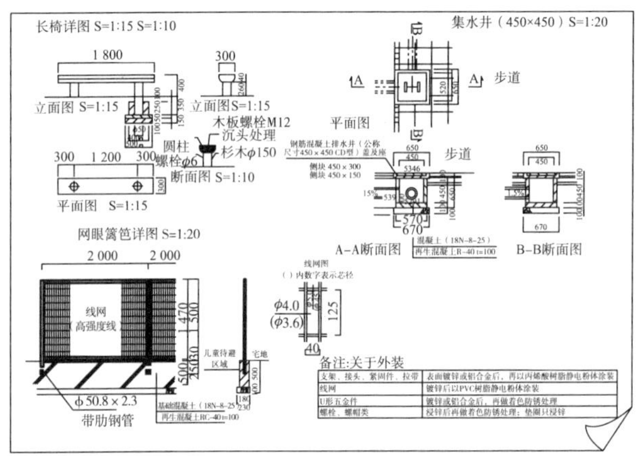

设施详图

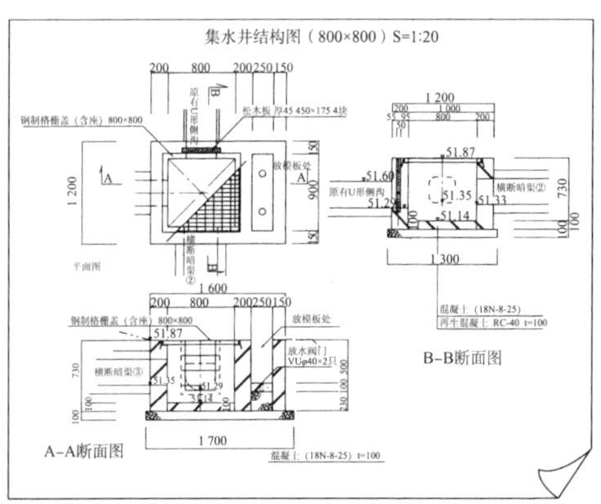

结构图

(3) 设计图纸的种类

像这样，直至进入施工阶段之前，从调查分析开始，再经过对设计方针的反复推敲，然后便要开始绘制各种图纸的作业。

◆图纸的种类

图纸名称	图纸内容
用地形状示意图、建筑基地位置图	用以了解地块形状及其周围建筑物位置和方位等情形的图纸
现状图	在测量图的基础上，了解土地整理前状况的图纸
拆迁图	了解整理土地时拆迁成为障碍的构造物及树木等的位置关系的图纸
总体平面图	通过平面了解土地整理完成后状况的图纸
设施平面图	利用平面图只记载长椅、亭子及其他设施的图纸
划分布置图	确定空间重点，以坐标记载设施等的位置的图纸
栽植平面图	记载植物配置的图纸
铺装平面图	记载铺装位置关系、种类和面积等项内容的图纸
造成平面图	了解造成地点面积及各测量点高度变化的平面图
设备平面图	给水平面图：记载引水方向、止水阀与量水器的位置关系和给水管走向的图纸
暂设平面图	绘制施工临时需要的构造物和道路的图纸
立面图	表现沿水平方向看到的设施状态的图纸，多以正面图为主；但在土地有高低差的场合，有时也绘制设施侧面的状态
横断面图	表现沿水平方向切断用地后状况的图纸，其中记有土方量变化，以用于土工计算
纵断面图	表现沿垂直方向切断用地后状况的图纸，在查看道路和水路的坡度变化时将发挥作用
详图	将设施放大的图纸。一般缩尺多为1/20~1/30
结构图	类似混凝土构件等要求具有较高强度的设施需要表现其结构的图纸
面积图	计算用地、广场和铺装等处面积的图纸
透视图	根据总体规划图和立面图绘制的透视图

4 说明书

设计的内容都要通过图纸传达给他人；可是，有时也会存在仅靠图纸难以说明的事项。这时，便要将诸如使用的材料、处理的程度和作业步骤等项内容**写成文字交给施工者，这就是说明书。**

通用说明书

其内容包括对所有工程都适用的基本事项的指示，亦称标准说明书。

通用说明书例：关于木质基底部分如何处理的指示

木质基底处理 (1) 在使用着色剂上色时，不应留下毛刷涂过的斑迹，如出现痕迹，可根据涂刷面状况使用干布拭去，以保证涂刷的颜色均匀一致。

类似这样用图纸难以说清楚的基底问题，以文字定义的形式，便可称为说明书。

特别说明书

这种说明书记载的内容是通用说明书无法规定的关于某一工程的特别事项，要优先于通用说明书。

特别说明书例（关于使用材料的指示）

园路工程 （1）园路工程所需要的碎石可使用现场内确有保证的材料。

1-2 各类设施的设计

1 庭园

私人庭园

当今，大多数私人住宅都不是很宽敞，而且又是建在非常狭小的地块上。按理说，私人庭园应该像附图那样，原本是住宅附带的功能之一。

至于庭园中选用的树木，在庭园的不同部分也是不一样的。

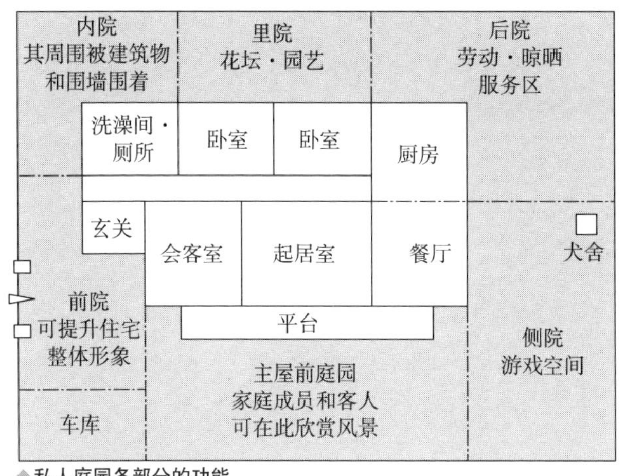

◆私人庭园各部分的功能

① 私人庭园的种类及用途

名称		特征	选用的树木
玄关前庭园		・提升住宅格调的前院 ・设计上，从路边可望见70%，透过玄关则能看到30%	・象征树：可配置在左侧或右侧（要看树形状况）。有红松、黑松和罗汉松等 ・玄关树：圆柏、八角金盘、冬青、厚皮香、犬黄杨等
主庭园	日式	整体上关注从房间向外望的景观效果	松、竹、梅、枫、梧桐、草珊瑚、紫金牛、柿、扁柏等
	西式	设计上注重建筑的外观美感和均衡	隐身草、木兰、棕榈、金丝桃、白桦、冷杉、龙柏等
里院・后院・内院・侧院		主要用于主人室外劳动和孩子们游戏，也多被当作菜园使用	由于后院和侧院人们活动较多，故多植草皮，其他树木最好植于围墙边。因此处朝北，较适于不喜阳光的植物，如八角金盘、桃叶珊瑚、阔叶冬青、蝴蝶花等
面向走廊的小庭园		自走廊经过便可欣赏庭园美景，作为标志物会引起人们的关注。本来被建筑物围起来的院落可辟出内院，现在将这样的地方往往称为小庭园	以景石为主，再辅以铺沙和竹类（紫竹、黑竹等） 青苔庭院+数棵低木（红叶、罗汉松等）

② 设计注意事项

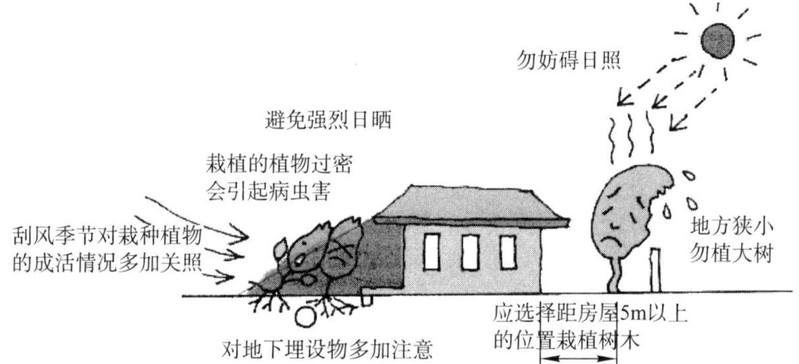

◆在私人庭园中栽植树木应注意的事项

③ 设计例

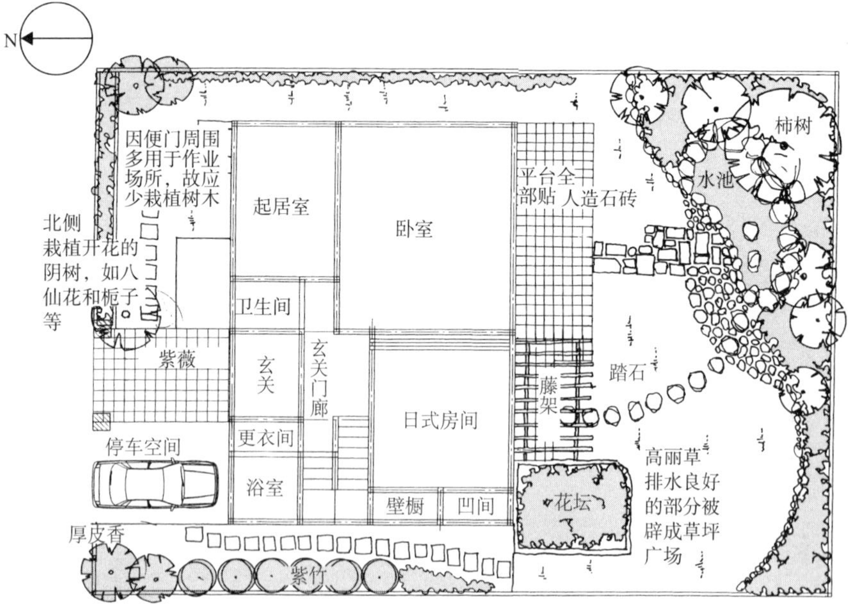

◆私人宅邸设计例

2 公园

城市公园的种类

一般情况下，人们说到的公园，从拐角的街区公园到国营公园和自然公园，包括的范围很广。作业开始之前，首先须知道自己设计的设施属于哪种类型，而且要了解设计的目的究竟是什么，然后在此基础上一步步确定所需要的设施。

◈公园的种类

公园种类	名称	公园内部配置	设施的目的
近处的公园	街区公园 邻近的公园 地区公园	（诱）每隔250m设1处 （面）0.25hm² （诱）每隔500m设1处 （面）2hm² （诱）每隔1km设1处 （面）4hm²	开放空间、纳凉绿荫、休憩、游玩、安谧
城市主体公园	综合公园 运动公园	（面）10~50hm² （面）15~75hm²	开放空间、休憩、纳凉绿荫、观光、防灾、运动
大型公园	较大公园 国营公园 旅游观光城市	（面）50hm²以上 （面）300hm² （面）1 000hm²	开放空间、休憩、观光、防灾、大气净化、修景
商店街的开放空间	屋顶绿化 店内绿化		休憩、聚会、修景、绿荫、开放空间
绿地	林荫路 缓冲绿地 城市绿地		遮蔽、大气净化、安谧、徒步旅行、防灾、修景、绿荫
历史性庭园遗存	寺庙庭园 历史遗迹		保护文化遗产、安谧、鉴赏、修景、景点
其他	动物园 植物园 墓园		提供动物栖息空间、鉴赏、静寂、教养、绿荫

（诱）=引导距离（面）=标准面积（表中数字系引自城市公园法的目标值）

3 绿地

（1）修景栽植

由于栽植系出于景观欣赏的需要，故其中**必然包含一些设计方面的元素**。**西式庭园多半会将树木整形**，采用一种**几何学**的栽植手法；而在**日本庭园**中，其栽植手法更贴近**自然**，使用具有一定规则的“主景树”那样的传统技法（参看本书第4章4–1节“主景树”）。

然而，在现代公园中，植物的栽植几乎千篇一律；直至近些年，才又重新认识到根**据地域特点进行栽植**的重要性。

在水池周围配植低木、高木、常绿树和落叶树、可欣赏到四季不同景致的日本庭园

· **景观树：** 松类、枫、榉、樱、樟、银杏等（参看本书第9章9-1节“植物一览表”）

(2) 绿荫栽植

由于高木类的枝叶可以遮挡夏日的阳光，因此栽植的目的之一便是制造绿荫。通常都栽植落叶树，这样在冬季寒冷的日子里，落叶后的树木又会让阳光透射下来。在绿荫公园中，落叶树多被用于景观绿化和园路的行道树。不过，作为行道树，应该选择那些对**大气污染适应能力很强的树种**。除此之外，通过栽种野鸟类的饵食植物，非常可能会引来成群的野鸟栖息，在绿荫中传来它们阵阵婉转的鸣叫声。

园路的绿荫树：多为落叶树，冬季落叶后，阳光又可以照射下来

· **绿荫树：** 榉、银杏、槐、法国梧桐、小橡子、樱等（参看本书第9章9-1节“植物一览表”）

(3) 遮蔽栽植

遮蔽栽植的目的，是将道路与街区、工厂与居住地隔离开来。当然，将某一地点与其周围环境隔离，也是遮蔽栽植的目的之一。如同作为守护神的森林那种庄严的地方也有落叶树一样，遮蔽栽植可以选择的树种非常多，并无什么特别的要求。**在作为遮挡视线使用时，通常采用常绿树木**，最好是混合栽植枝叶不易枯萎的中高木和耐阴性较强的低木树种。

将水际与街区隔离开来的栽植。利用遮蔽栽植能够划分视野，隐去较差的景观

防风林应选取枝叶繁茂的深根树种，栽植在上风头处，并且与风向成直角。防火林自然要选择**不易燃烧的树种**。

■ 遮蔽树

· **遮挡视线用：** 紫杉、光叶石楠等

· **防风用：** 红松、银杏、楠、杉等

· **防火用：** 银杏、罗汉松类、桂、冬青等（参看本书第9章9-1节“植物一览表”）

(4) 环境保护

这种栽植的目的，主要是为了防止来自工业区和道路的粉尘和有害物质的侵袭以及噪声等的干扰，以对生活区域进行保护。因此，必须选择那些对亚硫酸气体和氮氧化物等公害物质**有较强抵抗力的树种**。而且，最好是萌芽能力也

很强，树龄较长、成长迅速和枝叶繁茂的。这不仅有利于环境保护，还可以起到形成鸟兽类通路和栖息场所的作用。

· **抗烟尘的树种**：银杏、扁柏、梧桐、夹竹桃等

· **抗大气污染的树种**：银杏、夹竹桃、樟等

（参看本书第9章9-1节“植物一览表”）

阻挡来自道路的噪声和废气的行道树

4 游戏设施

（1）防止器材发生事故及安全区域

■ 注意事项

· 规格尺寸及其结构与使用者年龄适应

· 具有丰富想象力的美观造型、鲜艳的色彩和舒适的手感

· 为避免发生危险，应去掉器材的尖角和棱线，使各部圆滑，便于安全使用

· 便于管理和维修

· 可同时为多人所利用

· 灵活地利用朝阳或背阴处进行配置

· 将排水问题纳入计划之中

· 动线规划应考虑到与其他设施的关系问题

· 采用防滑的安全铺装

■ 器材发生意外事故例

· 滑梯与沙坑连在一起，当从梯上滑下时，猛烈地撞击到在沙坑中玩耍的幼儿

· 金属制造的滑梯在夏日强烈阳光的照射下，温度变得很高，易发生烫伤

· 朝着太阳方向架设秋千，因阳光眩目造成冲撞事故

· 孩子进入洞穴内；但因洞穴过于狭窄，发生意外时，大人无法施救

· 孩子的头被夹在栏杆间无法拔出

· 因滑梯的凸出物刮住衣服而翻落下来

· 手指伸入秋千链缝隙，发生夹伤事故

· 毛发被旋转器材的轴部螺栓缠住

■ 安全区域

所谓安全区域，系指设想的地面范围，一旦孩子失手从器材上摔落下来时，落在这一范围内可以吸收与地面产生的冲击力。

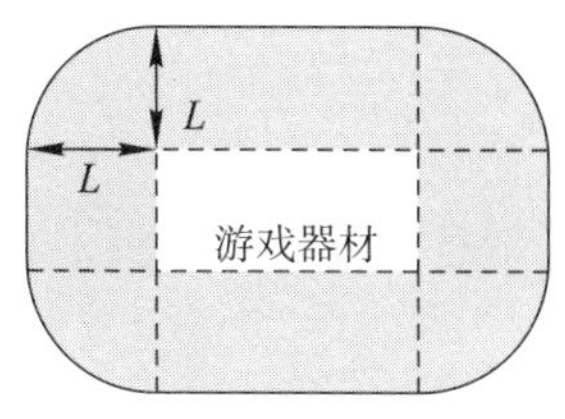

器材高度（h）
$h>600$时
$L\geqslant1800$
$h\leqslant600$时
$L\geqslant1500$

(2) 器材

① 秋千

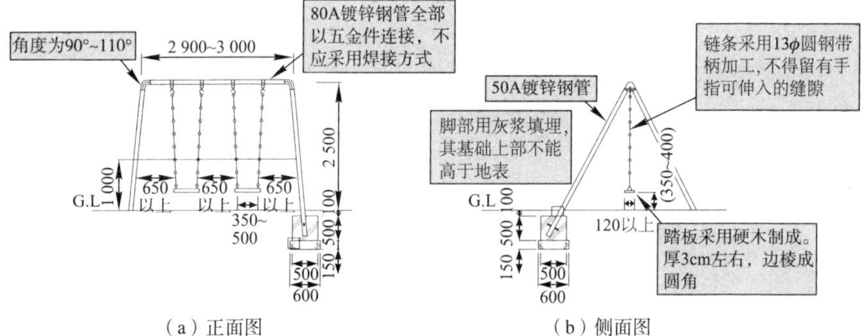

（a）正面图　　（b）侧面图

札幌市环境局绿化推广部：《造园工程资料集》、《札幌市造园工程标准图》（2008年度版）

施工注意事项

· 在1个支架设3连式秋千的情况下，由于中间的人上下较危险，故不宜采用。应改为2连式或4连式

· 必须设置安全栅栏，其高度应为60cm左右

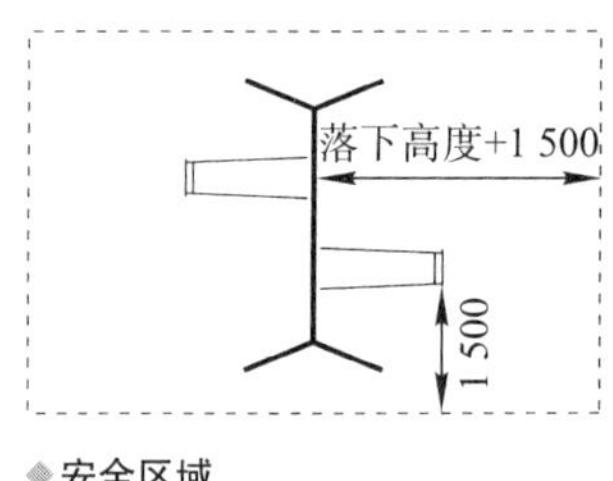

◆安全区域

· 由于利用者经常上下，踏板下的地面逐渐下凹容易积水，故应考虑排水或平整场地问题

② 滑梯

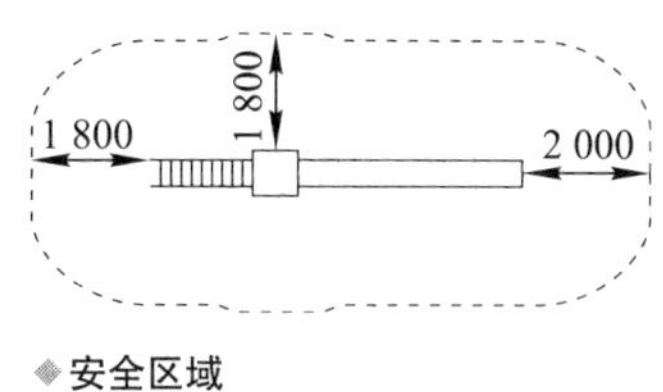

◆安全区域

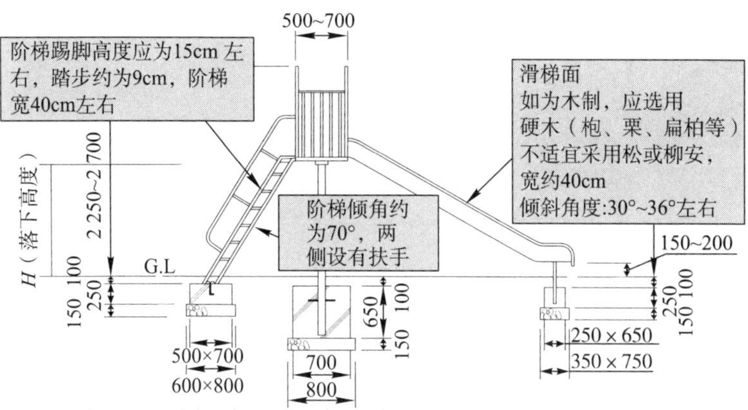

札幌市环境局绿化推广部:《造园工程资料集》、《札幌市造园工程标准图》(2008年度版)

施工注意事项

· 在动线的设计上，不应让设施的利用动线相互交叉。尤其是沙坑与滑梯相连，最易发生碰撞事故，必须分区域设置

· 在滑降停止点应设置厚木板或橡胶板，防止出现场地凹陷和积水的情况

· 在至滑降地点和登梯的动线上，不要布置长椅和垃圾筐一类有碍活动的设施

③ 翘翘板

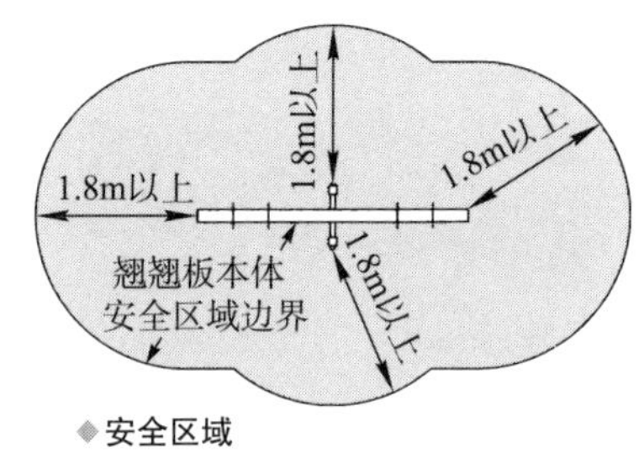

◆安全区域

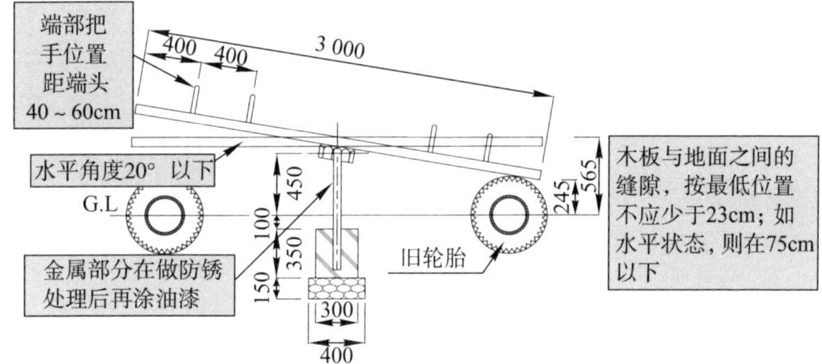

札幌市环境局绿化推广部:《造园工程资料集》、《札幌市造园工程标准图》(2008年度版)

④ 沙坑

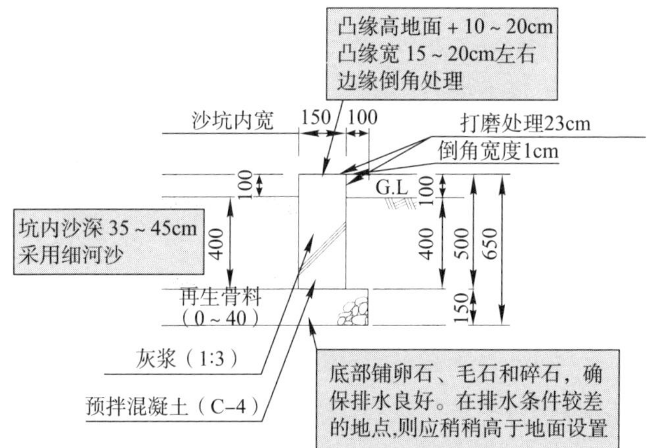

札幌市环境局绿化推广部:《造园工程资料集》、《札幌市造园工程标准图》(2008年度版)

施工注意事项

· 虽然沙坑较适于阳光充足的地方，但仍须考虑设置藤架和绿荫树等以防暴晒

· 为防止猫、犬入内，从卫生角度考虑，应设置拦网

· 定期补充坑内的细沙，并经常清扫和消毒
· 在沙坑附近应设置水栓；但不宜过近，以免被沙子堵塞
· 沙坑面积至少应在7~8m^2以上（4~5人用）

⑤ 单杠

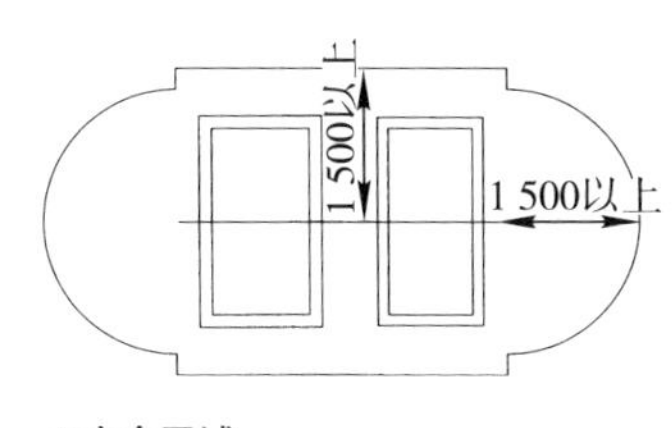

◈安全区域

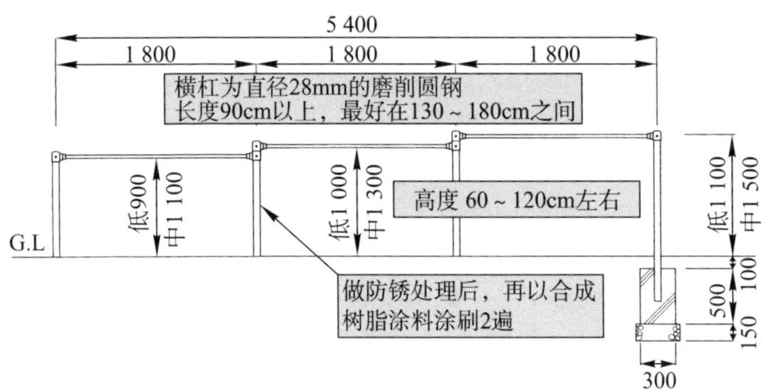

札幌市环境局绿化推广部:《造园工程资料集》、《札幌市造园工程标准图》(2008年度版)

施工注意事项

· 横杠前后1.8m以上、距两侧支柱1.5m以上被设定为单杠周围的安全区域
· 最好将高度不同的2~4种单杠配置在一起
· 单杠周围地面采用软铺装

5 休憩和便利设施

① 长椅

◈长椅的标准尺寸

对象	高度（cm）	宽度（cm）
成人用	37~43	40~45
成人与儿童共用	35~40	38~43
儿童用	30~35	35~40

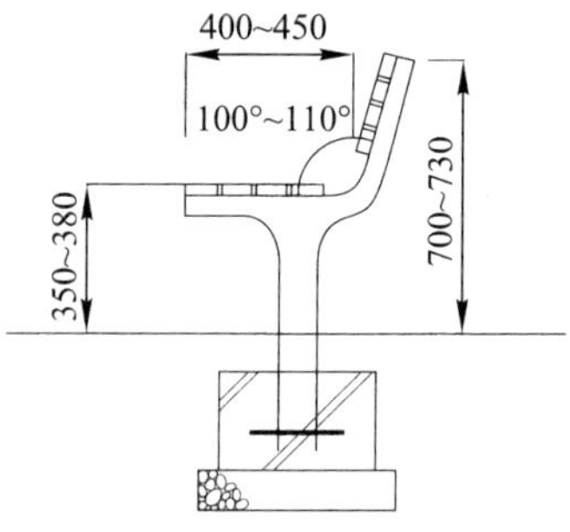

◆普通长椅的尺寸

◆可坐人数与长椅宽度

	1人用	2人用	3人用
姿势			
宽	45~60cm	120~160cm	180~200cm

施工注意事项

· 避开湿地、陡坡地、危险地点和妨碍动线的场所

· 注意设置场所的向阳或背阴问题，考虑采用与藤架或绿荫组合的方式

② 户外桌

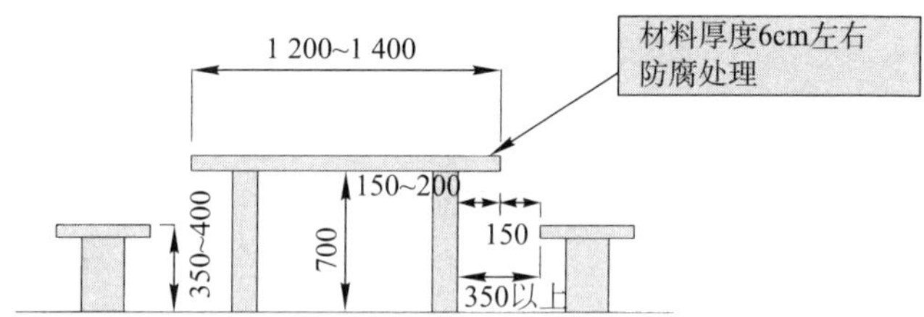

施工注意事项

· 避开阴湿地点、风口处和灰尘较多的区域

· 选择平坦、不存在安全隐患的场所

· 选择不对动线构成障碍的场所

· 可以附设在绿荫树及其他便利设施集中的场所（如水栓、亭子、垃圾筐和厕所等）

③ 饮水处・洗手池

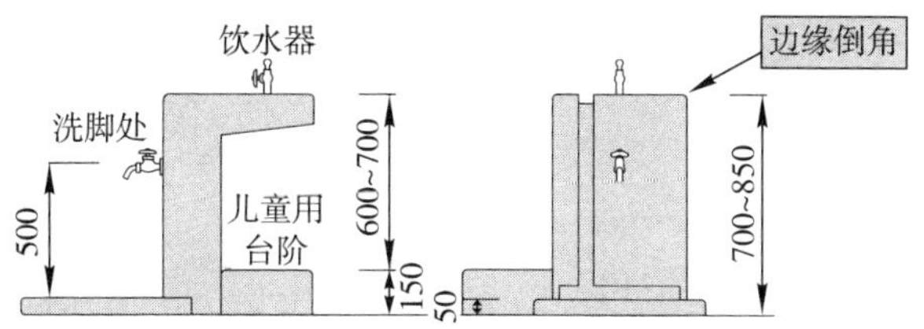

施工注意事项

- 应设置在人群集中的场所以及休憩设施旁边、游乐场和容易将手脚弄脏的地方
- 因背阴和太潮湿的地点难以达到卫生标准，故应避开
- 采用的材料及其制成品，应该选择那些使用寿命长、符合卫生条件且清理和维修方便的品种（如饰面处理的假石和研磨处理的人造石等）

④ 厕所

确定规模的方法

厕所的规模取决于根据公园的种类及其周边情况而预测的利用者人数。据东京都实际调查统计的结果来看，厕所设置的数量，地区公园为0.5座/hm^2，综合公园则为0.8座/hm^2。多数厕所的面积在25~30m^{2}之间，内设女子大便器3个，男子大便器1个，小便器3个；根据需要，还附设1处约4m^{2}的男女共用的厕所。

设施尺寸

□**大便器**（单位：cm）

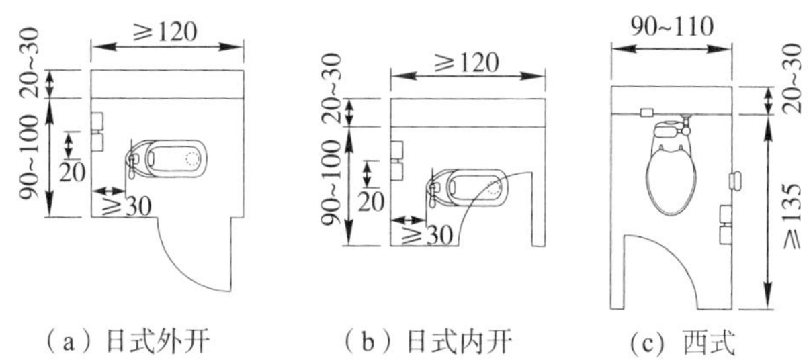

（a）日式外开　（b）日式内开　（c）西式

□**小便器・洗手池**（单位：cm）

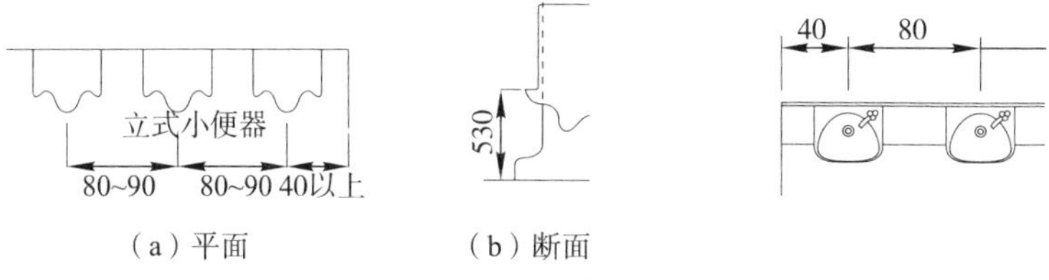

（a）平面　（b）断面

□**残障者用厕所**　参看本章1-2节10项“障碍性设施”“⑦厕所”。

6 管理设施

① 停车场

车辆尺寸

（单位：m）

种类	长度	宽度	高度	前部凸出	轴距	后部凸出	最小回转半径
乘用车（小型车）	4.70	1.70	2.00	0.80	2.70	1.20	6.00
巴士（大型车）	12.00	2.50	3.80	1.50	6.50	4.00	12.00

停车设计时的最小尺寸

停车区划宽度（m）	停车角	停车方向	通道宽 *AW* (m)	沿通道垂直方向的停车宽度 *Sd*（m）	沿通道平行方向的停车宽度 *Sw*（m）	单位停车宽度 *W*=*AW*+2*Sd* (m)	1台车所需面积 *A*=*W*/2×*Sw*（m^2）	停车形式
2.45	30°	前进停车	3.80	4.60	4.90	13.00	31.85	（a）
〃	45°	〃	〃	5.50	3.45	14.80	25.53	（b）
〃	45° 交叉式	〃	〃	4.80	3.45	13.40	23.12	（f）（g） （h）
〃	60°	〃	6.40	6.00	2.80	18.40	25.76	（c）
〃	60°	后退停车	5.80	6.00	2.80	17.80	24.92	（c）（e）
〃	90°	前进停车	7.60	5.80	2.45	19.20	23.52	（d）
〃	90°	后退停车	6.70	5.80	2.45	18.30	22.42	（e）
2.60	30°	前进停车	3.80	4.60	5.20	13.00	33.80	（a）
〃	45°	〃	〃	5.50	3.65	14.80	27.01	（b）
〃	45° 交叉式	〃	〃	4.80	3.65	13.40	24.46	(f)(g)
〃	60°	〃	6.10	6.00	3.00	18.10	27.15	(c)
〃	60°	后退停车	5.50	6.00	3.00	17.50	26.25	(c)(e)
〃	90°	前进停车	7.30	5.80	2.60	18.90	24.57	(d)
〃	90°	后退停车	6.70	5.80	2.60	18.30	23.79	(e)

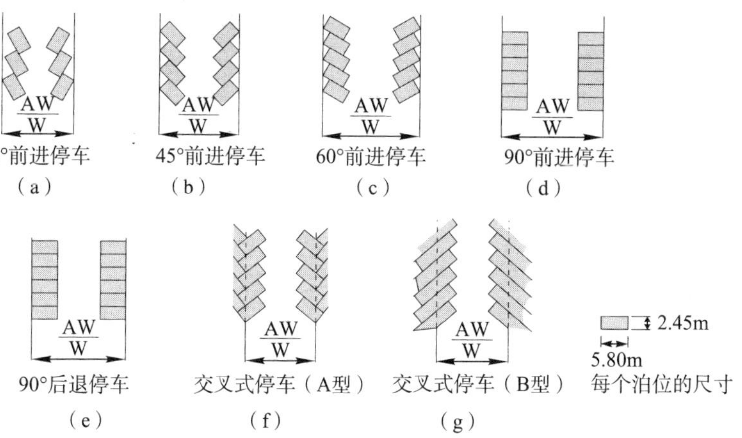

② **栅栏・篱笆**

· **防止对人员构成伤害的篱笆**

高度1.8~2.0m

铝或钢等金属制成

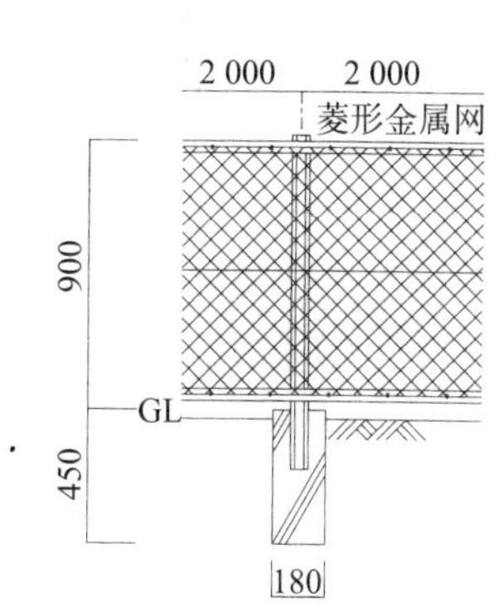

◈ **网状篱笆例**

· **崖地等处设置的安全栅栏**

高度1.0m以上

使用铝、人造木和木材等制成

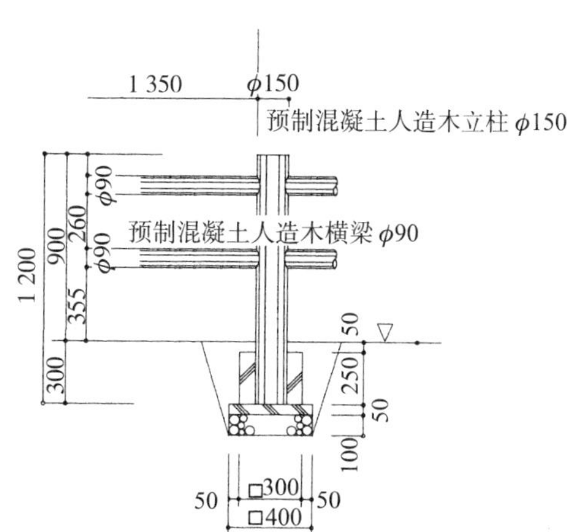

◈ **人造木栅栏例**

· **禁止人员进入的栅栏**

高度0.6~1.0m以上

以铝或钢制成

◆拦截人员的栅栏例

· **防止车辆滚落栅栏**

高度0.5~0.7m

护栏多以钢管等制成

最近也开发出了木制的护栏

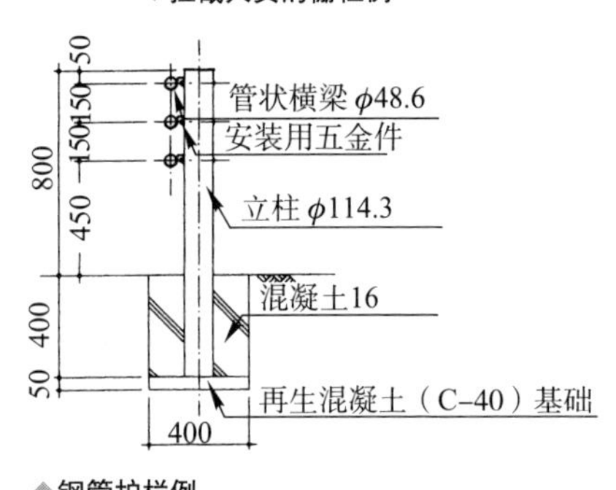

◆钢管护栏例

施工注意事项

最主要的是必须确定边界，甚至连设施的基础也不能越过界线。

7 园路

(1) 道路结构

如果系公园内的道路，其车道应该满足管理人员经常驾车行驶的需要，甚至在高速通过的情况下也不存在问题。但在靠近散步道的区段，则应设置与景观相似的植物隔离带，以确保行人的安全（铺装结构等内容详见本书第6章6–3节“铺装”）。

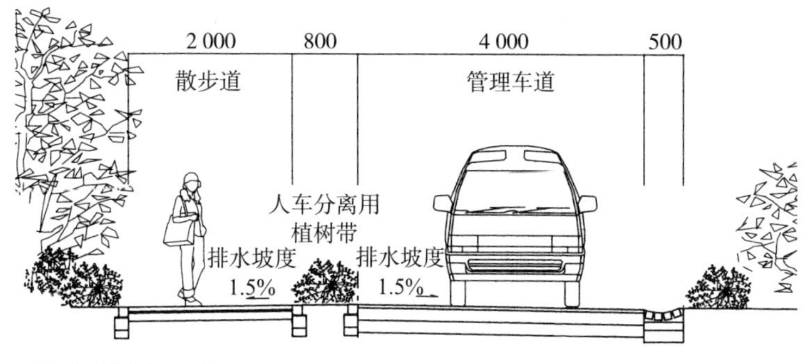

◈园路与管理道路例

· 道路的横断排水，可分为单侧坡度和双侧分坡度等方式。在以沥青和混凝土铺装的情况下，其横断方向的适宜坡度约为1.5%~2.0%；若系简易铺装，其坡度应为2%~3%；沙砾路则为4%~5%

◈园路的用途及其种类

对象	名 称	用 途	距 离
人	步道	购物、上班、上学	300~800m
	散步道	散步、郊游	1 000~1 200m
	600　1 000　1 200　1 400　1 300　2 600		
自行车	自行车道	骑自行车运动 慢跑运动	短距离1.5km左右 中距离10km左右 长距离55km左右
	900　2 500　1 000　2 000		

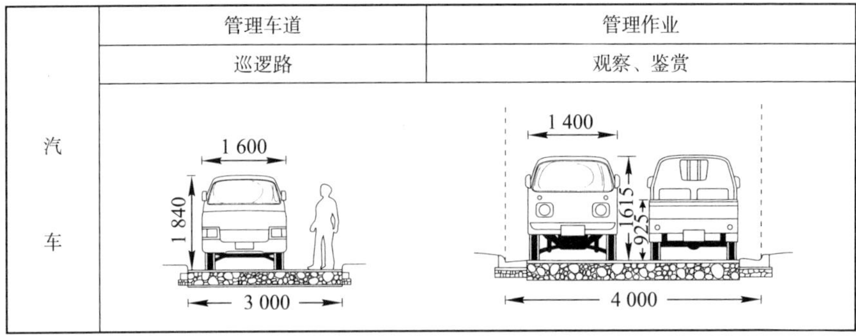

汽车	管理车道	管理作业
	巡逻路	观察、鉴赏

青岛利浩：《造园设计详图及图表　用地整理》、《园路・广场（景观设计）》，理工图书，1985年

(2) 园路的平面设计

园内道路主要系用于休闲活动的散步道，在设计上应尽量考虑，如何能让利用者沿着这样的道路优哉游哉地走到目的地。为此，事先在图纸上描绘的只是一条散步路线的中心线，在此基础上，再进一步讨论沿线有无障碍物，以及从距离上看是否会使多数游人觉得不太吃力等。

① 园路中心线的画法

在初步设计中，园路的平面线形已被绘制在测量图内，这时要做的是再将中心线加到园路的平面线形上。中心线的交点（IP）的计算方法有2种，一是通过交角与距离来确定的方法；再有就是先确定交点坐标在图上的位置，然后通过计算求得距离和交角的方法。通常用得较多的是前者的方法。

重要

□利用交角和距离绘制中心线的方法

a）先将内角（β）计入至设计交点的每段距离中，然后再计算方位角。

$$\alpha_0=90°$$

$$\alpha_1=\alpha_0+180°+\beta_1-360°=\alpha_0+\beta_1-180°=90°+135°-180°=45°$$

$$\alpha_2=\alpha_1+180°+\beta_2-360°=\alpha_1+\beta_2-180°=45°+225°-180°=90°$$

b）根据方位角计算X的边长和Y的边长，求得坐标。

$$X_1=X_0+L_0\cos\alpha_0=12.00+15.00\cos90°=12.00+0.00=12.00$$

$$Y_1=Y_0+L_0\sin\alpha_0=0.00+15.00\sin90°=0.00+15.00=15.00$$

$$X_2=X_1+L_1\cos\alpha_1=12.00+14.00\cos45°=12.00+10.00=22.00$$

$$Y_2=Y_1+L_1\sin\alpha_1=15.00+14.00\sin45°=15.00+10.00=25.00$$

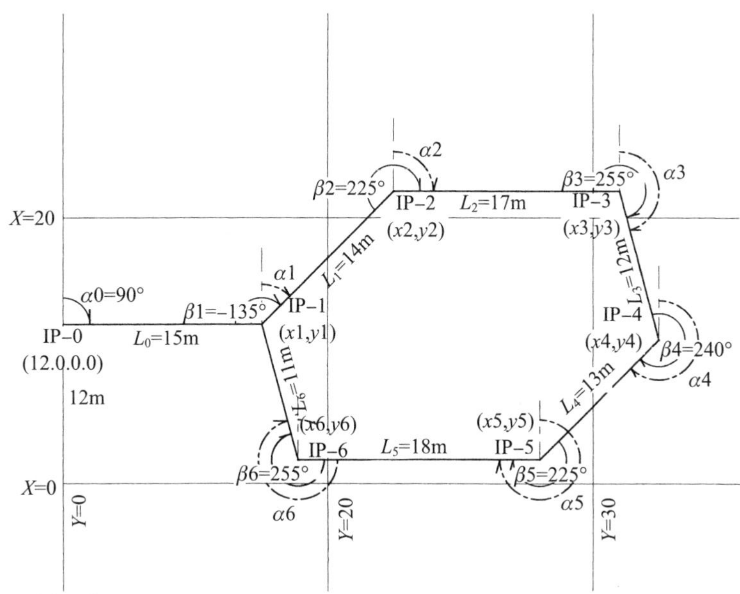

◆园路中心线图

c）将计算结果归纳如下表

◆坐标计算表

测量位置	顶点	内角	方位角	边长(m)	边X		边Y		点的坐标		点
					+	−	+	−	X	Y	
									12.00	0.00	0
0	1		90°0′0″	15.00	0.00		15.00		12.00	15.00	1
1	2	135°0′0″	45°0′0″	14.00	9.90		9.90		21.90	24.90	2
2	3	225°0′0″	90°0′0″	17.00	0.00		17.00		21.90	41.90	3
3	4	255°0′0″	165°0′0″	12.00		11.6	3.10		10.30	45.00	4
4	5	240°0′0″	225°0′0″	13.00		9.20		9.20	1.10	35.80	5
5	6	255°0′0″	270°0′0″	18.00		0.00		18.00	1.10	17.80	6
6	1	255°0′0″	345°0′0″	11.00	10.9			2.80	12.00	15.00	1

d）坐标网图的制作

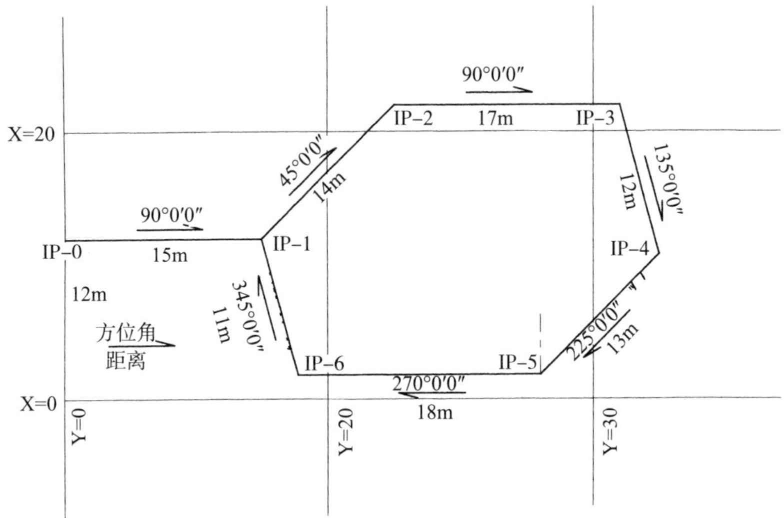

◆完成的坐标网图

IP	X	Y
0	12.00	0.00
1	12.00	15.00
2	21.90	24.90
3	21.90	41.90
4	10.30	45.00
5	1.10	35.80
6	1.10	17.80

② 平面曲线的画法

根据坐标网图确定交叉角度，然后制成光滑的曲线道路。

B.C=Beginning of curve：始曲点

E.C=End of curve：终曲点

I.P=Intersection point：交点

I.A=Intersection Angle：交角

T.L=（Tangent length）：接线长＝R・tan1/2

C.L=（Curve length）：曲线长＝R・Iラジアン

S.L=（Secant length）：外线长＝R（sec1/2−1）

ラジアン…1°＝π/180=0.01745

试试看！ 画平面曲线

试着把上页的IP-2与IP-3的拐角变成曲线（先确定R或T.L都可以，这里先确定T.L为3m）

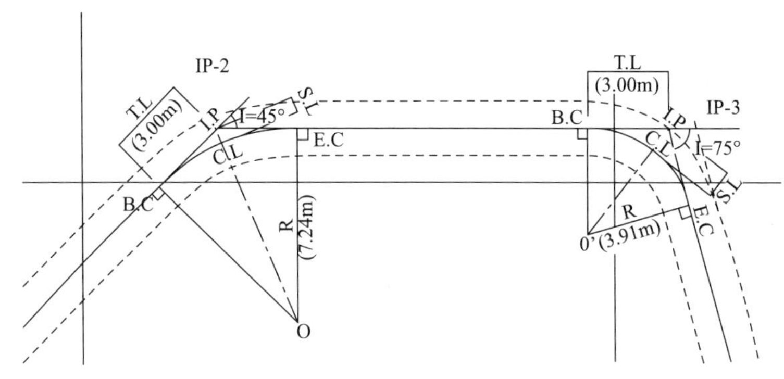

· IP-2的计算

$I=45°0'0''$

$T.L=R\times\tan\dfrac{45°}{2}=3.00m$

$R=T.L\div\tan\dfrac{45°}{2}=7.24m$

$C.L=7.24\times45°$（ラジアン）$=7.24\times45°\times\pi/180=5.70$

$S.L=7.24\times\left(\sec\dfrac{45°}{2}-1\right)=7.24\times\left(1\div\cos\dfrac{45°}{2}-1\right)=0.60$

· IP-3的计算

$I=75°0'0''$

$T.L=R\times\tan\dfrac{75°}{2}=3.00m$

$R=T.L\div\tan\dfrac{75°}{2}=3.91m$

$C.L=3.91\times75°$（ラジアン）$=3.91\times75°\times\pi/180=5.12$

$S.L=3.91\times(\sec75°/2-1)=3.91\times\left(1\div\cos\dfrac{75°}{2}-1\right)=1.02$

IP	I	R	T.L	C.L	S.L
2	45	7.24	3.00	5.70	0.60
3	75	3.91	3.00	5.12	1.02
4					

(3) 纵断面设计

① 纵断面坡度

纵断面设计则要根据利用形态（汽车、自行车或步行）变化。而且，但凡与现实状况相去甚远的设计，都会因大量地搬运土方而显得很不划算。除此之外，还应确认现有埋设物的准确位置，以确保其具有足够的填埋厚度，避免因施工造成的损坏。

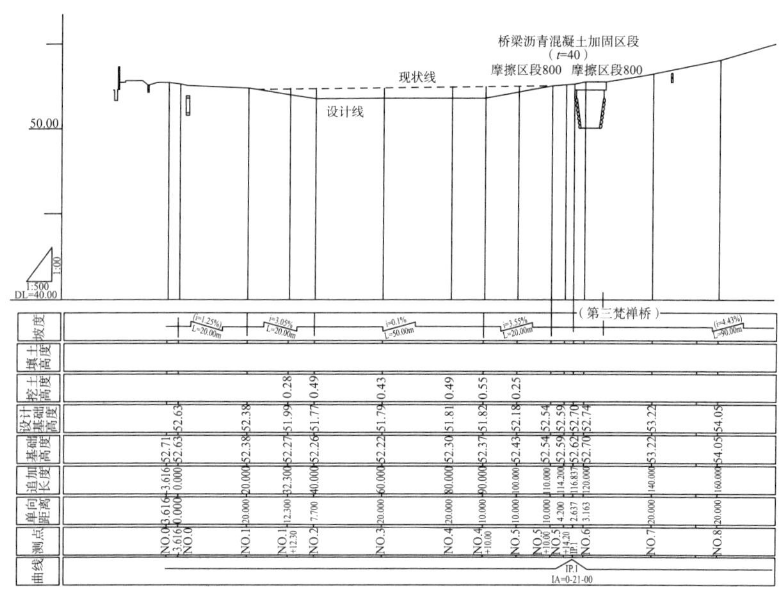

a）纵断面图

纵断面图系表现将步道和车道纵向切断后看到的状况的图纸。为了便于看清纵断面的凹凸状况，通常都将其垂直方向的缩尺定为1/100，水平方向的缩尺定为1/500，此点务请留意。

◆纵断面坡度参考值

1%	降雨后可能有积水现象
3% 以下	从视觉上感到平坦，行走轻松，排水良好
3%~6%	看上去有和缓的慢坡。如果是步道，一般其坡度最好控制在5%以下；但在立交桥或其他不得已的场合，可控制在8%以下
6% 以上	看上去如陡坡一样，步行感到吃力
15%	管理用车辆爬坡的限度值。普通车辆的这一数值为13%

据：《自行车道等的设计解说》，日本道路协会

b）纵断曲线

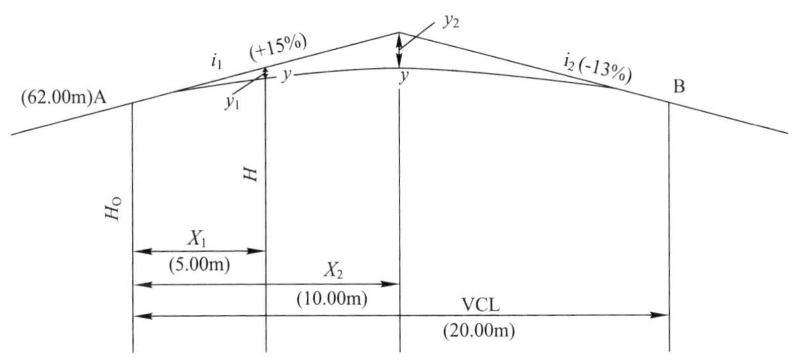

在纵断面设计中，为了缓和坡度变化点处的冲击，往往采用曲线配置。

重要

c）纵断曲线的计算方法

纵向距离 $=y=\dfrac{(i_1-i_2)}{200\times L}\times X^2$

纵断曲线上的设计高度 $H=i_1\cdot x+H_0-y$

i_1=位于A点的纵断坡度〔%〕=15%：向上坡度（+）向下坡度（–）

i_2=位于B点的纵断坡度〔%〕=13%

x=自A点至y点的水平距离〔m〕

y=离开A点xm处的纵向距离〔m〕

VCL=（Vertical Curve Length）纵断曲线长度=20.00m

H=距A点xm处的设计高度〔m〕

H_0=A点的设计高度（62.0m）

x=距离5.00m处的设计高度

$y_1=\dfrac{(15-13)}{200\times 20.00}\times 5^2=0.013$

$H=0.15\times 5.00+62.00-0.013=62.7375$

x=距离10.00m处的设计高度

$$y_2=\frac{(15-13)}{200\times 20.00}\times 10^2=0.05$$

H=0.15×10.00+62.00−0.05=63.45

② 阶梯

为了提高在园内陡坡（18%以上）处行走的安全性，应在此构筑阶梯。

· 阶梯的踢脚与踏步的关系

$2h+b$=60~65cm

· 标准尺寸

踢脚（h）10~18cm

踏步（b）26~40cm

一般情况下，踢脚15cm，踏步30cm（最大40cm）。

在儿童游戏设施内，阶梯的踢脚为10~12cm，踏步20~40cm。

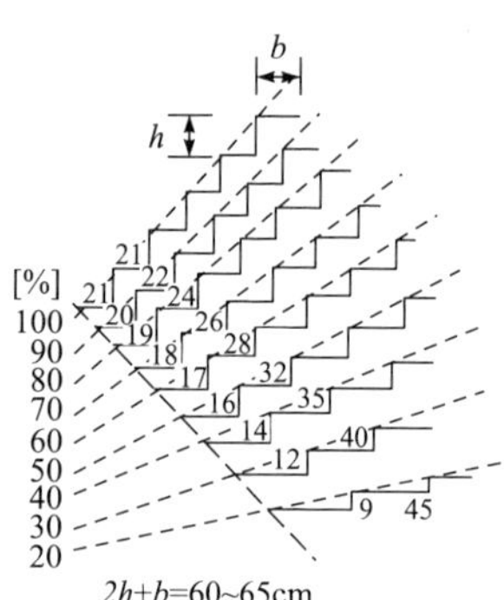

◆踏步和踢脚的标准尺寸

北村信正:《造园施工实务》，技报堂出版，1973年

施工注意事项

· 阶梯的缓步台设在高度3m以上的位置

· 阶梯的宽度应大于园路的宽度

· 阶梯的起始段及收尾段的水平面加大

8 广场

广场具有各种各样的功能，如休憩、修景、运动、交际和演出之类的聚会等，在有灾害发生时，这里还可以作为避难场所，被用于非日常生活的目的。因此，对广场的设计应该构想出多种多样的利用形态，并且还要充分考虑到与园内其他设施及动线的平衡问题。

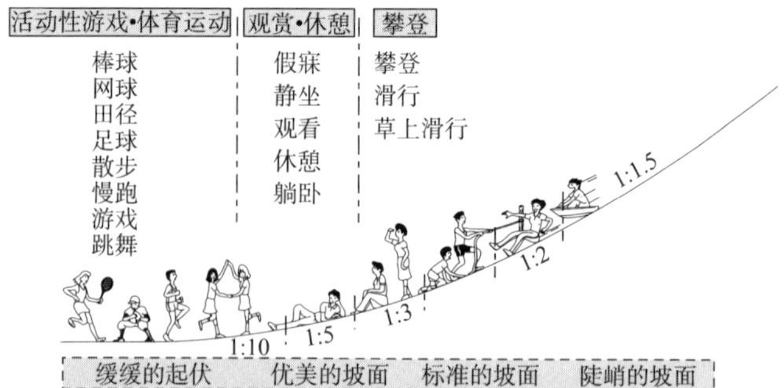

青岛利浩:《造园设计细部详图用地整理》、《园路 · 广场（景观设计）》，理工图书，1985

■ 施工注意事项

· 排水坡度应为4%~10%，布置雨水排出设施

· 地表不应有级差，不产生积水现象

9 运动设施

(1) 竞赛设施的场地尺寸

① 田径场地

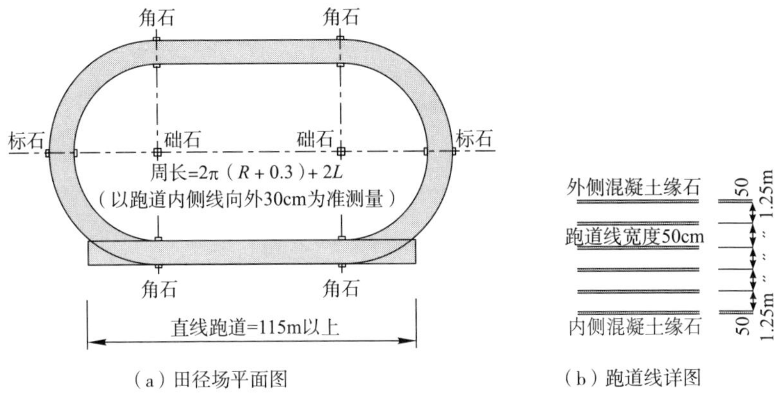

（a）田径场平面图　　（b）跑道线详图

◆田径场通用规格尺寸

	第1种	第2种	第3种	第4种	第5种
1圈距离	400m	400m	300m 400m	200、250、300、350或400m	200、250、300、350或400m
距离公差	1/10 000	1/10 000	各40mm以内	各40mm以内	各40mm以内
竞走 直线段	宽11.25m 9道 长＞115m	宽11.25m 9道 长＞115m	宽7.5m 6道 长度＞114m	宽7.5m 6道 长度＞114m	宽5m 4道 长度＞114m
竞走 曲线段	宽11.25m 9道	宽11.25m 9道	宽7.5m 6道以上	宽5m 4道以上	宽5m 4道以上
铺装材料	第1种田径场要配备全天候铺装的设施				
容纳人数	15 000人以上	5 000人以上	相当多的人数		
排水设施	降雨后可立即使用	降雨后可立即使用	可有可无		
辅助田径场	全天候铺装的400m跑道	最好配置	可有可无		
更衣室	可容300人以上	可容100人以上	最好设置		可有可无
浴场或淋浴	男女各2处	男女各1处以上	最好设置		可有可无

日本田径联盟：《通用田径场、长距离赛跑路及竞走路的规定》

施工注意事项

· 跑道横向坡度1/100，纵向坡度1/1 000

· 长轴线应南北向配置，主起跑线设在**西侧**，以避开夕照光线

· 为避免运动员比赛时迎风或顺风，应使跑道的纵向与计划地点的经常风向垂直交叉

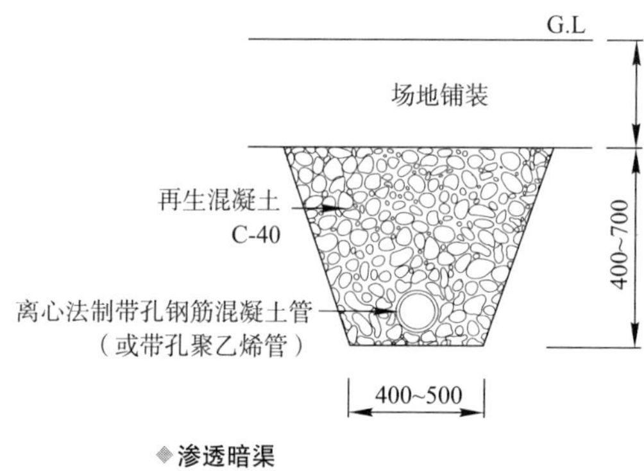

◈渗透暗渠

· 排水处理是这样进行的：雨水自场地内集中到跑道内缘的排水沟，然后再通过渗透暗渠（深约1m左右）排出场外

② 棒球场

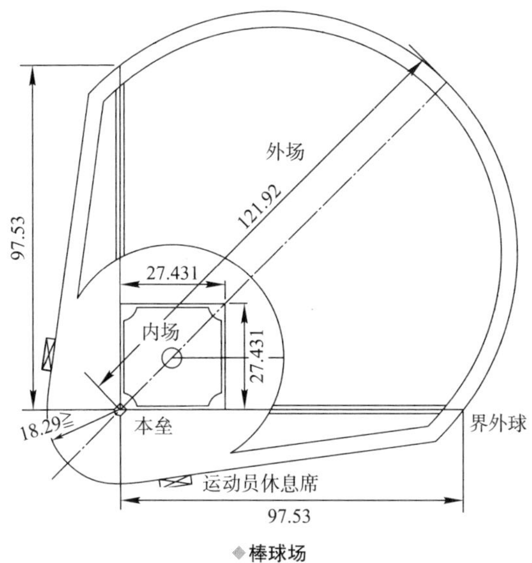

◆棒球场

据《棒球通用规则》，日本棒球规则委员会

施工注意事项

- 如果观众席不多，以运动员为主的比赛场将本垒设在北侧，而将投手位置放在南侧。反之，如果是观众人数较多的场地，则应本垒配置在西南方向，以便于从投手位置清楚地看到本垒
- 场地的形状以扇形的为最多；但也有采用菱形、圆形、椭圆形和U字形的
- 最好让长轴方向与经常风向一致
- 投手板高出内场线10英寸（约25.4cm）

③ 网球场

施工注意事项

- 如需以栅栏将场地与周边隔离，通常栅栏的高度约为3m；在附近有住宅区的情况下，则应将其提高到4m以上。此外，在采用栽植带隔离场地时，应具有防风效果，并且选择的树木形成的背景应使比赛球看起来更醒目
- 照明装置的高度应不少于12m，非正式比赛的场合也应在8m以上
- 在设计上，场地的长轴线最好自西南或西北偏东或西5°~15°配置（偏西5°最为适宜）
- 竣工后的基础，应确保冬季轻易不会结霜，使基础具有较强的支承力度

· 端线拦球网应设在基准线后6.4m以外
· 边线拦球网距边线3.66m以上
· 网柱高度1.067m
· 场地基准线宽度5cm，以白色作为标准色

◆网球场的尺寸

最小尺寸	36.6×18.3（m）=669.8（m^2）
普通场地	38.0×19.0（m）=722.0（m^2）
比赛场地	40.0×23.0（m）=920.0（m^2）

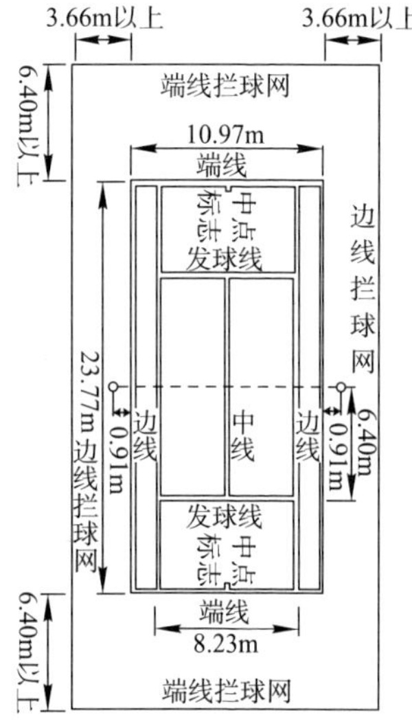

◆网球场

据《网球规则》，日本网球协会

④ 足球场

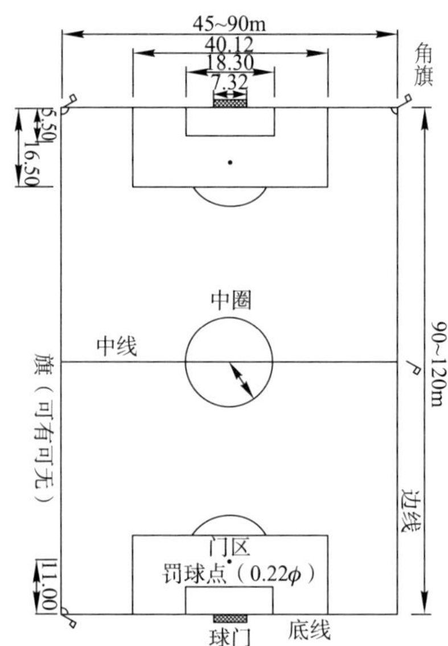

◆足球场

据《足球比赛规则》，日本足球协会

施工注意事项

- 纵向长度90m以上，120m以下；横向长度45m以上，90m以下（国际比赛规定，纵向长度100m以上，110m以下；横向长度64m以上，75m以下）
- 基准线宽度12cm以下
- 各角球区设有高度1.5m以上的标杆

⑤ 门球场

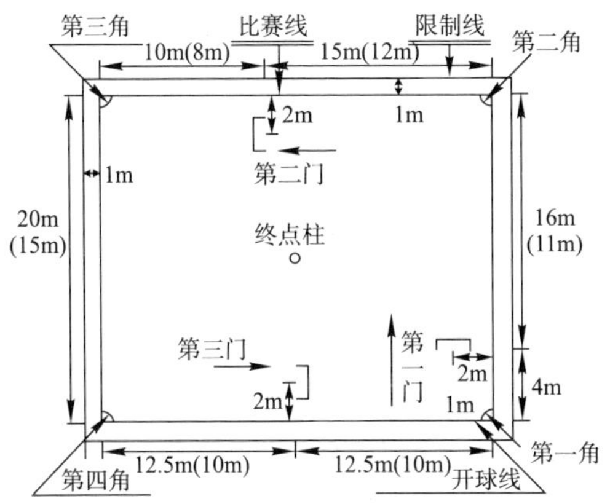

◆门球场

施工注意事项

- 场地尺寸，纵20.15m × 横25.20m
- 在比赛线外1m处设限制线
- 比赛场地之间相距不小于2m
- 坡度设定为0.3%左右

⑥ 手球场地

施工注意事项

- 场地纵向长度，25m以上42m以下；横向长度，15m以上25m以下
- 基准线宽度8cm左右
- 赛场中央设有适当标记，并以此为中心画一半径3m的圆

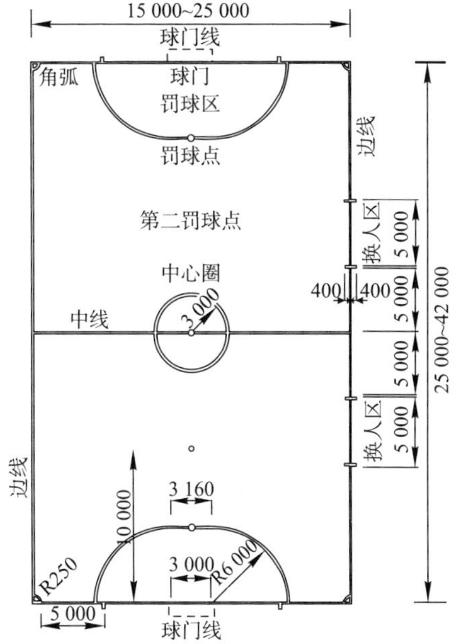

◆手球场地

据《户外运动设施要览》（修订第四版），长永体育产业

(2) 运动设施的铺装

① 铺装的种类及其特点

区分	名称	特点及用途	优点	缺点	施工管理的关注点
土类铺装	黏土铺装	表层敷10cm左右厚的沙质黏土（黏性土+轻石），夯实后再敷沙。冬季防止冻结，干燥期为防尘洒盐卤 **网球场・操场** 表层沙 掺沙黏土 t=100 造价3 000日元/m²	・施工简单，造价低廉 ・有多种优质材料可供选择 ・运动不易产生疲劳感 ・修补方便	・管理费用高 ・雨后干燥需较长时间 ・干燥时易扬尘 ・冬季易受霜害	・需要做土质调查，对沙土混合比例应仔细研究 ・须经常碾压 ・冬季防冻结 ・保持适当的含水量，经常除草
		炉渣混合土铺装：将炉渣与黏土混合后用于铺装。较之单纯的黏土铺装，具有更好的排水性和保水性			
		石灰岩粉铺装：将岩粉与黏土混合后直接敷于基础上，边铺敷边碾压，形成一种软铺装。因其固结力、吸湿和保水作用均得到改善，故被广泛地用于运动场地。作为石灰岩粉的替代物，也可以在石粉中掺入石灰 造价1 000日元/m²			
	陶土材料铺装	将黏土+氯化镁+盐卤的混合物烧结后粉碎成粒状，作为铺装材料 **田径场・网球场** 陶土 t=40～50 煤渣 t=150～250 碎石 t=150～250 造价12 000日元/m²	・色彩鲜艳 ・运动不易产生疲劳感 ・耐雨，雨后干燥迅速	・含水量高时易变软 ・干燥时易扬尘 ・冬季无法利用	・须经常碾压 ・冬季防止冻结 ・洒水防止表面变白
	绿色碎石粉铺装	利用特殊制剂将辉绿凝灰岩和绿色变质岩等粉碎化后精制而成的铺装材料 **网球场・学校操场・足球场** 绿色碎石粉铺装 t=40 煤渣 t=30 碎石 t=100 造价4 500日元/m²	・色彩鲜艳 ・较少疲劳感 ・雨后干燥快 ・不易扬尘 ・不易受霜害	・含水量高时易变软	・须注意地下排水 ・应对抑制冻结层加以研究
全天候型铺装	树脂类铺装	表层为合成树脂沙、橡胶或人造草坪等，底层为混凝土或沥青混凝土 **田径场・网球场** 橡胶+沥青 t=20 沥青混凝土 t=25 碎石 t=150 造价11 000日元/m²	・不受天气好坏的限制，赛事可随时进行 ・色彩选择范围广，并且十分鲜艳 ・不扬尘 ・管理费用低	・长时间运动则易产生持续的疲劳感 ・反光强烈 ・造价高	・每年划线1次 ・3~5年后做密封层处理 ・应对抑制冻结层加以研究

	沥青类	特殊沥青 沙、石料、树脂和纤维等 **田径场 · 网球场** 橡胶木屑聚氨酯t=8 升级配沥青混凝土t=30 升级配沥青混凝土t=40 碎石 t=150 3造价12 000日元/m²	· 易修补 · 不受天气好坏限制 · 不扬尘	· 长时间运动则易产生持续的疲劳感 · 反光强烈 · 施工困难	· 应该研讨符合使用目的的材料 · 应对抑制冻结层进行研究

*：造价中含采用中等品时的基础材料；但因制品等级、基础厚度、施工规模和施工场所等的不同，其造价也会有区别

② 草皮铺装的种类及其用途

	草皮的种类	棒球场	足球场	体育比赛场地
寒地型	六月禾	○	○	○
	黑麦草	冬季调节用		
	类地毯草	○		○
暖地型	日本芝草	○	○	○
	高狐草	○	○	○
	百慕大草	○	○	○

10 障碍性设施

① 出入口

· 设1个以上的轮椅用出入口

· 通道平坦且不易滑倒

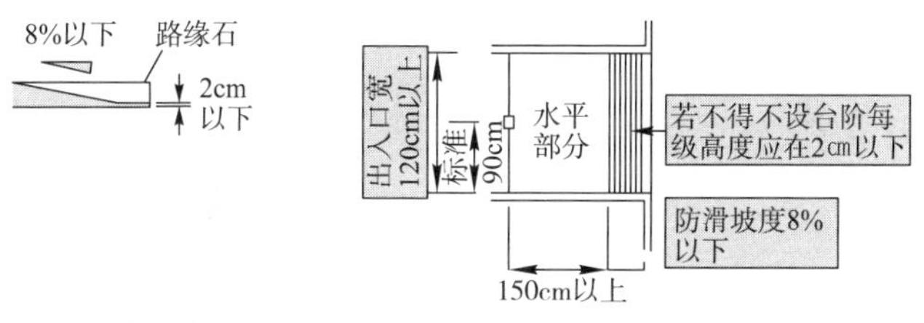

（a）防滑部分详图　　（b）出入口部分平面图

② 车挡

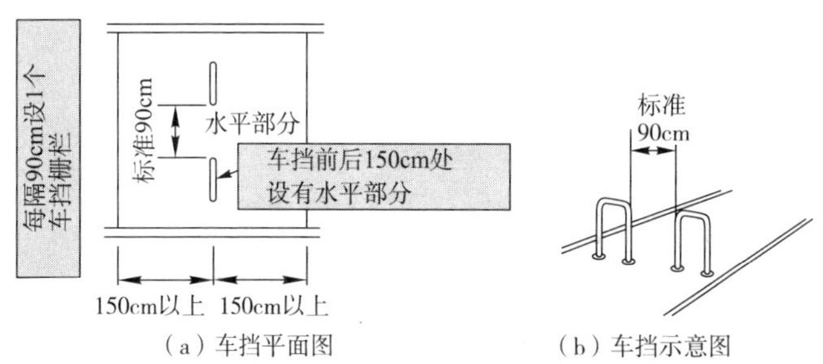

（a）车挡平面图　　（b）车挡示意图

③ 园路

· 为了让残障者也能够利用各种设施，在设计园路时，至少应该留有一条可容轮椅通过的途径。

· 在铺装处理上，要做到防滑、平坦，路面没有凹凸。

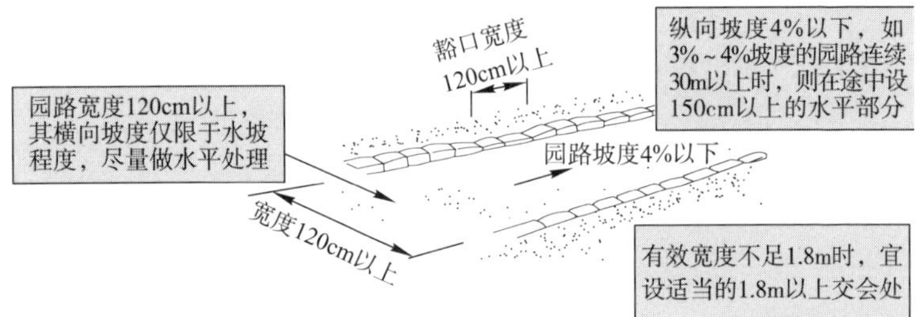

④ 坡路

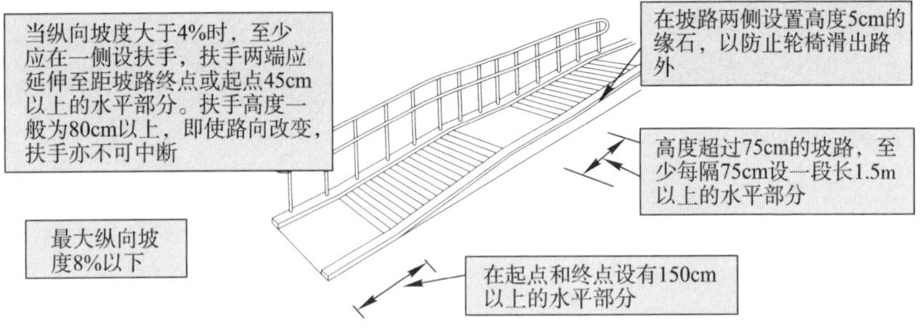

⑤ 阶梯

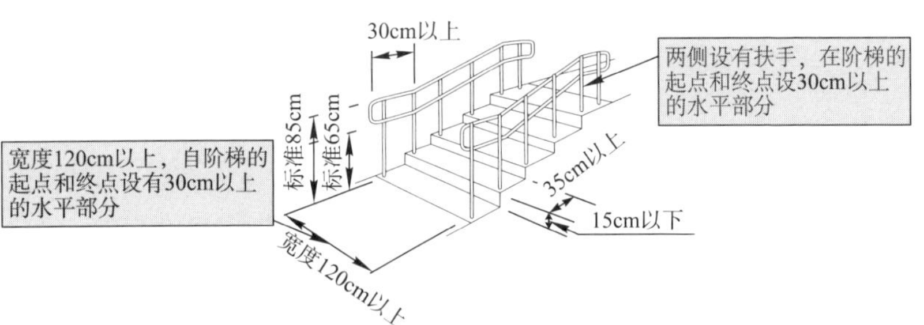

⑥ 停车场

总停车台数（台）	必需台数（台）
~50	1
51~100	2
101~150	3
151~200	4
201~300	5

载轮椅汽车专用停车区

· 载轮椅汽车专用停车区所需空间尺寸至少应保证右图的各项数值

· 这样的停车区应设在与园路相接的出入口最近的地方，如停车2台以上，其停车位置应彼此连在一起

· 停车位置后部应留出可供轮椅通过的道路（宽1.2m）

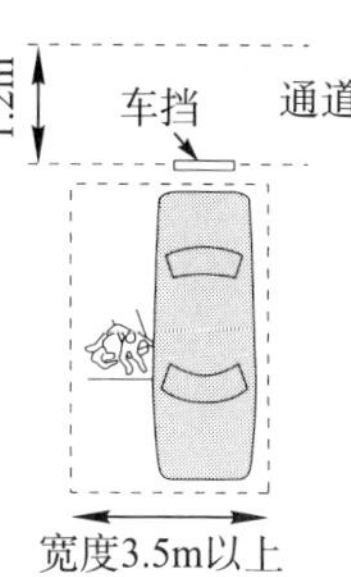

残障者优先停车区

· 除了保证必需台数以外，还应根据未使用轮椅残障者的需要设置优先停车区，优先停车区可设在载轮椅汽车专用停车区的一侧

· 宽度为2.5m左右

⑦ 厕所

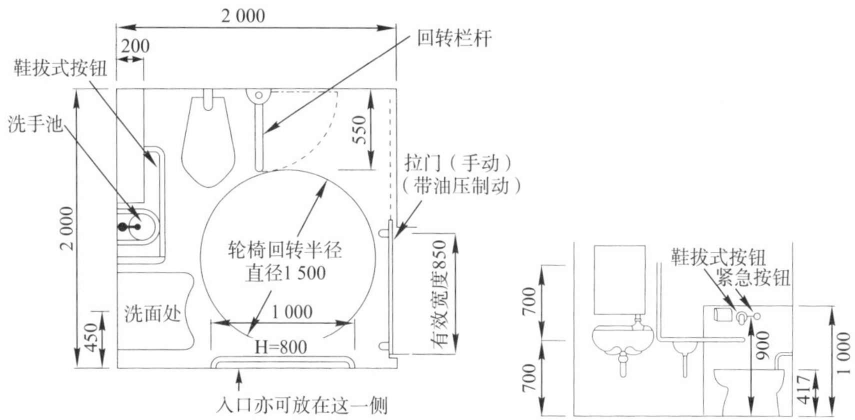

· 每间厕所的大小，标准为宽200cm，进深200cm

· 出入口的有效宽度为85cm以上；但在结构上不得已的情况下，如能够直接进出，亦可将宽度缩小到80cm

· 出入口处不得设台阶；如不得不设台阶，其级差应在2cm以下，或改为坡度小于8%的防滑坡道。这时的有效宽度则应在90cm以上

· 出入口处应设拉门，不得已的情况下则须设外开门。外开门把手一侧的门墙宽度不小于30cm

· 便器及其他配置的设计，应考虑到不对轮椅的活动构成妨碍

⑧ 其他

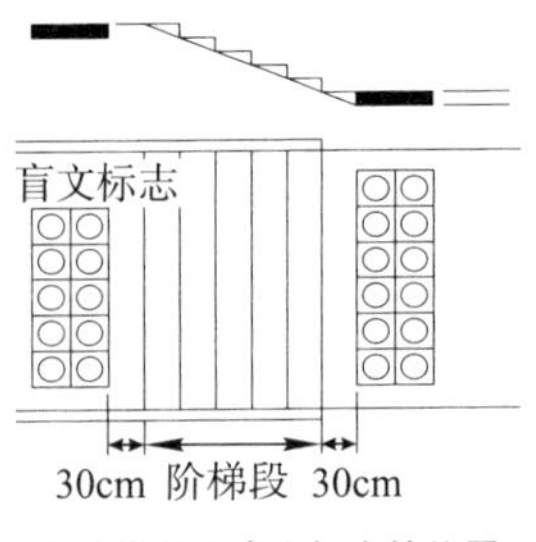

◈阶梯段设盲文标志的位置

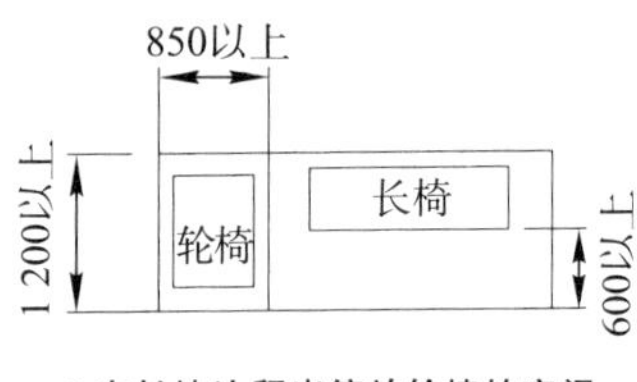

◈在长椅边留出停放轮椅的空间

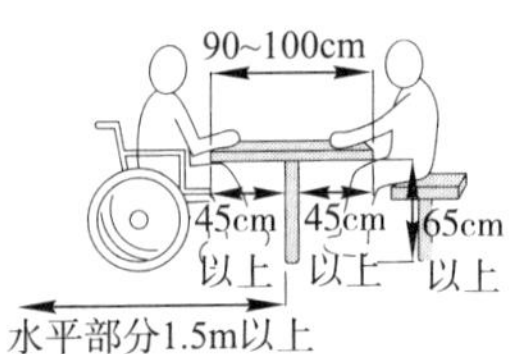

户外餐桌

在使用方向上留有1.5m以上的水平部分，以便轮椅能够靠近桌子

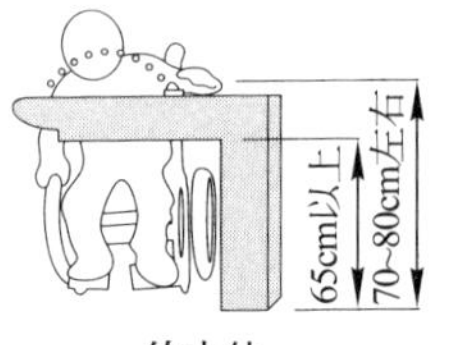

饮水处

水嘴高度70～80cm左右，下面的空间可容轮椅进入（高度65cm以上,进深45cm以上）

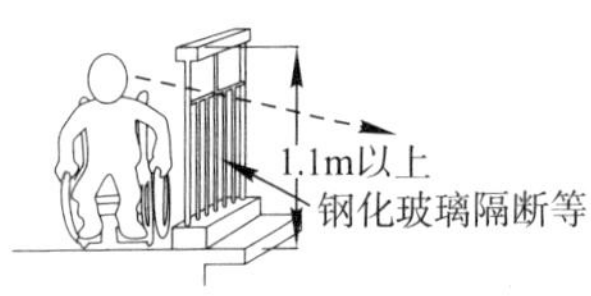

栏杆

高度不低于110cm，纵向格栅条间距不大于11cm。防止滑落的栏杆尚应确保乘轮椅者视野的开阔性

· 盲文标志：为方便视觉障碍者而设置在步行必须经过的场所

· 休憩空间：设置间隔约为50~100m左右。如在路边摆放长椅，则应距园路边缘60cm以上，其高度为40~45cm。在长椅一侧与轮椅邻接的位置应确保850mm×1 200mm的空间。假如在休憩空间与周边地段存在级差的情况下，须构筑8%以下的坡度，并做防滑处理；在不得不设级差时，则级差应小于2cm。豁口部分的有效宽度应在1.2m以上

2章 · 材　料

先了解材料的特点！

2-1 植 物

1 树木

(1) 树木的特点

① 树木的品质标准

并非所有的树木都具有相同的形态，设计者也无法具体地向施工者一一地传达自己所心仪的树木到底应该是什么样子。有鉴于此，日本国土交通省对树木制定出相关的品质规格尺寸标准，设计者可据此标准进行设计。

◆公共绿化类树木品质尺寸规格标准（法案）

公共绿化类树木	主要用于公园绿地、道路及公共设施等公共绿地的树木种类
树高（简称：H）	树木自树冠顶端至树木根部的垂直高度。不包括其中一部分突出的枝条。而如椰树之类的特殊树种，另以“干高”称之，系将树干部分的垂直高度作为树高
树围（简称：C）	系指树木干围的总长，自其根系向上1.2m的位置测定之。如这一部分有2枝以上的分叉，则将其各枝周长总和的70%作为树围
树冠（叶冠）（简称：W）	树木向四面伸展的枝叶的幅度。因树形的关系，当枝叶伸展的幅度长短不一时，则取其最长和最短的平均值。一部分突出的枝条不包括在内。“叶冠”系指低木而言
散本苗木	树木的干自其根部附近以层状分叉
灌木	层状分叉的低木
散本数（简称：$B.N$）	散本苗木自根部分叉的干支数目。 对其树高和株数做出以下规定： · 2株：1株达到规定树高，另一株达到规定树高的70% · 3株以上：按照规定的株数，其中一半以上达到规定高度，其余的达到规定高度的70% 
分枝点高度	自形成树干的最下部枝条叉根处至地面的尺寸
独本苗木	树干自根部没有分叉，系独株苗木
生长势弱	虽枝叶繁茂，但其组织的生长不充实
根系土球	移植树木时，挖出的裹着根系的土团
裸根	移植树木时，不带土团，只将根系挖出
缠根	搬运挖出的树木时，为防止根系土球的土脱落，在土球表面缠裹草绳等包装物
假植钵	临时栽植树木用的容器
整形树	即非自然生长，而系通过人工修剪成形的树木
丛生苗木	多株树木的根部紧靠在一起，其中一部分成长为一株树木
嫁接苗木	在树木的某一部分嫁接其他苗木培育而成的苗木种类

· 规格系指树木运入（采购品）时的规格 · 以此规格确定的尺寸值为最低值

· 树木的规格由品质标准和尺寸规格构成

· 树木的尺寸，可用于树高、树围、树冠（叶冠）和散本数等

· 树高、树围和树冠的单位以米（m）表示

(2) 树木的形状

① 树木的形状尺寸

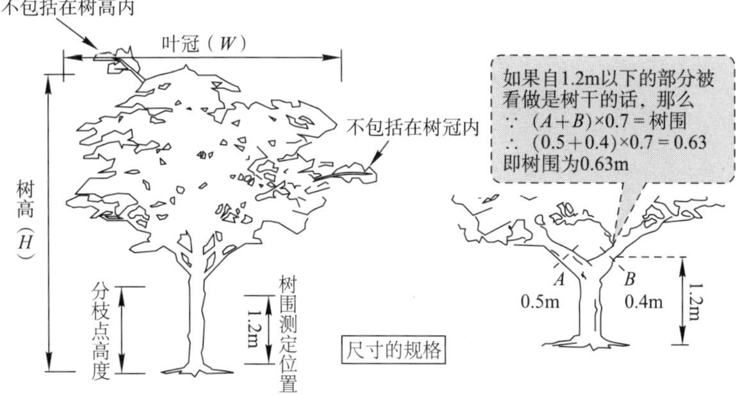

② 树姿

树姿，即指人们看到的**树木的样子**。所谓“树姿好”的树，应该像下面的插图那样，是一株看上去整体丰满匀称的树木。

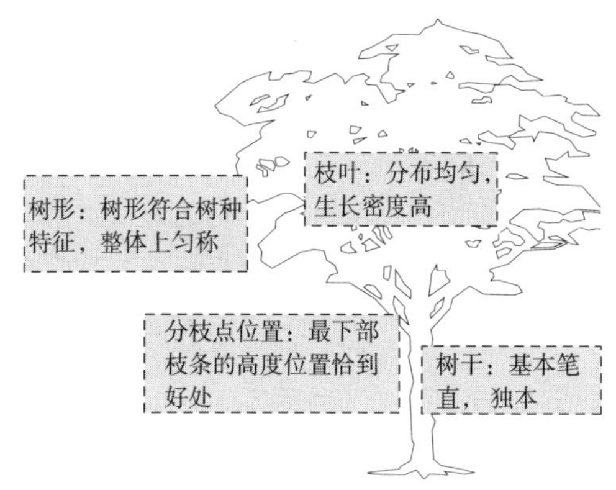

③ 树势

树势系指**树木的生长状态**。一般将树木、枝叶、树干和树根的伸展顺利，发育繁盛的状态称为“树势良好”。

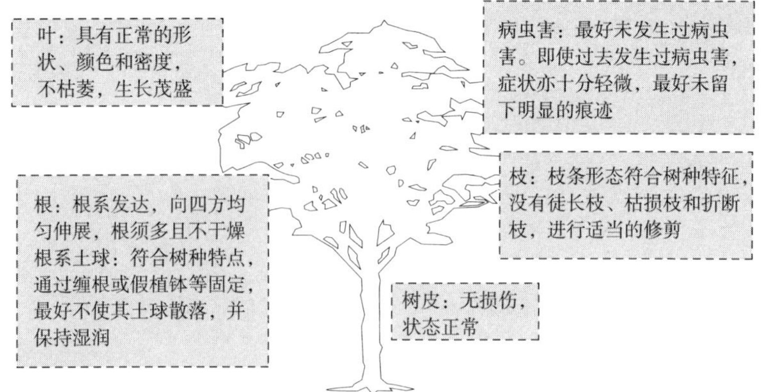

(3) 树木的形态

① 形态的分类

常绿针叶树	**叶呈针状，终年常绿的树木** 红松、紫杉、土松、圆柏、黑松、樱、杉、矮桧、雪松
常绿阔叶树	**叶片平展宽阔，终年常绿的树木** 桃叶珊瑚、马醉木、大花六道木、犬黄杨、紫杜鹃、隐身草、光叶石楠、夹竹桃、石岩、木樨、樟
落叶针叶树	**叶呈针状，自秋季至初冬落叶，翌年春生出新叶的树木** 落叶松、水杉、落羽杉
落叶阔叶树	**叶片平展宽阔，自秋季至初冬落叶，翌年春生出新叶的树木** 栎、银杏、八仙花、槲、鸡爪枫、梅、落霜红、大岛樱、合欢、桂、榉
其他	**竹及细竹类** 黑竹、山百竹、刚竹、南竹

*参看本书第9章9-1节“植物一览表”

② 树冠的特征

(a) 球形
菩提等

(b) 倒圆锥形
樱、榉等

(c) 正圆锥形雪松、
落羽杉等

(d) 圆柱形
白杨等

(e) 垂枝形垂
柳、垂樱等

(f) 覆地形红豆
杉、矮桧等

③ 根的形状

	深	较深	中等	较浅	浅
根的形状					
常绿针叶树	红松、丝柏、紫杉、黑松、大黄杉、雪松	东北红豆杉		德国桧、扁柏、樱	
常绿阔叶树	弗吉尼亚栎、小叶榕、山桃、樟	柚、夹竹桃、月桂、山茶、全手叶椎	木荷	栀子 桂竹 欧卫矛	桃叶珊瑚、大花六道木、小栀子、杜鹃、映山红、草珊瑚、黄杨、八角金盘
落叶阔叶树	溲疏、柏、小橡子、山胡枝子		椰榆、梅、桐、辛夷、楝草、大花海棠、春榆、木槿	大岛樱、南天竹	八仙花、落霜红、合欢、麻叶绣球、吊钟花

(4) 按树木特点分类

① 阴树・阳树

染井吉野樱

阳树
- 当日照不足时发育不充分或可能枯死的树木
- 在幼树期需要充沛阳光的树木

红松、椰榆、大花六道木、银杏、梅、野茉莉、紫杜鹃、圆柏、落叶松、夹竹桃、黑松、榉、麻叶绣球、小橡子、紫薇、垂柳、车轮梅、杉、染井吉野樱、满天星

山茶

阴树
- 即使阳光不足也照常生长，或可在无日照条件下生长的树木
- 幼树期即使有少许日照也可生长的树木

桃叶珊瑚、梫木、紫杉、犬黄杨、土松、合欢、隐身草、小栀子、山茶、瑞香、草珊瑚、小叶榕、女贞子、七叶树、白茶花、刺叶桂花、刺叶南天竹、欧卫矛

② 移植的难易

	难移植的树木	易移植的树木
常绿针叶树	丝柏、龙柏、杉、大黄杉、扁柏、冷杉	圆柏、花柏
常绿阔叶树	梅、黄心树、车轮梅、月桂树、海石榴、瑞香	桃叶珊瑚、夹竹桃、栀子、杜鹃、白茶花、柃木、欧卫矛、冬青、八角金盘
落叶针叶树	落叶松	银杏、落羽杉
落叶阔叶树	枸橘、桴、栗、辛夷、木兰	八仙花、大花六道木、梅、紫微、吊钟花、悬铃木、木槿、棣棠

③ 耐干旱的树木

常绿针叶树	红松、黑松、冷杉、圆柏
常绿阔叶树	海桐花、柃木、欧卫矛、夹竹桃
落叶针叶树	落叶松
落叶阔叶树	白桦、刺槐、苏铁、小橡子、金丝桃、紫薇

白桦

④ 适应湿地的树木

落羽杉

常绿针叶树	杉、龙柏、土松
常绿阔叶树	桉树、香樟、瑞香、桂竹、刺叶桂花、虎皮楠、枸骨
落叶针叶树	落羽杉
落叶阔叶树	八仙花、鸡爪枫、合欢、桂树、柞、辛夷、垂柳、青枫、糙叶树、七叶树、黄栌

⑤ 适应酸性土壤的树种

常绿针叶树	红松、冷杉
常绿阔叶树	白柞、杜鹃
落叶阔叶树	八仙花、榉、山毛榉

红松

⑥ 抗海风的树种

常绿针叶树	丝柏、土松、黑松、香榧、矮桧
常绿阔叶树	桃叶珊瑚、梅、枸骨、夹竹桃、珊瑚树、柯、车轮梅、玉兰、犬樟、海桐花、秋田胡颓子、欧卫矛、全手叶椎
落叶阔叶树	野梧桐、无花果、大岛樱、合欢、柏树、盐肤木、龙爪柳、海仙花、垂柳

⑦ 隆冬或盛夏开花的草木

隆冬开花的草木	盛夏开花的草木
·红花：山茶、冬牡丹、野山茶 ·黄花：迎春花、金缕梅、腊梅 ·其他：梅、旌节花	·红花：夹竹桃、百日红、绣线草、合欢、光叶子花、凤仙花 ·黄花：金丝梅、金丝桃 ·白花：玉兰、槐、大花六道木

山茶

⑧ 飘香的植物

春	瑞香、辛夷、玉兰、香樱、黄心树、大叶冬青、紫丁香、日本厚朴、香藤、刺槐、桐
夏	野茉莉、天女花、栀子花、金银花、茉莉、海桐花、水晶梅、蔷薇、槐、栀子、厚皮香、玉兰
秋	木芙蓉、木樨、桂花
冬	柊、腊梅、梅、柃木

梅

⑨ 食饵树木

其果实被野鸟作为饵食。

桃叶珊瑚

桃叶珊瑚、红松、银杏、犬黄杨、土松、落霜红、野茉莉、樟、栀子、柞、铁冬青、黑松、小橡子、山茶、樱、珊瑚树、白柞、弗吉尼亚栎、染井吉野樱、秋田胡颓子、南天竺

⑩ 原生物种

近来，要想寻觅到原生物种是一件很困难的事情；原生物种的濒临灭绝，也让我们进一步认识到栽植保护的迫切性。

树木：黑松、红松、白茶花、车轮梅、刺槐、赤杨、山赤杨、金雀花、木蓝、胡枝子 草本类：石耳、岩蕨、石槠、芒草、蓍草、虎杖、艾蒿类、兰花双叶草等

黑松

(5) 用于不同场合的树木所具有的特点

行道树 **·对大气污染和病虫害的抵抗力强** ·可修剪整形 ·易于生长  樟	常针：黑松、圆柏、 常阔：粗构、光叶石楠、楠、白柞、弗吉尼亚栎、全手叶椎、山桃 落针：水杉 落阔：槐、榉、百日红、银杏、落叶松、刺槐、赤杨、悬铃木、白杨、百合
绿篱 **·耐修剪** ·叶子漂亮 ·枝条细且不易枯萎  大花六道木	常针：丝柏、紫杉、扁柏、圆柏、花柏 常阔：大花六道木、犬黄杨、梅、光叶石楠、木樨、山茶、杜鹃、茶树、黄杨、日本女贞、海桐花、秋田胡颓子 落针：落羽杉、落叶松 落阔：溲疏、枸橘、吊钟花、木槿
绿荫树 **·枝条舒展** ·抗病虫害	常阔：桉 落针：落羽杉、楠、小叶榕、全手叶椎 落阔：马醉木、银杏、槲、朴、榉、楝、黄榆、七叶树、水杉、望江南、百合、灯台树
防火用树木 **·水分多，枝叶繁茂** ·常绿树种	常针：土松、龙柏、 常阔：桃叶珊瑚、青冈栎、杨桐、珊瑚树、柯、桂花、冬青、八角金盘、虎皮楠 落针：银杏
防风用树木 **·深根类树木**	常针：红松、土松、黑松 常阔：樟、白柞、小叶榕、全手叶椎 落阔：榉、银杏
坡面绿化 **·适应干旱和贫瘠土地条件**	常针：红松、黑松 落阔：秋田胡颓子、溲疏、绣线草、夜叉五倍子、胡枝子、金雀花、山赤杨、栀子
修剪树种 **·耐修剪** ·叶子漂亮 ·枝条细而又不枯萎  车轮梅	常针：紫杉、樱、杉、罗汉柏、雪杉、圆柏 常阔：大花六道木、犬黄杨、小檗、光叶石楠、栀子、车轮梅、茶树、黄杨、芦萩、柊、桂花、厚皮香 落阔：梅、木瓜、鬼见羽、满天星

常针：常绿针叶树；常阔：常绿阔叶树；落针：落叶针叶树；落阔：落叶阔叶树

2 地被植物

所谓地被植物（Ground Cover Plants），系指覆盖地面的矮株植物，如草皮、常春藤和苔藓等均属于地被植物。造园所使用的典型地被植物是草皮。

桧树

(1) 地被类

① 木本类

名称	种类及地被高度	特点
西洋常春藤	常绿阔叶藤蔓植物 20~30cm	修剪后利用。耐寒性稍差。尤喜半阴地，但亦可在日照充足的地方生长
小栀子	常绿阔叶小低木 15~20cm	喜欢阳光照射不到的地方。易移植 6月前后开白花，花香怡人
杜鹃	常绿阔叶低木 15~50cm	经修剪后利用。易于移植。阳光下及半阴处均可生长。春天开花，花的颜色介于白色和粉红色之间
扶芳藤	常绿阔叶藤蔓植物 20~30cm	喜半阴处，易移植，生长迅速，雌雄异株
矮桧	常绿针叶低木 30~40cm	喜日照条件较好的干燥沙地，枝条舒展 但因其是锈病中间的寄主，**严禁栽植于果园附近**
西洋黄杨	常绿阔叶低木 15~30cm	修剪后利用。无论日照条件如何皆可生长。冬天的红叶十分美丽
泡黄杨	常绿阔叶低木 15~30cm	虽系阴生树种，但亦能生长在阳光充足的地方。易于移植

② 细竹类

名称	地被高度	特点
黄金间碧玉竹	20~30cm	开白花，可修剪，绿叶
细斑竹	2.0~3.0cm	花近于粉红色和红色，春季或秋季开放
佛肚竹	40~150cm	覆盖地表，常绿，适应无日照的条件
山百竹	50~150cm	覆盖地表，常绿，适应无日照的条件
关东竹	100~200cm	亦称品川竹，修剪后利用，喜半阴处，但亦可在阳光充足的地方生长
凤尾竹	50~60cm	矮小的细竹，喜阳光

山百竹

蝴蝶花

③ 草本类

名称	种类及地被高度	花	特点
蝴蝶花	常绿多年草 30~50cm	春·淡紫色	喜阴湿处，然亦可在阳光下生长
大吴风草	常绿多年草 30~40cm	秋·黄色	喜阴湿处，然亦可在阳光下生长
虎耳草	常绿多年草 5~10cm	初夏·白色	喜半阴处，然亦可在阳光下生长
吉祥草	常绿多年草 10~30cm	秋·紫色	喜潮湿的半阴处。经多次刈割后，植株变矮，形成致密的地被
结缕草	常绿多年草 5~10cm	春·粉红色	生长在有日照的地方，可成片地绽放粉红色花朵
白三叶草	多年草 2~10cm	春~夏·白色	喜阳光，多被用于坡面等处，不耐踩踏，适于湿地生长，种子繁殖
金盏菊	半常绿多年草 2~5cm	春~夏·黄色	靠地上茎繁殖。喜半阴处，然亦可生长在阳光下
沿阶草	常绿多年草 10~30cm		喜半阴处，然亦可生长在阳光下。经反复刈割后，叶子越来越密，景观效果会更好
石菖蒲	常绿多年草 30~40cm	初夏·黄色	无论背阴处或阳光下均可生长。喜湿地，其花呈棒状

麦冬草+经培育的桧树

大吴风草

(2) 草花

春

	移植型		直播直植型		
秋播一年草	宿根草	球根草花	秋播一年草	宿根草	球根草花
三色堇、雏菊、矢车菊、勿忘草、金盏花、山梗菜	美女樱、芍药、海石竹、樱草、松叶草、延命菊	郁金香、水仙、银莲花、花叶芋、风信子、毛茛属类	丽春花、油菜、紫花菜	小苍兰、木菖蒲、白芨、铃兰	大岩桐、藏红花、白头翁、仙客来

郁金香

樱草

夏

移植型			直播直植型		
春播一年草	宿根草	球根草花	春播一年草	宿根草	球根草花
大花马齿苋、长春花、凤仙花、金兰花、秋海棠、矮牵牛	萱草、香石竹、玉簪、天竺葵、欧蓍草、鸢尾花	大丽花、美人蕉、百合、唐菖蒲	向日葵、大波斯菊、紫茉莉、凤仙花、金盏花、大花马齿苋	芙蓉、景天、风铃草、紫萼、荷包牡丹、宿根福禄考	唐菖蒲、大丽花、孤挺花、百合类

秋海棠

向日葵

大波斯菊

秋

移植型			直播直植型		
春播一年草	宿根草	球根草花	春播一年草	宿根草	球根草花
大波斯菊、一串红、鸡冠花、三色苋	菊、桔梗、原菊、秋海棠	美人蕉、文殊兰、番红花、大丽花	大波斯菊、鸡冠花、三色苋	菊、桔梗、欧蓍草	大丽花、美人蕉、石蒜、文殊兰

冬

移植型		
秋播一年草	宿根草	球根草花
三色堇、紫罗兰、甘蓝、金盏花 报春花	天门冬、大金鸡菊	金盏银台、酢浆草

三色堇

(3) 日本草皮和西洋草皮

	日本草皮	西洋草皮
草皮类型	因系夏型，故仅在高温期生长；**冬季休眠并开始枯萎**	因系冬型，故即使在寒冷的地区也能很好生长；**冬季亦多呈绿色**
草高	系匍匐型，草矮且硬，手摸有针刺的感觉；**但无须频繁刈割修剪**	系立株型，草高且柔软，接触感觉舒适；但须**频繁刈割修剪**
繁殖	因需**铺设草皮繁殖**，故新设草坪所费人工甚多	因系种子繁殖，故所花经费和人力都较少
踩踏	耐踩踏	与日本草皮比较，耐踩踏性稍差
日照	不适应无日照条件	有许多适应无日照条件的草种
病虫害	**病虫害少**	夏季高温多湿天气易**受病害**
土壤	适应性强，无论酸性或碱性土壤均可生长	不适应酸性土壤条件，需要**肥料较多**
干燥	**耐干旱**	须适当灌水；夏季里尤甚
用途	被用于各种场合，在同一地点多栽植单一草种	应用于可进行管理的设施内，多为混合栽植
代表性草皮	高羊茅 茎叶粗硬，对环境适应力强，抗病虫害 多用于河流堤防和公园等处	百慕大草类 暖季型的代表草种 耐干旱，生长旺盛，即使在沙漠中亦能成活
	高丽草 与高羊茅相比属小型草种，广泛用于公园等处，适应环境的能力属中等 用于高尔夫球场、庭园和公园等处	三叶草类 北海道栽培的代表草种 适应无日照条件 用于高尔夫球场终端和坡面的绿化
	天鹅绒草 在日本草中系茎叶最纤细者，接触的感觉舒适 生长较慢，环境适应性弱。多用于小庭园	早熟禾类 适应低温地区生长的代表草种 柔软细密，接触的感觉良好 用于高尔夫球场的球道

2-2 石 材

1 岩石的种类及其性质

(1) 岩石的生成

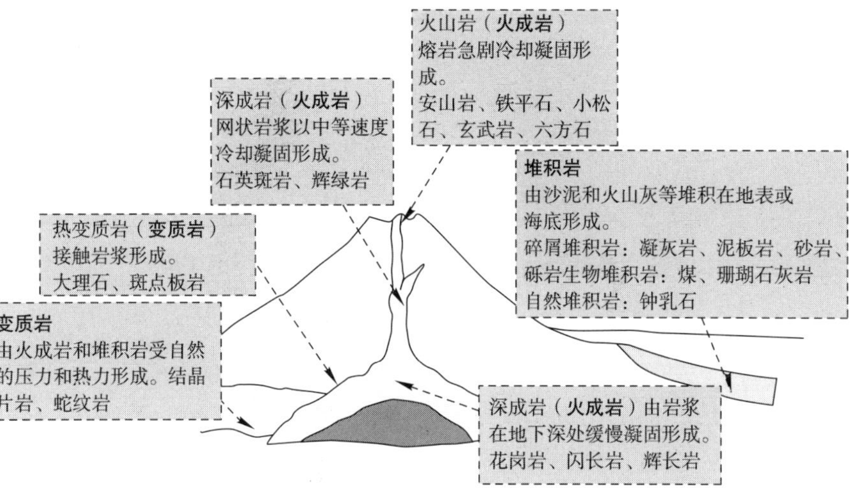

(2) 岩石分类表

名称	相对密度	抗压强度〔kgf/cm^2〕	耐火性〔℃〕	寿命	特点	用途	石材名称
花岗岩	2.6~2.7	1 450~1 687	500	长	打磨后现出美丽的光泽，应用广泛	条石、方锥石、景石、板石、踏脚石、石灯笼、点景石	花岗石 万成石 木曾石
玄武岩	3.0左右	1 400~3 600	1 000以上	中	如柱状节理，沿特定方向切割	岩石花园	六方石 黑灰石
安山岩	2.5左右	1 035~1 228	1 000以上	长	如铁平石等成板状，节理发达，可剥离	方锥石、板石、景石、点景石，门柱	白丁场石、小松石、铁平石
凝灰岩	2.0~2.4	85~365	800	短	易加工	景石、铺石、墙体	大谷石 贵船石
沙岩	2.5左右	365	1 000	中	较软，易加工	庙宇石阶、土台石	立棒石
大理石	2.7左右	965~1 868	300	中	打磨后有美丽的光泽	高级装饰品、内装修	米糕石 寒水石

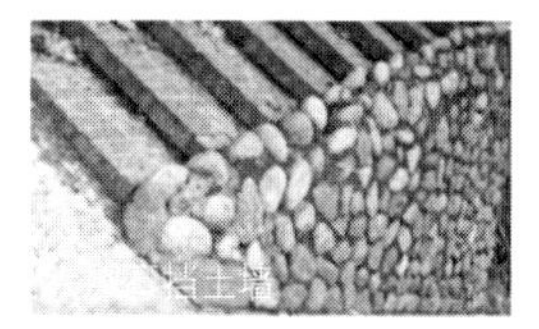

(3) 大卵石、小卵石、砾石和沙的分类表

名称	大小	用途	石材名称
大卵石	直径15~30cm	砌石、护岸石、缘石、沙洲、甬路	甲州大卵石、伊势大卵石
小卵石	直径6~15cm	甬路、沙洲	伊势小卵石、甲州小卵石
大砾石	直径3cm左右	铺砾石、混凝土骨料	那智大砾石、伊势大砾石
小砾石	直径2cm左右	甬路、水刷石、铺石、散石	淡路小砾石、五色小砾石、大矶小砾石、鸭川黑
沙	直径3~9mm	混凝土骨料、铺沙、人造石材料	樱川沙、白川沙、大矶沙、寒水石沙、木津川沙

2 加工石材

(1) 加工石材的种类

名称及形状	特点	尺寸		
方锥石 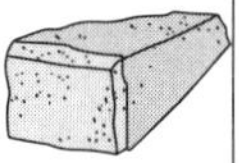	·正面成方形，进深四面渐小 ·正面厚度为最小边长1.5倍以上 ·无裂纹、翘曲和斑痕 ＊用做方锥砌石	种类	进深	正面面积
		35方锥	35cm~	620cm^2~
		45方锥	45cm~	900cm^2~
		50方锥	50cm~	1 220cm^2~
		60方锥	60cm~	1 600cm^2~
块石 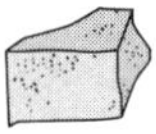	·正面方形，进深两面渐小 ·正面厚度为最小边长1.2倍以上 ·无翘曲、裂纹和斑痕 ＊用于块石砌	种类	进深	正面面积
		30块石	30cm~	620cm^2~
		35块石	35cm~	900cm^2~
		40块石	40cm~	1 220cm^2~
毛块石 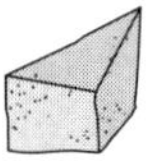	·正面为四边形，进深两面渐小 ·既非扁平，亦非细长 ＊用于砌石			
碎石 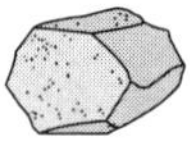	·形状不规则 ·既非扁平，亦非细长 ＊用于砌石	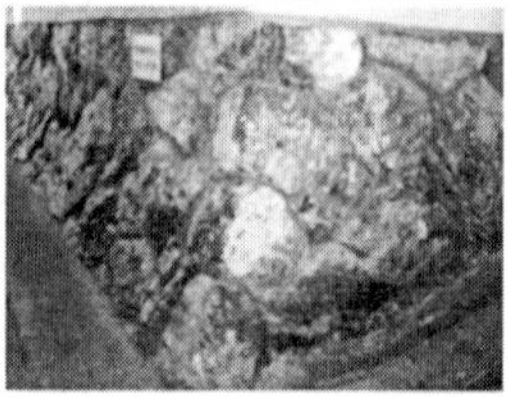		

<table>
<tr><td>条石</td><td>・系宽度不足厚度3倍的长石材
＊用做缘石
</td><td><table><tr><th>种类</th><th>厚〔cm〕</th><th>宽〔cm〕</th><th>长〔cm〕</th></tr><tr><td>12：15</td><td>12</td><td>15</td><td rowspan="6">91
100
150</td></tr><tr><td>15：18</td><td>15</td><td>18</td></tr><tr><td>15：21</td><td>15</td><td>21</td></tr><tr><td>15：24</td><td>15</td><td>24</td></tr><tr><td>15：30</td><td>15</td><td>30</td></tr><tr><td>18：30</td><td>18</td><td>30</td></tr></table></td></tr>
<tr><td>板石
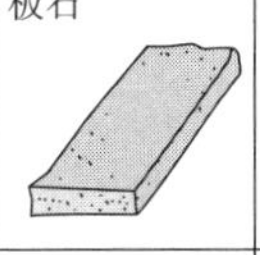</td><td>・厚度不足15cm、宽度为厚度3倍以上的石材
＊用于路面和表面铺装</td><td><table><tr><th>宽〔cm〕</th><th>厚〔cm〕</th><th>长〔cm〕</th></tr><tr><td>30</td><td rowspan="2">8~12</td><td>30</td></tr><tr><td>40</td><td>40</td></tr><tr><td>40~65</td><td>10~15</td><td>90</td></tr></table></td></tr>
<tr><td>小方石
（路面铺石）
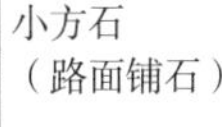</td><td>・1边为80~100mm左右的近直方体
＊用于路面或缘石</td><td>
使用小方石砌成的花坛</td></tr>
</table>

（2）加工石材的处理

表面处理的名称及方法

毛面：保持开采时的原状或其天然的肌理不变，有时也以人工方法处理成天然肌理的表面形态（切割表面）
凿石锤整修：以凿石锤对石块进行的一种粗加工
表面粗加工：以凿石锤砍削石块的中央部分，再对其周边做较细致加工的一种处理方法
凿面加工：以凿子将石材表面加工成平坦的粗糙面
多齿锤加工：使用叫做多齿锤的工具将石材表面加工成粗拉拉的平面
细琢加工：由多齿锤加工后，再使用双刃石凿将石材表面进一步处理得光滑些
打磨：研磨机或磨石对细琢加工后的石材表面做磨光处理的方法

表面粗加工处理

多齿锤处理

2-3 水 泥

1 水泥的种类

水泥系由石灰岩和黏土烧结而成。水泥与水发生化学反应后会凝结固化，我们将这一现象称为水化作用。水泥大致可以分为以下2种：一是在水泥熟料（烧结时形成的固化块）中加入少量石膏，再经粉碎得到的硅酸盐水泥；再有就是在水泥熟料中添加混合剂的混合水泥。

① 硅酸盐水泥的种类及其特点

名称	特点
普通硅酸盐水泥	**最标准的水泥** 在一般的混凝土工程中得到广泛应用
早强硅酸盐水泥	**短期材龄的早期强度大** 由于其3天材龄的强度就相当于普通硅酸盐水泥的7天强度，因此适用于要求迅速固化的工程 因其水化热量高，故亦适合冬季施工
超早强硅酸盐水泥	高粉末度**增加了早强性** 其1天材龄便可与早强硅酸盐水泥3天强度或普通硅酸盐水泥7天强度匹敌 适用于紧急工程或修缮作业
中热硅酸盐水泥	一种降低水化热形成的水泥 其短期强度较普通硅酸盐水泥稍低；但由于经过**长期材龄后强度增大**，故被用于大坝工程和断面较薄的结构物
白色硅酸盐水泥	是一种被开发出来用于着色的水泥，原料中使用了白色黏土。有强度较低和耐水性差的缺点 在加入各种颜料后，可用作**彩色灰浆**

② 混合水泥

名称	特点
矿渣硅酸盐水泥	是一种混入高炉矿渣的水泥。短期材龄强度较低；但其长期材龄强度与普通水泥相当甚至更高 **水密性及耐热性好，对海水或污水有较强的耐腐蚀性**
粉煤灰硅酸盐水泥	混入微细粉煤灰的水泥 **水密性及耐海水性突出**，被用于建造大坝等结构物
火山灰硅酸盐水泥	加入硅质混合材料（火山灰）的水泥。虽材龄期间的强度稍差，但价格低廉，并且其水密性和耐化学性好

③ 存放水泥的注意事项

袋装水泥吸收空气中的湿气便会固化，如果在施工中继续使用，其凝固缓慢，强度也显著降低。因此，在存放时必须格外小心。

· 避免与仓库墙壁等直接接触，距地面要留出30cm以上的间隔，并要采取防潮措施

- 如果水泥的温度已经很高，应待其温度下降后再使用
- 存放地点应避开通风处
- 码垛的层数应不超过13袋（如系长期存放，则应在7袋以下）
- 经长期存放的水泥，使用前应做品质检验
- 存放中的水泥，如已固结则不再使用

2-4 混 凝 土

1 混凝土的成分

混凝土基本上是由**水泥+砾石+砂+水**4种材料构成的。依据其用途的不同，混凝土须改变其中配合的水泥的种类，使生产出的混凝土能够满足各种工程的需要。

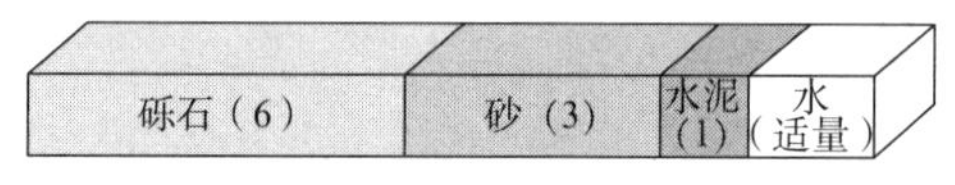

◆混凝土各种材料的一般配合比例

① 水泥

可参照本章2–3节“水泥”。

② 骨料

对骨料的要求是，清洁、坚固和具有耐久性。骨料分为细骨料和粗骨料2种。

- 细骨料：网眼10mm的筛子要全部通过；如果使用5mm的筛子，按重量计应通过85%。砂子即属于细骨料一类
- 粗骨料：使用5mm的筛子，按重量计应有85%留在筛子上。普通的混凝土，使用的粗骨料粒度约为25~40mm之间

③ 混合材料

混合材料是一种给予灰浆和混凝土以某种特别性质的材料。混合材料很容易与混合剂相混淆；通常情况下，我们以添加量的多少来区分混合材料和混合剂。

- **混合剂：**其中具代表性的有，AE剂（发泡剂）、减水剂（单位水量减少）、促凝剂（加速硬化）和缓凝剂（延迟凝固）等。因使用量较少，故常常在**配比计算中忽略其容积的大小**
- **混合材料：**其中最具代表性的是粉煤灰。混凝土中加入粉煤灰的主要目的在于减少单位的含水量，利用水化作用抑制温度的上升，从而提高了混凝土的和易性。在**配比计算中，必须加入容积参数**

(1) 混凝土的配比

由于混凝土中各种材料的配比会对其强度和施工性产生很大影响，因此应该根据结构物的用途来决定混凝土的配比数值。

- **标准配比：**这是依据混凝土配比的标准文件或负责的技术人员所作出的指示确定的配比，并以此获得特定的混凝土性能

· **现场配比：**系在实际施工过程中，现场调整骨料的多少和水量的大小，以期得到与标准配比一样的混凝土

通常，以**材龄第28天的压缩强度作为基准**，在做配比设计时，也把达到这一强度作为目标。

① **水与水泥之比**

水与水泥的比例十分重要。**当这一数值较大时，混凝土的流动性好，作业容易；但因水泥所占比重减少，故其强度亦下降**。一般地说，如建筑物一类形状复杂的结构，较之形状简单的土木结构物，往往混凝土中的水与水泥的比要高一些。

$$水与水泥之比（W/C）\%=\frac{Water}{Cement}=\frac{水[kg]}{水泥[kg]}\times 100\%$$

抗压强度[kg/mm²]

600
400
200
0

20　40　60　80　水与水泥之比[%]

比例小强度高，但流动性差，浇筑困难

一般的水与水泥之比的范围

水与水泥之比大，施工变得容易，但混凝土强度降低

② **单位水量**

单位水量系指1m³混凝土中所需要的水的多少，这一数值是通过试验来确定的。在作业条件允许的范围内，应该尽可能地减少水量。

③ **骨料的配比**

混凝土中既要使用粗骨料，也要使用细骨料。我们把粗细2种骨料的比例称为细骨料率。假如降低细骨料率，可以减少混凝土的单位水量，经济上虽然划算，但材料亦变得容易分离。

(2) 混凝土的品质管理

① **坍落度**

这一参数，在测定稠度的同时，亦被用于判定混凝土的和易度。**坍落度的数值越大，混凝土也越软**。

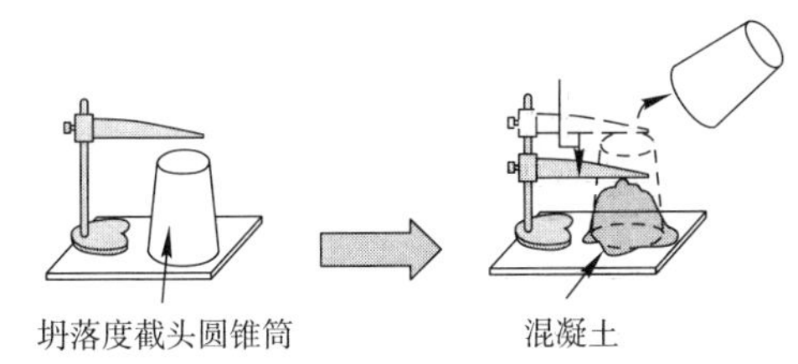

①将混凝土装满坍落度截头圆锥筒

②拔下截头圆锥筒，计量混凝土的坍落状况，以了解其柔软度

◈**坍落度试验的方法**

※一般用于建筑物之类形状较为复杂的结构物中的混凝土，其坍落度值约为18cm左右；但像建设大坝等形状简单且强度要求高的结构物时，混凝土更硬一些，其坍落度则应在3~5cm之间。

※和易性：这一概念通常系指处于尚未凝固状态的混凝土的作业容易程度，以及为了生产均匀的混凝土能够对抗所需材料分离的程度。

※稠度：系指由处于尚未凝固状态的混凝土水量的多少决定的混凝土软硬程度。

② 空气量测定

使用混凝土空气含量测定仪进行测定。混凝土的强度会因空气含量的增加而降低，从品质上说，存在一种容易分离的倾向。

混凝土的种类	空气量	空气量的允许值
普通混凝土	4.5	± 1.5
轻质混凝土	5.0	
路面混凝土	4.5	

③ 压缩试验

这是一种使用压缩试验机测定破坏应力，并计算出压缩强度（kg/cm^3）的试验。1次试验的结果应在公称强度的85%以上；而3次试验的结果的平均值则不应低于公称强度值。

④ 氯化物含量

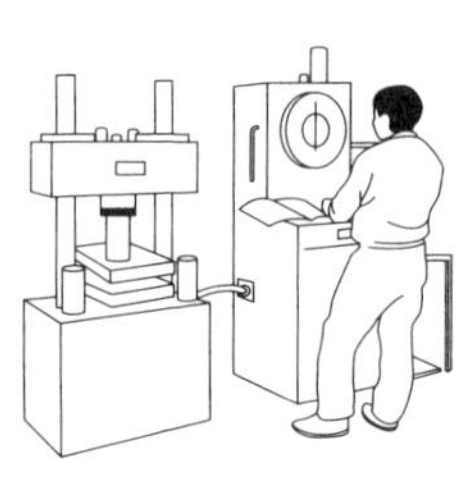

氯化物总含量应控制在$0.30kg/m^3$；但如果采购者认可的话，其最高值允许达到$0.60kg/m^3$。

（3）特殊混凝土

① 夏期施工混凝土

用于日平均气温超过25℃，浇筑时的混凝土温度亦在35℃以上的场合。

a）施工

· 材料应存放在阳光照射不到的地方
· 尽量选用水和热较低的水泥
· 尽可能使用温度较低的水
· 保持浇筑时的温度在35℃以下
· 搅拌后在一个半小时以内浇筑完

b）养生

浇筑后避免阳光直射和热风吹拂，外露部分要保持湿润状态24小时以上。

② 冬期施工混凝土

用于日平均气温在4℃以下的场合。

a）施工

· 混凝土中的水泥可直接使用普通硅酸盐水泥；但如果对早期强度要求较高的话，则须使用早强硅酸盐水泥
· 根据需要，还应对骨料做保温处理以及将水加热（40℃以下）后使用等
· 将浇筑时的温度控制在5~20℃之间，防止寒风或冰雪的侵袭

b）养生

浇筑后，应以席子或薄膜等覆盖浇筑表面，保持温度在5℃以上。

2 混凝土制品

（1）排水制品

① U形侧沟

通常用于修建道路侧沟。下面的表格即为标准的U形沟尺寸，可分做格网对称型、槽缝型和深槽型等多种。

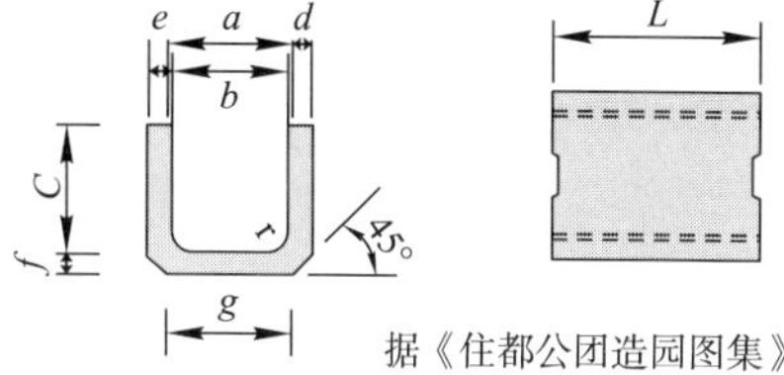

据《住都公团造园图集》

◈钢筋混凝土U形侧沟

通称	尺寸〔mm〕								钢筋（直径×根数）			参考质量〔kg〕	
									（横筋）		（竖筋）	L=600	L=1 000
	a	b	c	d	e	f	g	r	L=600	L=1 000			
150	150	140	150	30	35	35	160	30	φ2.6×5	φ2.6×8	φ2.6×5	24	40
180	180	170	180	35	40	40	190	50	φ3.2×5	φ3.2×8	φ2.6×5	34	57
240	240	220	240	45	50	50	240	50	φ3.2×5	φ3.2×8	φ3.2×7	55	92
300A	300	260	240	50	60	60	300	50	φ4.0×5	φ4.0×8	φ3.2×9	70	116
300B	300	260	300	50	60	60	300	50	φ4.0×5	φ4.0×8	φ3.2×9	79	132
300C	300	260	360	50	60	65	300	50	φ4.0×7	φ4.0×12	φ3.2×11	92	153
360A	360	310	300	50	65	65	360	50	φ4.0×6	φ4.0×10	φ4.0×11	90	150
360B	360	310	360	50	65	65	360	50	φ4.0×8	φ4.0×13	φ4.0×11	100	166
450	450	400	450	55	70	70	430	70	φ5.0×8	φ5.0×13	φ4.0×13	134	223
600	600	540	600	70	80	80	600	70	D6×8	D6×13	D6×15	209	349

日本标准协会：JIS A 5372-2004

② L形侧沟

通常亦用于道路侧沟。

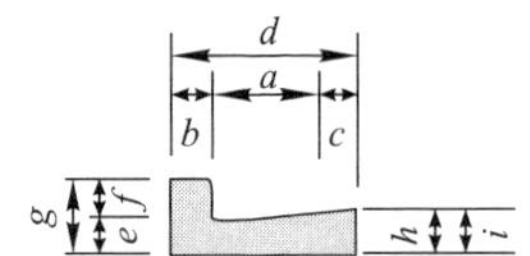

代号	尺寸〔mm〕										钢筋（直径×根数）		参考质量〔kg〕
	a	b	c	d	e	f	g	h	i	L	S2（竖筋）	S1（横筋）	
C250A	250	100	–	350	75	100	175	100	–	600	–	–	54
C250B	250	100	100	450	75	100	175	100	105	600	–	–	69
RC250A	250	100	–	350	55	100	155	80	–	600	ϕ4.0×4	ϕ4.0×5	47
RC250B	250	100	100	450	55	100	155	80	85	600	ϕ4.0×5	ϕ4.0×5	59
RC300	300	100	100	500	55	100	155	85	90	600	ϕ4.0×5	ϕ4.0×6	65
RC350	350	100	100	550	55	100	155	90	95	600	ϕ4.0×5	D6×5	72

L：侧沟长度

日本标准协会：JIS A 5371–2004

③ 钢筋混凝土管

钢筋混凝土管被用于不承受水压的排水部位。下表中列出的系Ⅰ类的小径管，除此之外尚有700~1 800的大径管以及更粗的、可承受外压的Ⅱ类管。

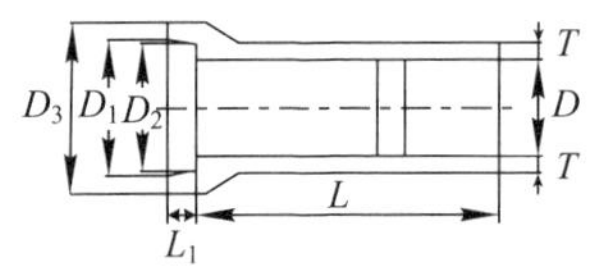

（单位：mm）

通称	内径		厚度		有效长度		承窝部分					
							内径		外径		深度	
	D	允许误差	T	允许误差	L	允许误差	D_1	允差	D_2	允差	l_2	允差
150	150	±3	24	+3 −2	1 000	+10 −5	230	±3	266	+10 −5	60	±5
200	200		27				284		328			
250	250		30				340		392			
300	300	±4	33	+4 −2			400	±4	460		70	
350	350		37				460		526			
400	400		41				520		592			
450	450		45				580		660		80	
500	500		50				640		728			
600	600		62				764		872			

日本标准协会：JIS A 5372–2004

（2）道路用品

① 混凝土平板

比较便宜且又具有耐久性，加之规格尺寸很多，故得到广泛应用。近来，甚至出现了带图案的、着色的和仿造水刷渗透型的等五花八门的样式。

人造石风格的混凝土平板路面

混凝土平板的种类

水刷石平板	将天然的卵石和砾石铺在平板表面进行浇筑，以使天然石露出平板表面
人造石平板	浇筑时混入天然石块，将其表面处理成与天然石性状和色调近似的样子
冲击平板	以喷丸对人造石表面进行处理，使其肌理近似于天然石材
研磨平板	将混凝土分为表层和基层两部分，再使其一体成形。对平板表面做研磨处理，利用研磨的对比效果形成花纹。这是一种很随意的设计
渗透性平板	使用渗透性混凝土制成的平板。平板密布透水的细孔，自然空气亦可透过

混凝土平板尺寸表

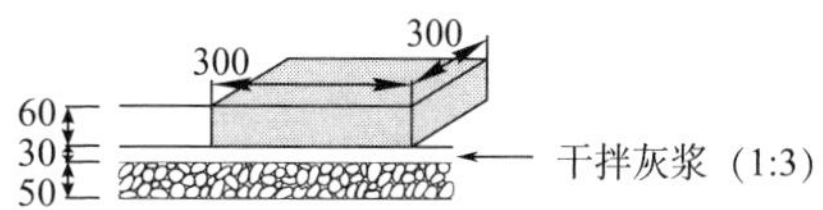

纵	横	厚
300	300	30,60
400	400	60
500	500	
300	600	

连锁板尺寸表

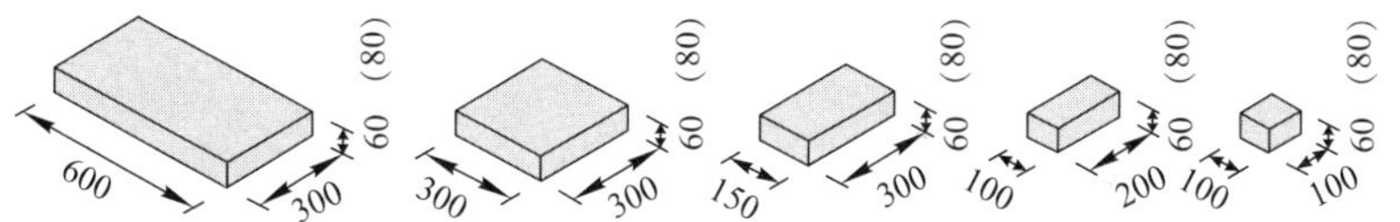

② 混凝土边界石

被用于步道与车道和步道与绿化带之间的路面边缘等处。

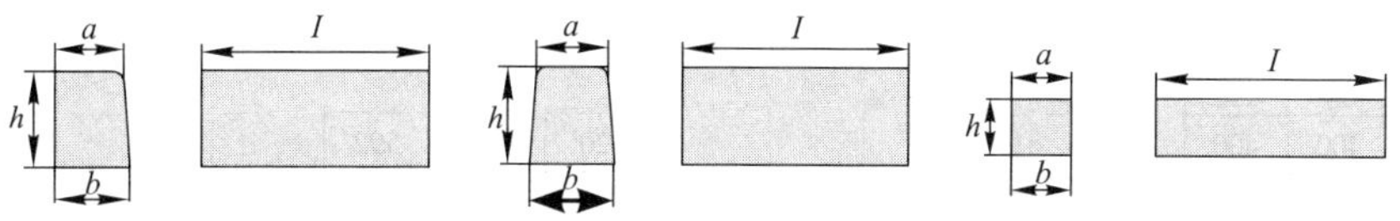

(a) 单面步道与车道边界石块　(b) 双面步道与车道边界石块　(c) 地块端头边界石块

种类			上面宽度		底面宽度		高度		r	长度	
	简称	代号	a	允差	b	允差	h	允差		l	允差
单面步车道分界石块	单	A	150	± 2	170	± 3	200	± 3	20	600 (注)	± 3 (注)
		B	180		205		250		30		
		C			210		300				
双面步车道分界石块	双	A	150	± 2	190	± 3	200	± 3	20	600 (注)	± 3 (注)
		B	180		230		250		30		
		C			240		300				
地块端头分界石块	地	A	120	± 2	120	± 2	120	± 3	–	600	± 3
		B	150		150						
		C					150				

注：步车道分界石块的长度（l）可以制成1 000mm或2 000mm的。长度为1 000mm或2 000mm的分界石块，其允许误差设定为 ± 5mm。

日本标准协会：JIS A 5371-2004

趣味杂谈① “混凝土”——维苏威火山喷发的馈赠

当人们一说到使用混凝土建造的房屋时，往往会认为这一定是指某座现代的建筑物；其实，混凝土的历史远比一般人想象的要悠久得多。早在古罗马时期，当时的人们似乎就利用混凝土来修建教堂的穹顶，而且还留下来使用模板的遗迹。此外，混凝土也被人们用在修造桥梁和水道桥上。究其源头，这一切似乎都是著名的维苏威火山喷发带来的。维苏威火山的喷发，使大量的火山灰堆积在周围的地面上，这些火山灰被古罗马人称为“波佐利（Pozzuoli,维苏威火山附近城镇，邻那不勒斯。——译注）之尘”。

而且，当时人们已经知道，火山的喷发物中含有许多石灰和碎石，如果某一天下雨时，雨水将石灰和碎石与火山灰混合在一起以后会变得十分坚硬。因此，便将其用于工程建设，营造出各种各样的建筑物和土木结构物。如今，人们仍将混凝土混合材料称为“Pozzolan”（火山灰。这里系指火山灰质混合材料。——译注），即来自“Pozzuoli”一词。

2-5 木 材 类

1 木材

(1) 木材的特性

优点	易加工处理 比重轻，但具有一定强度 热传导度低 可吸收冲击和震动
缺点	会因含水量的增减而膨胀和收缩 耐腐蚀性和耐火性差 材质和强度不均一 大小有一定限度
比重	实际比重→1.48~1.56 蒸气干燥后比重→针叶树：0.4~0.7 阔叶树：0.5~1.0
硬度	春材（春季生长的部分）→软 秋材（夏秋生长的部分）→硬
强度	与纤维平行　与纤维垂直 抗压强度　100　10~20 抗拉强度　200　6~20 抗弯强度　150　10~20 抗剪强度　16~19 ※强度系以与纤维平行的抗压强度作为基准

① 膨胀和收缩

木材在含水率降低时便会收缩，含水率增加时则要膨胀。从体积变化的方向上看，纵向（纤维）变化小，横向（弦断面）变化大。当木材因含水率的升降而引起其体积的变化时，往往便会出现**应变和裂纹**，使木材产生形变。

板类的翘曲
由于外材较内材含有更多的水分，故边材的收缩率更大

表面裂纹
由于干燥等原因，导致外周部分产生裂纹（鸠尾形龟裂）

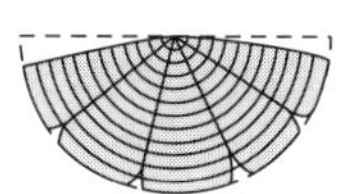

正分割•正方、水平分割•扁平的形变

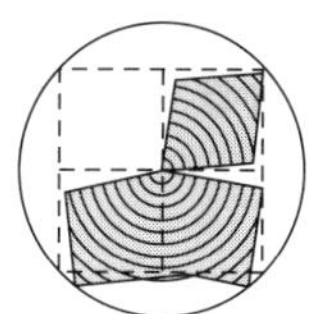

② 木材检测要点

节瘤	树枝的基部成球状，突出于树的表面
裂纹	因干燥或年轮周围收缩故，致使心部有时产生裂纹
翘曲	木材弯曲，无确定指向性
逆纹・扭曲	纤维方向扭曲，强度低下
夹皮	一部分树皮嵌入组织，使强度降低
年轮变形纹	因生长期之外力作用，年轮增大产生偏心，不适于做结构材
压裂	生长期间因树干弯曲导致一侧受压破裂，强度随之降低
树脂囊	松类的树脂堆积成壶状
碰伤	运输中受伤

③ 板方材

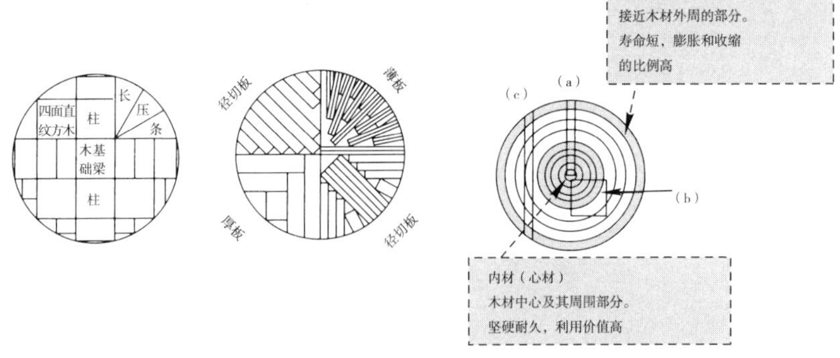

（a）径切材：与弦切材相比，其伸缩均匀，不易产生不规则变形。因此，是一种优质板方材

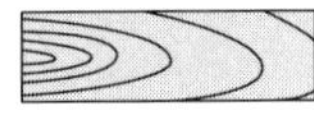

(b) 弦切材：靠近弦切树皮处被称为边材面，接近髓心的部分被称为木板向心面

(c) 横断面：即使是方木，如果系从粗原木上锯下的四面直纹方木，亦是优质的木材

④ 防腐处理

表面处理法	表面炭化法	这是一种燃烧木材表面（3~10mm左右）使之炭化的方法，古已有之。操作简单，成本低廉，但缺乏持久性
药剂注入法	药剂涂布法	将药剂涂于木材表面，操作起来不难，但不如加压注入法更具有持久性
	加压注入法	给木材加压使之浸透防腐剂（AAC剂）。效果显著而又持久
	常压注入法	将木材浸入防腐剂中。效果显著而又持久

2 竹材

① 竹材的特性

· 优点：坚韧和富有弹性，供给丰富

· 缺点：易裂、易腐

② 竹材的处理

· 选取材龄3~5年的竹子

· 应该在竹子含水较少的11~12月份进行伐采

· 伐采后使其自然干燥30~60天，其间注意不要被雨淋湿

③ 竹材的种类及其用途

名称	高度〔m〕	直径〔cm〕	特点	用途
刚竹	10~30	3~20	壁薄坚硬，适于做竹条	网眼栅栏、支柱、插签、落水管
南竹	10~25	10~30	壁厚而脆，不适于做竹条	竹篱、地板短柱、竹屋顶、套窗
毛竹	6~10	10	壁厚且富于韧性，适于做竹条	竹钉、天棚吊杆、木材饰面
黑竹	3~5	3~10	以其黑色的特点，酷似老旧竹	工艺品、板条窗、竹帘
山竹	3~6	1~3	壁薄坚硬	竹帘隔断、竹板条、竹篱笆、工艺品

2-6 其 他

1 砖

砖的历史已经很久了，自古以来就被作为结构材料一直使用着。现在，仍然用于园路路面的铺装、外墙工程和阳台等处。

① 砖的种类及其特征

名称	特点	用途
普通砖	最一般的砖 外形尺寸以210mm×100mm×60mm（JIS 1 250）为标准；但亦有异形品	缘石、饰面、阳台、外装等
过火砖	比普通砖的烧结温度高，系过火制成的，具有一定强度，且吸水率亦较低	饰面材料、路面铺装
耐火砖	以耐火温度高的黏土为原料制成，具有1 580℃以上的耐火温度	窑炉、垃圾焚烧炉等
空心砖	从材质上说仍属普通砖，但为中空状	用于有轻质、隔热和防声要求的部位

② 砖的形状

砖的品质等级是根据其形状是否规整、烧结的程度、吸水率和抗压强度来划分的。

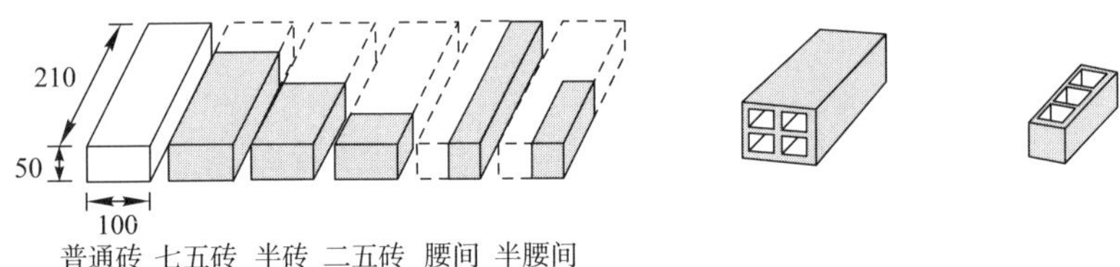

（a）普通砖　　（b）空心砖

2 塑料

塑料不仅容易加工成形，而且质轻坚韧，在耐水性和耐药性方面尤其突出；不过，塑料也有易破裂、因日晒和受热而老化的缺点。

① 塑料制品及其特点

名称	用途及特点
塑料管	用于上下水等处的配管和电线敷设管。以聚氯乙烯管为主。质轻、易加工，具有良好的绝缘性和抗腐蚀性。但经日晒或受热则会老化。另外，还有在低温条件下抗冲击性较差的缺点
聚氯乙烯遮水板 暗渠排水管	为防漏水和遮水而用于混凝土结构物的接缝处 还有一种带孔眼的塑料管，被用在广场、运动场及松软造成地的排水工程中

遮水膜	铺设在水池底部或土堰堤内侧，以起到密封遮水的作用。与使用其他防水材料相比，施工更加方便简单，且可作为半永久性设施。使用较多的是聚乙烯和其他塑料薄膜
强化塑料（FRP）	是一种加入玻璃纤维的不饱和聚酯树脂，多被用来制造游乐器材、轻质的造园景观物以及净化槽等。具有造价低、安全系数高的优点

② 塑料的耐药性

种类		酸		碱		有机药品	
		强酸	弱酸	强碱	弱碱	丙酮	酒精
热可塑性	聚乙烯（PE）	◎	◎	○	◎	△	◎
	聚苯乙烯（PS）	◎	◎	○	◎	△	◎
	聚氯乙烯树脂（PVC）	◎	◎	○	◎	×	◎
	甲基丙烯树脂（PMMA）	○	○	△	○	×	×
热固化性	酚醛树脂（PF）	△	△	×	△	◎	◎
	聚酯树脂（UP）	○	○	×	△	×	◎
	尿素树脂（UF）	×	△	×	△	×	×
	环氧树脂（EP）	◎	◎	×	△	◎	◎
橡胶	丁二烯·丁苯橡胶（SBR）	◎	◎	◎	◎	×	◎
	氯丁二烯橡胶（CR）	×	△	◎	◎	×	◎

◎：不被侵蚀 ○：外表看未被侵蚀 △：略被侵蚀 ×：被侵蚀

3 涂料

涂料不仅可以给结构物添加色彩，而且还能够起到防锈、防潮和防腐的作用。

◈涂料的种类及其特点

		干燥时间	耐水性	耐候性	耐酸性	耐碱性	用途		
							木质部分	金属部分	混凝土部分
油漆		慢	◎	○	△	×	适用	适用	不适用
紫胶清漆		快	◎	×	△	○	适用	不适用	不太适用
磁漆		慢	◎	×	△	×	适用	适用	不适用
硝基漆		快	◎	○	○	○	适用	适用	不太适用
水性涂料		快	×	△	○	○	不太适用	不适用	适用
合成树脂涂料	聚氯乙烯	快	◎	○	◎	◎	适用	适用	比较适用
	醋酸乙烯	快	○	○	◎	○	适用	不适用	适用
	苯二酸树脂	慢	○	◎	○~△	△	适用	适用	不太适用
	丙烯酸树脂	快	◎	◎	◎	○~△	不太适用	适用	适用
	聚酯树脂	快	◎	○	○	△	适用	比较适用	不太适用

3章 · 栽　植

造园的主角！

3-1 栽植地盘

1 土壤性质

(1) 土壤

① 土层

所谓土层，系指原本接近地表的岩石经过风化作用后，又为各种堆积物覆盖，在不断移动的过程中形成现在的层状物。

我们在耕作时利用的，相当于下图的从A0层到A层之间。在这一层中，几乎都是由**腐殖物构成的富含营养的土壤部分**。

A0层	L	落叶堆积层
	F	有部分腐叶层
	H	腐殖层
A层	A1	多腐殖物层
	A2	较少腐殖物层
B层		少腐殖物层
C层		基材层

② 土壤的三态

土壤基本上是由固态、液态和气态等3种形态的物质构成的。而**三态的比例则是决定土质优劣的要素之一**。

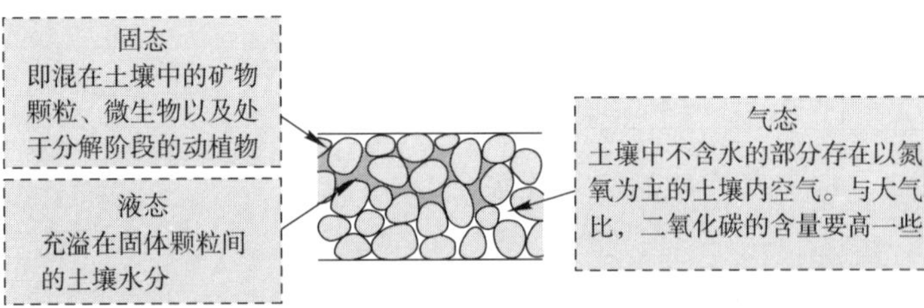

适于绿化的土壤三态比例 固态：液态：气态＝4：3：3

③ 土壤颗粒的分类

土壤可依其颗粒的大小做出下面的分类。

日本土壤学会制定的分类方法	
砾石	2mm以上
粗沙	2~0.25mm
细沙	0.25~0.05mm
微沙	0.05~0.01mm
黏土	0.01mm以下

国际土壤学会制定的分类方法	
砾石	2mm以上
粗沙	2~0.2mm
细沙	0.2~0.02mm
粉沙	0.02~0.002mm
黏土	0.002mm以下

④ 土壤结构

单粒结构	
因土壤由单一大小的颗粒构成，**故颗粒越细，通气性越差，而保水能力增强**。反之，**颗粒越大，通气性越好，但保水能力减弱**	
团粒结构	
由多个土壤颗粒聚集在一起成为团粒。这样的土壤，无论在**通气性、保水能力，还是在保温性方面都很突出**，是一种理想的土壤结构。为了能够达到这种状态，便应该考虑有机质的投放和草类的轮种，以及利用蚯蚓和土壤微生物等	

⑤ 土性和保水性及渗透性

■ 土性

土壤的性质也是由土中的沙、粉沙和黏土的比例决定的。

代号	分类	黏土与沙的比例及其触感	以黏土细加工判定土性（用土搓条）	细土中黏土的比例	适于耕作否
S	沙土	粗拉拉的，感觉都是沙子	不能成团儿	12.5%以下	须对土质进行改良
SL	沙壤土	觉得沙子占70%~80%，黏土很少	可成团儿，但无法搓成棒状	12.5%~25.0%	适于耕作
L	壤土	觉得沙子和黏土各占一半	可搓成铅笔粗细	25.0%~37.5%	适于耕作
CL	殖壤土	感觉几乎都是黏土，很少一点儿沙子（20%~30%）	可搓成火柴棍儿粗细	37.5%~50.0%	适于耕作
C	殖土	具有黏土特有的油滑感，几乎不觉得有沙子存在	可像搓纸捻那样，把泥土搓得很细	50.0%以上	须对土质进行改良

■ 保水性

从上表可以看出，**土壤中的沙土成分多保水性差；黏土成分多则保水性好**。

渗透性

同样，从上表亦可看出，**土壤中的沙土成分多渗透性较高；反之，黏土成分多其渗透性则降低**。

通过了解土性便可以知道土的保水性和渗透性。

⑥ 土壤的硬度

土壤的硬度也直接关系到植物的生长状况。如果土质过硬，植物的根便很难伸展；相反，如果土质过软，又会给农机的行走和作业等带来不利影响。土壤硬度受土壤性质、土壤结构、含水量等影响，对土壤硬度的测定，一般都使用山中式土壤硬度计和锥体贯入仪。

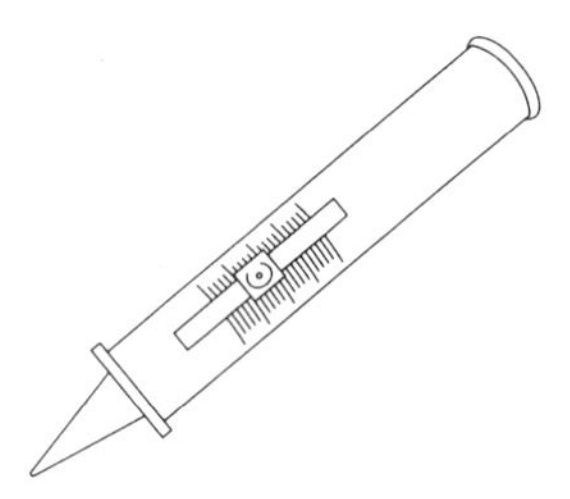

当把前端的圆锥体插入土壤中时，标尺上的读数就显示出所需要的力（单位:mm）

◆山中式土壤硬度计

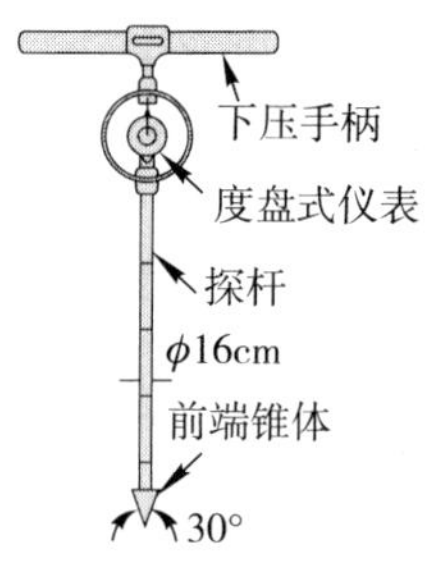

以人力将锥体插入地盘的土壤内，通过锥体受到的阻力来求得土壤硬度

◆锥体贯入仪

◆硬度的标准

山中式硬度计读数（S值）〔mm/drop〕	根与土的关系	简易判别法
7以下	翻耕时很容易破碎	拇指可轻易插入土中
8~15	最适于树木生长的硬度	拇指用力可插到根部
15~20	稍硬，但根可生长	用很大力气，拇指始能插入土中一半
20~25	翻耕非常困难、根亦不易生长的土壤	即使再用力，拇指也无法插入土壤中
25以上	根几乎无法生长的土壤	

⑦ **腐殖**

通过确认土壤的颜色，可在一定程度上判别土壤的营养成分。通常情况下，腐叶土都带黑色。这是由于动植物遗骸在土中分解后，将有机营养成分蓄积在土壤中而发出的颜色。我们把这种在土壤内的有机成分（动植物）分解称作腐殖。

利用土壤颜色对腐殖状况做简易调查

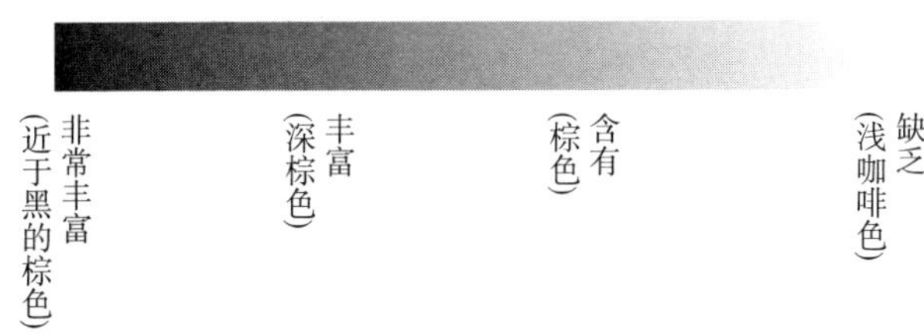

⑧ **土壤的pH值**

到底应该选择易成长的植物还是难成长的植物来进行培育，也取决于土壤是酸性的还是碱性的。一般地说，土壤的pH值在6~6.5对于植物的生长是最为理想的；但pH值如果能够在4.5~8.0之间，植物基本可以发育成长。

在多雨的**日本，土壤易于呈酸性**。根据情况，有时需要在土壤中掺入石灰等碱性物质来起到中和作用。

而从另一方面看，在城市里，混凝土路面以及过分的干燥，倒使得土壤出现了碱性化的倾向。

土壤的pH值及其适应的树木

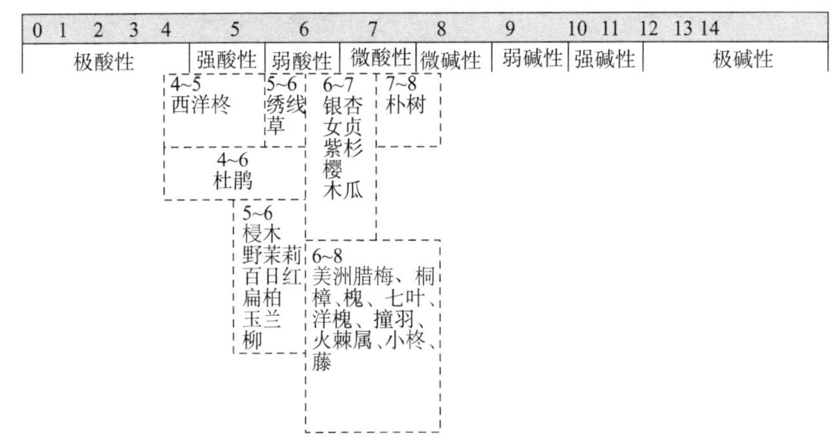

青岛利浩《造园设计细部 用地整理》、《园路・广场（景观设计）》，理工图书（1985年）

⑨ 有效土层厚

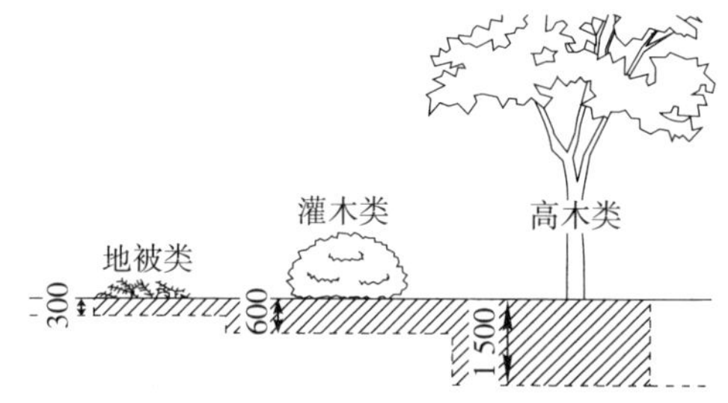

树木高度与有效土层的必要厚度

树高〔m〕		草坪	低木	高木		
		草花	3以下	3~7	7~12	12以上
有效土层〔cm〕	上层	20~30	30~40	40	60	60
	下层	10以上	20~30	20~40	20~40	40~90

(2) 土壤改良

所谓土壤改良，系指利用土壤改良材料将不适于植物生长的土壤进行改良的方法、运入良性土壤的填土方法和翻耕的方法。作为土壤改良材料，主要有以下几种。

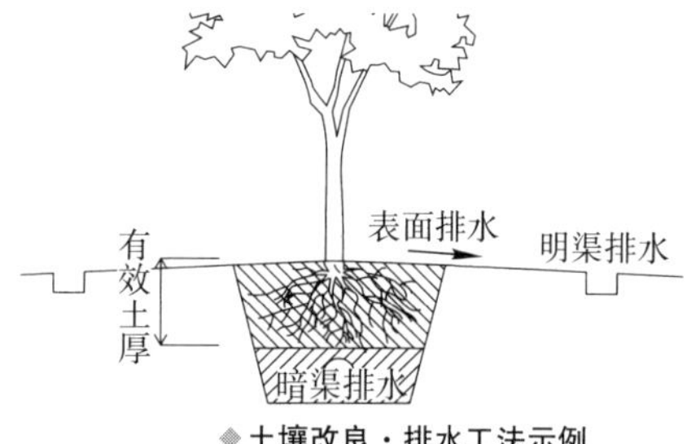

◈土壤改良・排水工法示例

① 土壤状态与改良方法

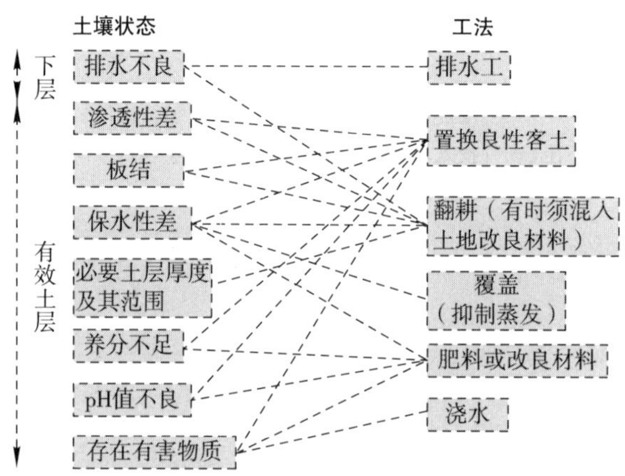

据《监理必读（基础编）》，住都公团，1989年

② 土壤改良工法

工法		内容
客土·填土工		运入适于栽植的客土，填土至有效厚度
翻耕工		为了调整土中湿度、粉碎板结土块和增加土中空气量，必须对栽植地块的土壤基盘进行翻耕作业
排水工	提高土壤的渗透性和通气性的改良工法	
	表面排水	在地表面构筑出1/20~1/30的排水坡度
	暗渠排水	为了排出土壤中多余的水分，可采取在土中敷设排水管等措施
	明渠排水	在栽植区域四周挖排水沟，以收容地表的排水
优化pH值		利用碳酸石灰和氧化镁石灰，使土壤由弱酸性变成中性
土壤改良材料		为了改善土壤的通气性、保水性、渗透性和对养分的保持力，必要时应使用土壤改良材料 有机质改良材料：堆肥、腐叶、泥煤苔藓、树皮堆肥※等 无机质改良材料：pearlite※、蛭石、沸石、硅藻土烧结颗粒※、聚乙烯醇系材料※、沙等

※ 树皮堆肥：以针叶树和阔叶树的树皮（Bark）为主要原料堆积发酵而成。将其混入土壤中可使土壤变得更加干燥，以利于充分灌水。

※ Pearlite：由珍珠岩粉碎后，经高温烧结发泡制成。即可混入土中，亦可层状铺撒于土壤表面，效果持久。但因其系多孔质颗粒，可浮于水面，容易漂流，故应充分混入土壤中或以土覆之。

※ 硅藻土烧结颗粒：先将硅藻土制成均匀的粒状，再经高温烧结后，成为陶瓷化的多孔硬质颗粒。将硅藻土烧结颗粒混入栽植基坑，可改善保水性，使植物更好地发育。

※ 聚乙烯醇系材料：系一种高分子合成材料，可使土壤中的黏土与粉沙以及沙粒之间相互凝聚和粘结。可散布和混合到经均匀细致粉碎的土壤中。须特别注意的是，在与石灰同时使用的情况下，如果不能迅速混合，则会变成非可溶性物质。如将其用在火山灰质土壤中，往往不能取得满意的效果。

③ 土壤改良材料的使用方法

存在的问题	对植物生长的影响	有机质类土壤的改良方法	无机质类土壤的改良方法
渗透性差 地下水位高 通气性差	受湿涝灾害 通气不良	混入木炭和硅藻土烧结颗粒	混入珍珠岩和蛭石 （由岩石烧结加工制成）
土壤板结化 硬度高	根发育不良	混入树皮堆肥、炭化植物和泥炭类	混入聚乙烯类和三聚酰胺类改良材料
养分不足	长势不佳 叶色不佳	投入堆肥、落叶、树皮和混合肥料	混入蛭石和沸石
保水性差	受干旱灾害	混入蛭石和树皮堆肥	混入蛭石、珍珠岩和硅藻土烧结颗粒
pH值的优化	酸度的改善 碱度的改善	蛭石	酸性矫正：混入熟石灰和生石灰 碱性矫正：混入硫磺粉末氮肥
盐含量过多或过少	因烂根而枯损	混入蛭石和树皮类土壤改良材料	调节盐含量

典型土壤的性质及其改良方法

土壤	土性	腐殖	保水性	通气性	保肥力	根长势	土壤改良方法
关东壤土	壤土~黏性土	多	好	中	大	好	混入树皮堆肥或珍珠岩
花岗岩风化残积土	沙土	少	中	中	小	中	混入树皮堆肥或珍珠岩
黏性土	黏性强	少~中	差~中	不好	中~大	不好	混入蛭石或珍珠岩

3-2 栽植作业

1 栽植完成前的日程安排

(1) 栽植准备

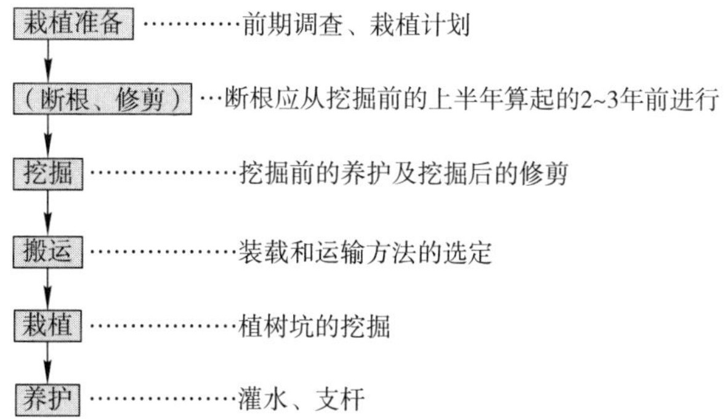

① **栽植的前期调查**

- **树木生长环境的特点：**阴阳、干湿、寒暖、土壤、大气污染
- **树木的特点：**树势、发芽期、开花形态、花芽分化时间、成长期、根的形态、树木大小和规格等
- **移植距离以及挖掘和搬运的方法：**移动距离的长短、移植时间、有无断根的必要、移植的难易程度、移植方法、搬运方便与否等

② **对计划移植地的事先调查**

- **与相关工程的调整：**工程确认、作业顺序
- **机械设备的选定：**调整工期、保证进出道路通畅
- **栽植预定地点的状况：**地块形状、性质、土壤
- **排水状况：**有无地下水、树坑的静水压载试验
- **周边状况：**有无进出通道、给水情况、有无电力供应
- **应对周边环境采取的措施：**安全对策、噪声对策、夜间作业与否

③ **栽植计划**

栽植作业计划的制订，应该从移植时间、移植难易度、断根必要性和移植方法等4个方面综合加以考虑。

◆移植时间

1月	2月	3月	4月	5月	6月	7月	8月	9月	10月	11月	12月
		针叶树						针叶树			
			常绿树		常绿树						
		落叶树								落叶树	

*因树种的不同，或有与上表不符的情况

④ 移植的难易程度

	难移植树种	成活率中等的树种	易移植树种
针叶树	杉、大黄杉、紫杉、龙柏、丝柏、扁柏、冷杉、落叶松	黑松、雪杉、红松、土松、圆柏、东北红豆杉	落羽杉
常绿树	玉兰、瑞香、梅、月桂、石楠、海石榴、车轮梅	楠、茶树、犬黄杨、厚皮香、山桃、木樨、粗构、全手叶椎	八角金盘、紫杜鹃、杜鹃、冬青、欧卫矛、桃叶珊瑚、黄杨、珊瑚树
落叶树	柿树、合欢、白木莲、枸橘、百合	枫、百日红、榉、桂树、椰榆、四照花、苞木	八仙花、银杏、白杨、胡枝子、悬铃木、垂柳

2 断根

为减轻移植时树木的负担，移植前应对树木做断根处理。

事先，要沿着移植必须保留的根的周围将其切断，这一作业程序的目的是要让保留下来的根能够促进细根的发生，以便在移植后更好地生长。

① 需断根的树木

· 名贵树、大树和古树

· 长势不好的树木和新根生长不佳的树木

· 不得不在正常移植期以外进行移植的树木

② 断根的时机

多数情况下，最好选在与移植树种最佳移植期相同的时间。

一般地说，由于至树木细根发生前需要一定的时间，因此最好从移植期倒推计算来把握断根时机。尤其是那些名贵树，有时必须在断根后2~3年才能进行移植。

③ 断根的方法

■ 挖沟式断根

1）要形成一个其直径为主根粗3~5倍的根系土球，保留3~4条粗根作为支撑根，再从周围向下挖。

2）将留下来的支撑根以及直根的一部分进行环状剥皮，剥皮长度约15cm左右。要不了多久，从已被去掉生成层的剥皮处便会生出细根来。

3）剥皮处理完成后，还要缠根并用绳子捆结实，再以扶架支撑着埋回原处，最后填土仔细压结实。

4）埋回原处后，对树木的枝叶进行修剪，以使水分的吸收和蒸发维持平衡。在必要的情况下，有时还须使用抗蒸腾剂和生根粉，让树木保持生长的活力。

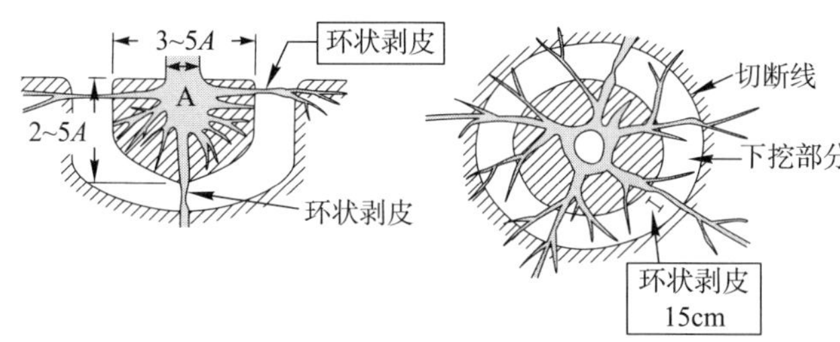

砍切式断根

最后确定的根系土球直径应该略小于预定移植的树坑直径，切断出现在环形挖掘部分中的侧根。有时也采取这样的简单方法，即使用修枝剪或锹铲贴着地面切断侧根。断根后的处理与挖沟式的方法是相同的。

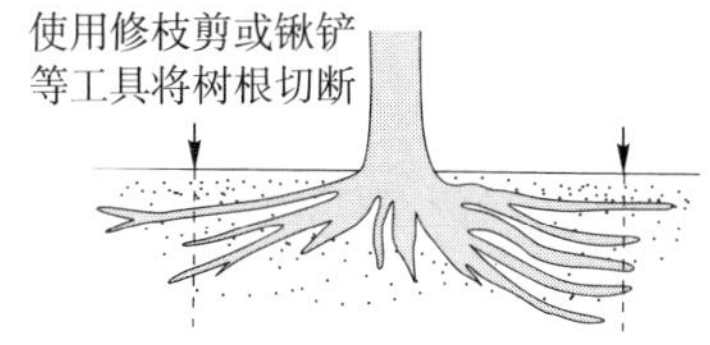

3 挖取

① 各种不同的挖取方法

缠根挖取	亦称带土法。为避免根系的土掉落，以草绳等将土球捆绑结实，栽植时原封不动地将土球放入树坑内。适用于针叶树、常绿树，以及那些已不在最佳栽植期内的落叶树
大土球挖取	挖出的根系土球很大，并将根系中的土抖落一部分，然后再植入坑内。适用于恰逢栽植期的落叶树
全根挖取	不将根切断，一直挖掘到根的末端。适用于如果根被切断便难以成活的树种，如瑞香、藤和合欢等
冻土挖取	在寒冷地区，利用冬季冻土层很深的条件，直接将冻结的根系土团挖出，不用缠根便可移植

② 挖取的前期准备工作

- 修整树堰灌满水
- 铲除树根周围的杂草和地被类植物
- 事先修剪树枝，以便于挖掘作业顺利进行
- 驱除病虫害
- 如在非最佳移植期挖掘，挖掘前应在树木的叶、枝和干上喷洒抗蒸腾剂
- 挖掘后的树木，因根系不再像原来那样发达，如在作业中遇强风袭来，有倒伏的危险。因此，高度3m以上的树木均应设立扶架

③ 根系土球的大小

一般情况下，较为适当的根系土球直径是通过这样的方法决定的，即以树干的主根直径作为基准，将土球直径设定为主根直径的3~5倍。

其计算公式如下：

土球直径=A+（N−3）d（单位：cm）

N：树干主根直径　　A：常数24

d：常数（常绿树4，落叶树5~6）

与此同时，在确定土球直径时，亦应考虑到是否便于搬运及所需费用。

此外，对于深根植物来说，较之直径，更应重视其深度；反之，浅根类植物和灌木则其直径显得更重要。

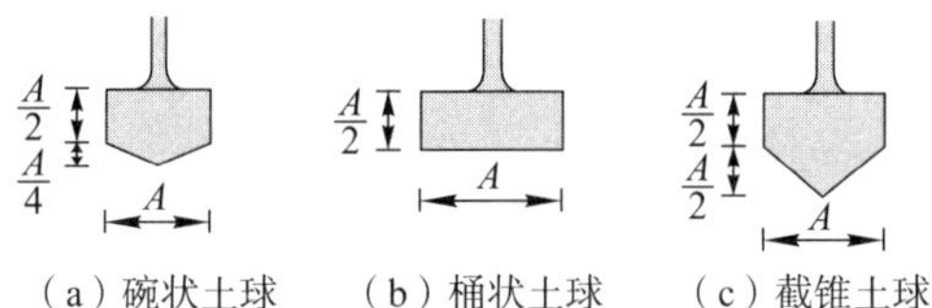

（a）碗状土球　（b）桶状土球　（c）截锥土球

④ 挖取

根据树种、树木的大小、挖取时间和土球的取法等，挖取基本上分为4种方式。

缠根挖取

将挖出的土球部分用草绳或席片捆绑结实，这一过程通常被称为缠根。捆绑时，原则上要求草绳或席片应该沿顺时针方向缠绕。缠根草绳无法完全捆绑的土球底部，为防止球端部的土脱落，最后须设法以稻草遮盖。

《需要做缠根处理的树木》

- **中高木、针叶树、常绿树、名贵树**
- **错过移植最佳期的落叶树**
- **难移植树木**

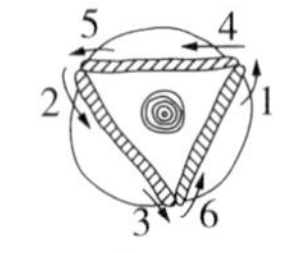

（a）上面

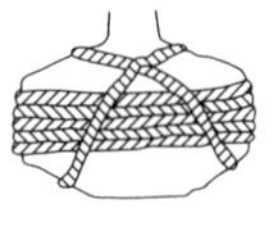

（b）侧面

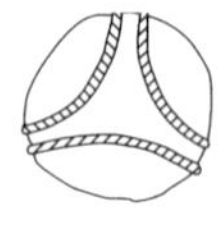

（c）底面

大土球挖取 挖取的土球要更大一些，无需做缠根处理，将土球的附着土抖落一部分后即可直接栽植。此法适于恰逢栽植最佳期的落叶树。具有重量轻、易搬运的优点。但需要注意的是，直至栽植之前，都必须保证不让根部干燥 **类似古树、名贵树和错过栽植最佳期的树木，均不适于采用大土球挖取方法**
全根挖取 不切断粗根，将根部直至末梢全部挖出，然后以舟叶等缠绕进行栽植。此法亦被称为“掏挖” **这样的挖取方法适于移植后难成活的树种（如瑞香、柑橘类和藤蔓植物等）**
冻土挖取 这种挖取方法一般都是在冬季气温低冻土层较厚的地方使用。将处于完全休眠期的**落叶树树根连同冻土球**一起挖出，然后直接进行栽植。因系冻土，故可在根部附土不脱落、且不伤及细根的情况下进行挖取

4 搬运

为了避免树木受到损伤、保证土球的土不脱落和不干燥，搬运前应该充分做好装运的准备工作。

① 搬运前准备

- **重新修剪直根：**将挖取时已经切断的直根用锋利的刃具再一次进行修剪，并在切口处涂抹防腐剂和生根剂
- **灌水：**为了防止作业过程中产生干燥现象，挖取前应该充分灌水。但要确保到挖取的时候，树木的根系土球不致因此而松散。而且，在搬运过程中，为防止根系土球干燥，应该以润湿的席子等覆盖进行养护
- **理枝：**对于枝条较多的树木，为了不妨碍挖取作业的进行，应该将树木上部的枝条用绳子捆扎起来。捆扎的顺序要从接近树干的枝条开始，逐渐捆到外围的枝条
- **剪枝：**那些生长过密、没有保留必要的枝叶，应该尽量剪除

《搬运注意事项》

在使用吊车装运时，为确保起吊后树木不会旋转，原则上应采用2点吊装。而且，为了保证在吊装时不伤及树干，应该在贴吊带处塞入隔垫。

◈使用救险汽吊搬运树木

5 植入

① 挖掘树穴

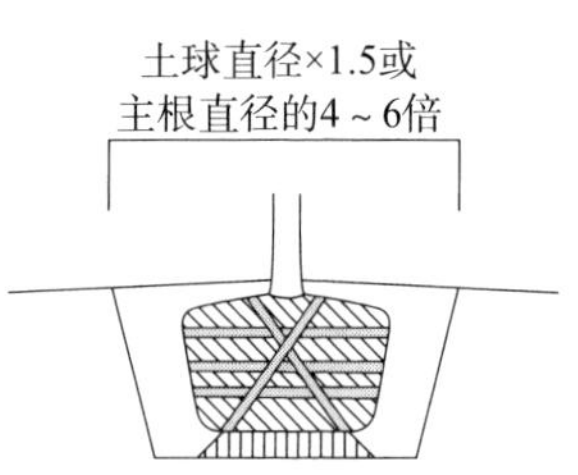

◆挖掘树穴

事先挖好的树穴直径要稍稍大一些（约为土球直径的1.5倍或主根直径的4~6倍左右），其深度也应该大于土球高度。

- **底部：**因底部系树根与土壤密切接触的部位，故应彻底清除瓦砾等杂物，然后再铺设松软的土层，并且中间要稍高一些
- **施肥：**考虑到植入后的树木能够茁壮成长的需要，可将堆肥一类的缓效性肥料施于底部，再以少许细土覆盖，不使其与根直接接触

② 调整方向

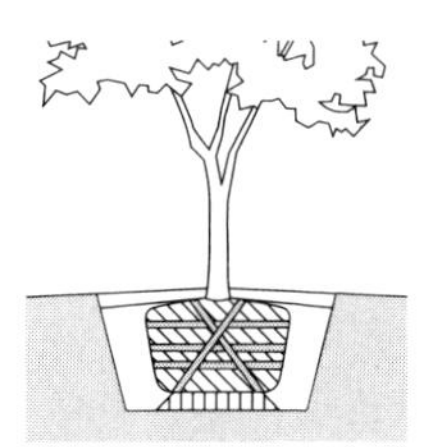
◆调整方向

在将树木植入穴内时，应注意树木各个方向的外观效果和最佳的观赏角度。植入前要去掉捆绑用的化学纤维制绳带以及较厚的缠根物。

③ 回填穴土

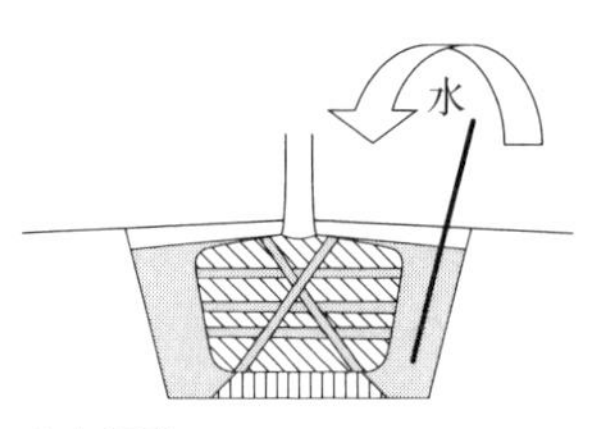

◆水压实

当树木依靠自重落入穴内后，便可回填穴土。

- **水压实：**主要用于落叶树的栽植。系指在植树过程中反复进行以下作业，即在回填穴土至1/3处时，向穴内注水，并以木棒捣固回填土，使回填土变得更密实
- **土压实：**为了使根系土球与树穴内的土密切接触，在植入过程中，一边回填穴土，一边以木棒进行捣固。这种情况下，一般不进行注水。此法适用于松、雪杉和瑞香等的栽植，亦被称为“干压实”

④ 修整树堰

无论水压实还是土压实，都是在回填穴土后进行灌水。如果在树的根部周围挖出浅沟或筑起围堰，灌水时便不会让水白白地流失。

灌水时应该注意的是，较大的灌水最好隔2~3天再进行1次。当然，假如在干旱严重期间，则须每天都要进行。夏季里的灌水应选在地温没有上升的早晨进行。

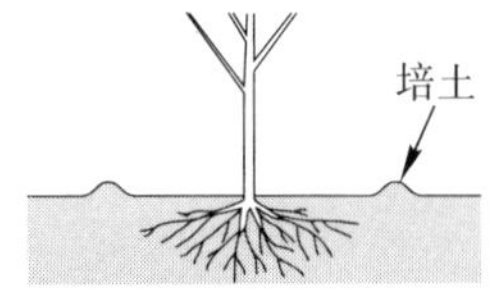

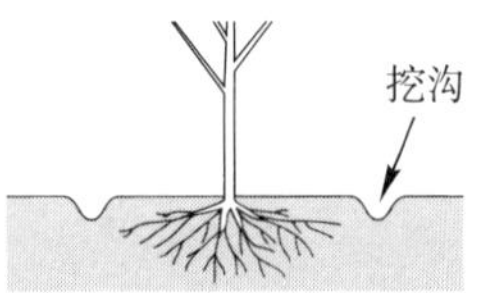

◆树堰的构筑方法

6 养护

(1) 扶架

扶架的作用在于不使树木因风吹而剧烈摇晃，以利于树木的成活，并且可防止树木倾斜或倒伏。因此，扶架的强度，应该视风的影响程度以及根系土球的大小而定。

扶架的种类

· **独脚扶架**：适用于苗木、幼树和较低的树木

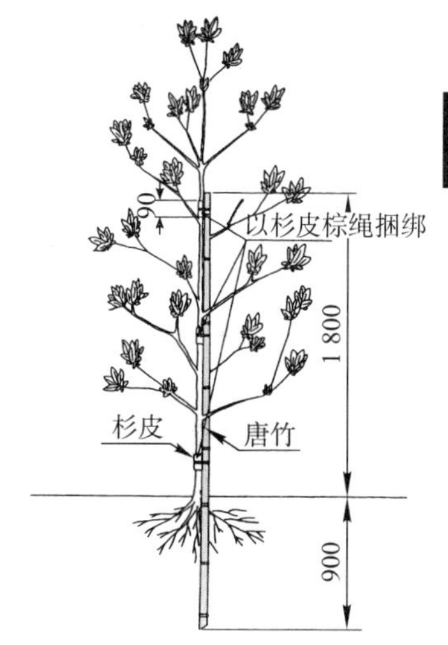

据东京都建设局《标准结构图集》(1995)

· **并联扶架**：适用于树木不特别大、而且相互间隔又比较狭窄的场合

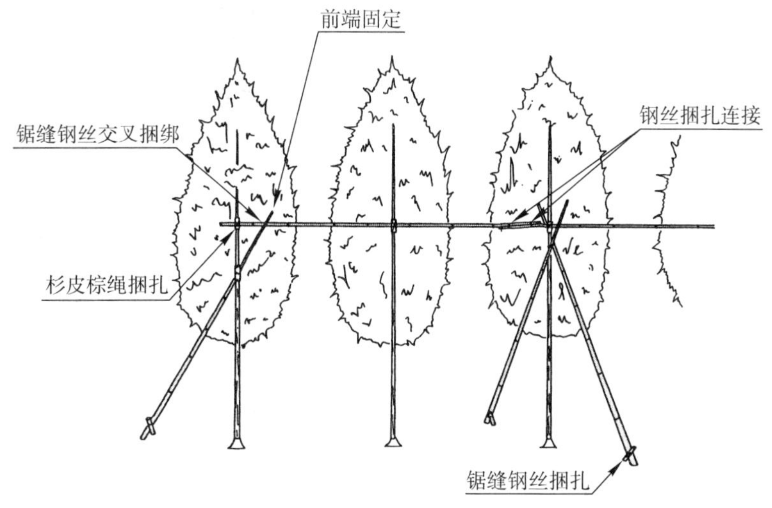

据东京都建设局《标准结构图集》(1995)

· **双脚门形扶架**：门形扶架主要用于独立树木、行列树和行道树等要求美观的树木

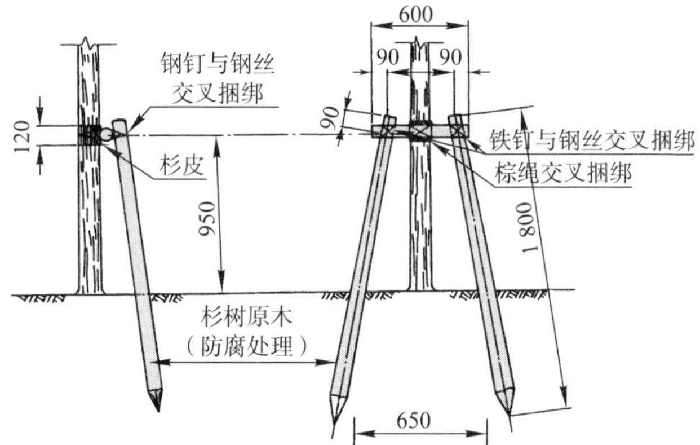

· **三脚门形扶架**

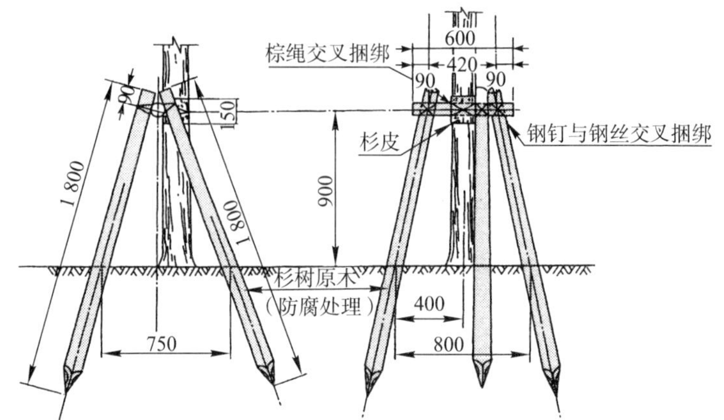

· **十字门形扶架**

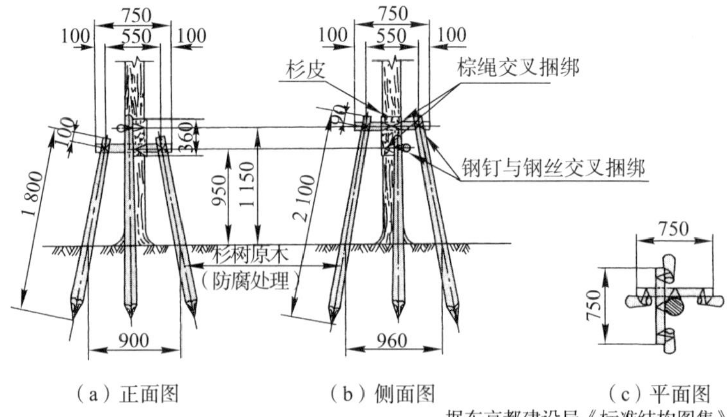

（a）正面图 （b）侧面图 （c）平面图

据东京都建设局《标准结构图集》（1995）

· **三脚桩交叉扶架**：用于高度5m以上的树木。将原木或竹竿固定于较高位置（约树高2/3处），其三脚分开固定在地面上

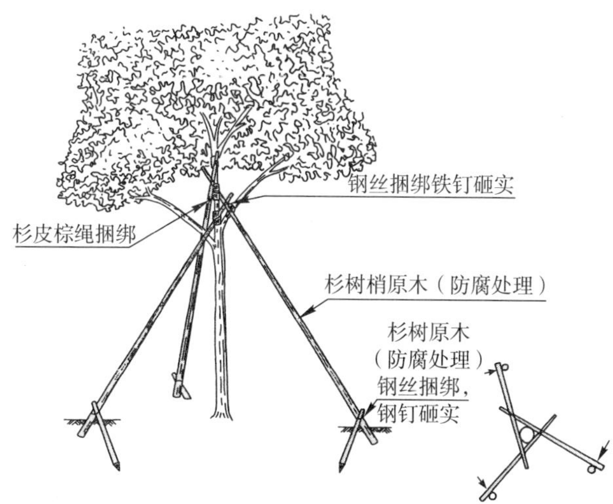

· **牵拉扶架**：用于大型树木。因牵拉钢索的脚部伸出的距离较远，故需要有宽敞的占地面积

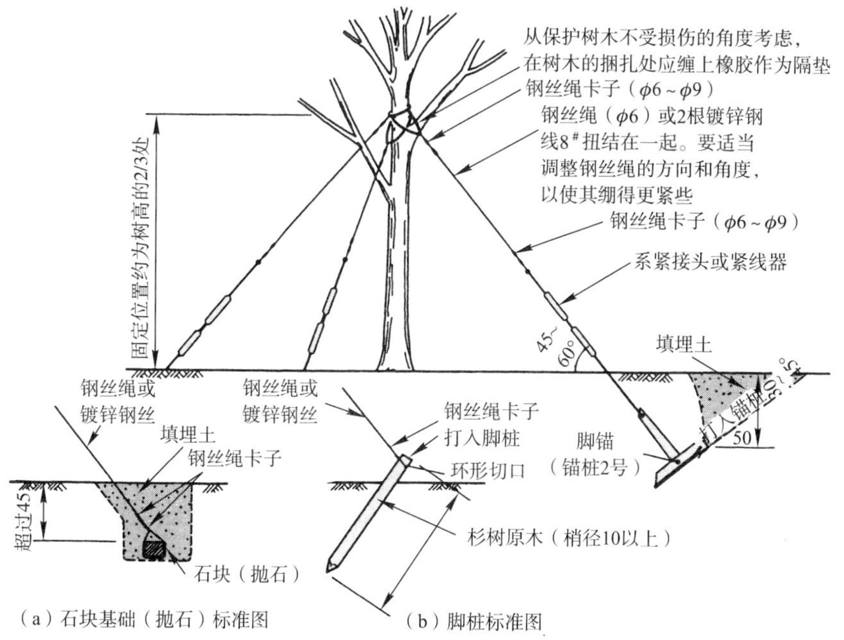

（a）石块基础（抛石）标准图　（b）脚桩标准图

· **斜撑扶架：** 用以支撑倾斜的树干及平伸的粗枝

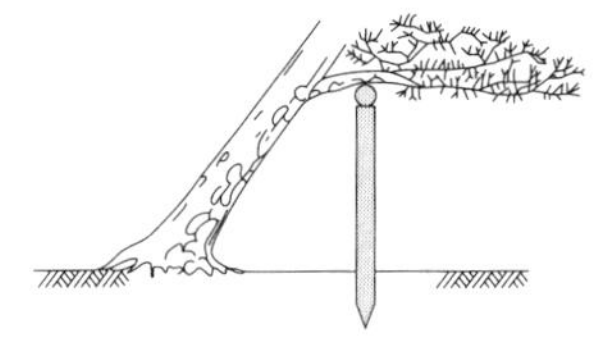

· **地下扶架：** 主要在屋顶绿化和狭小空间，或者从景观上考虑不想让人看到扶架的场所使用。由于随着树木生长，树干越来越粗，因此在适当的时候须将带子卸掉

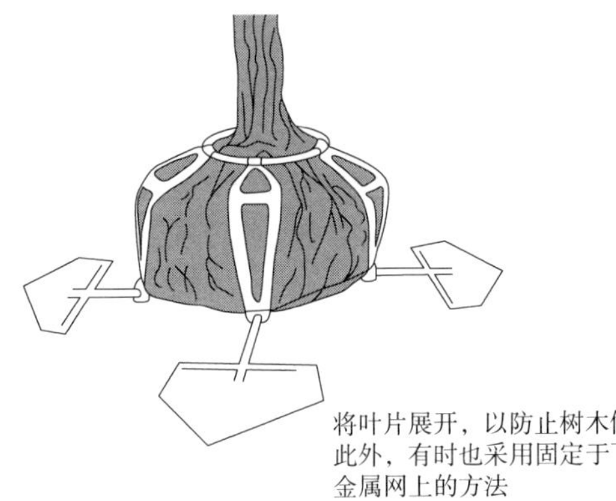

将叶片展开，以防止树木倾倒
此外，有时也采用固定于下部金属网上的方法

树干周长与扶架形式

树干周长〔cm〕	10~14	15~19	20~29	30~39	40~49	50~59	60~74	75~89	90~119	120~149
独脚（刚竹）										
独脚（原木）										
双脚门形（带加强柱）										
双脚门形（无加强柱）										
三脚门形										
十字门形										
组合双脚门形										
多脚桩交叉（三脚刚竹）										
多脚桩交叉（三脚原木）										
多脚桩交叉（四脚原木）										
并联扶架(刚竹)										
并联扶架（原木）										

(2) 树木的养护

缠裹树干 包裹树干的目的，主要是在夏季或冬季移植树木时，为了避免受到冬季寒气的侵袭和夏季强烈日光的照射，以保护移植后的树干。这样的措施主要用于阔叶树中的大树 **粗草席包裹** 这是一种驱灭害虫的方法。将躲避冬季寒冷在树木内部休眠越冬的害虫诱入温暖的草席中，当春季万物复苏时连同席子一起烧掉	 缠裹树干和粗草席包裹的样子
覆盖法 使用稻草、树叶、粗席子、稻壳、树皮堆肥和塑料薄膜覆盖在树木的根部周围。这一方法的效果，会因被覆材料的种类和被覆的方法而各有不同。其主要作用在于，抑制杂草繁生、保持土壤的团粒结构、防止土壤及其中的肥料流失、调节地温、避免土壤干燥和改良土壤等	 以落叶覆盖
冷布覆盖 使用合成纤维类的轻薄被覆材料覆盖树木。可起到防止因夏季的高温和强光造成的干旱的作用，还能够收到防风、防虫和防鸟的效果 **灌水** 与其每天进行少量的灌水，不如隔上2~3天做一次大量的灌水。在刚刚移植完成的时候或夏季的高温期间，灌水要频繁一些；之后，可逐渐减少灌水次数。夏季里的灌水作业，最好选在气温不太高的早晨或傍晚进行	 以冷布覆盖的树木

3-3 栽植过程中的维护管理

1 修剪

《修剪的目的》

· 使树势保持优美

· 修整成所要求的形状

· 促进发芽、开花和结果

· 防止因风倒伏和折枝

· 使采光和通风良好，预防病虫害的发生

· 希望老树能够重新变得年轻

（1）修剪的时间

修剪时间
大致上可做这样的记忆：
•常绿树5～6月、9～10月前后
•落叶树7～8月、11～3月前后
•针叶树10～11月、早春前后

修剪时间／植物名	1月		2月		3月		4月		5月		6月		7月		8月		9月		10月		11月		12月	
八仙花														■	■									
银杏			■	■	■	■																		
犬黄杨				■	■	■	■	■	■	■	■	■	■	■	■	■	■	■						
梅	■	■	■																					■
圆柏																			■	■	■	■	■	■
海棠	■	■	■	■																				■
枫类	■	■	■	■																■	■	■	■	■
栎类												■	■	■							■	■	■	■
光叶石楠			■	■	■								■	■	■									■
夹竹桃						■	■																	
栀子												■	■	■										
麻叶绣球											■	■												
辛夷								■	■	■														
樱	■	■	■	■																			■	■
车轮梅										■	■	■	■											
瑞香							■	■	■															
杉	■	■	■	■									■	■	■	■					■	■	■	■
杜鹃									■	■	■													
山茶							■	■																
四照花	■	■	■	■	■																		■	■
丝柏类								■	■	■	■	■	■	■	■	■	■	■	■	■				
欧卫矛					■	■	■	■			■	■	■	■					■	■	■	■		
松类	■	■	■	■							■	■			■	■	■	■	■	■	■	■	■	■
木槿			■	■	■	■																		
桂花					■	■													■	■	■	■		
木兰	■	■	■	■					■	■										■	■	■	■	
冬青						■	■	■	■															
厚皮香											■	■	■	■							■	■	■	■
山桃							■	■	■	■														

(2) 修剪方法

① 整体修剪

- **将树冠修整成一定的形状**，剥除树干上的全部萌芽，剪掉生有病虫害的枝叶及所有无用的枝条，以促进树的生长势
- 修剪自树干1处朝着多个方向伸展的丛生枝和沿树干对称生长的大枝，**使树形更加匀称**
- **修整树形的基本原则是强枝要短**，弱枝要长
- 剪掉那些朝着空中不自然伸展的骑马枝、朝着地面的下垂枝和朝同一方向平行伸出的重叠枝
- 要注意，树木从整体上看去，其枝条不可朝着单一方向伸展
- **不同年份，不能在同一位置剪枝**

② **成为修剪对象的树枝及其名称**

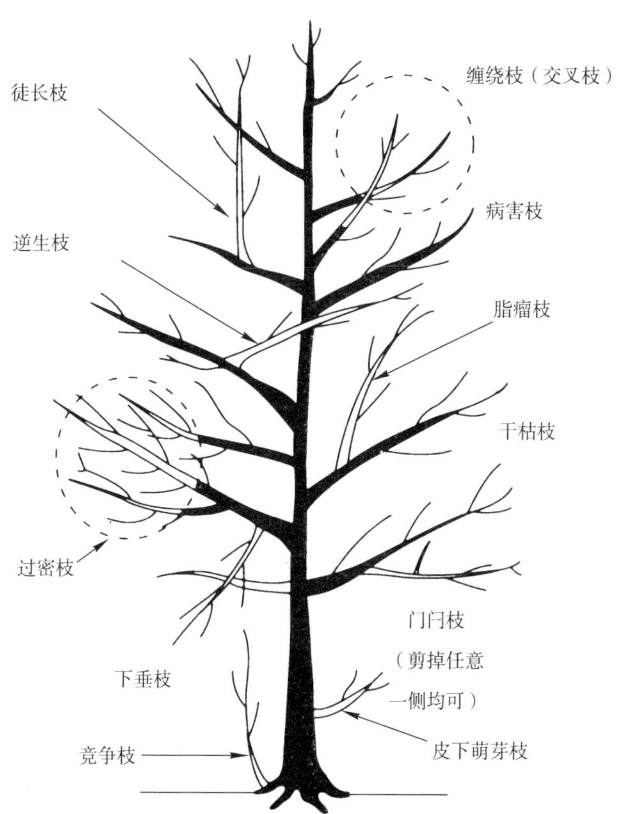

③ 修剪方法

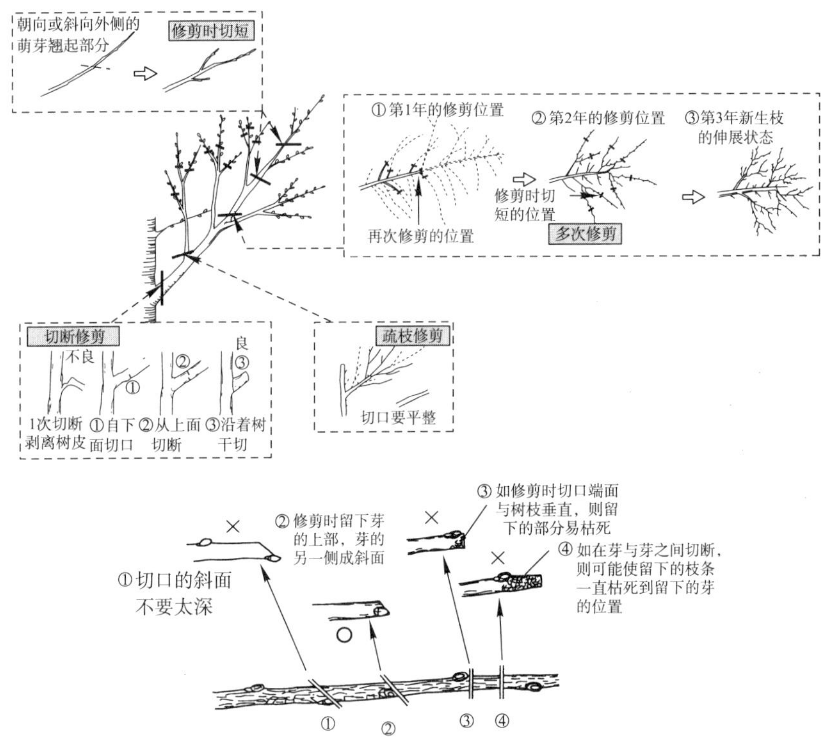

2 肥料和病虫害

(1) 肥 料

虽然都统称为施肥，但因土壤的性质的区别，使用的肥料种类亦各不相同。

① 土壤的性质及其使用

土壤的种类	土壤的特点及其使用的肥料
沙质土壤	因肥料易流失，故与水溶性肥料相比，更适于使用**有机质的固体肥料**
浅耕土壤	是一种含腐殖层厚度在10cm以下的土壤，其腐殖层薄，一经施肥便会使养分浓度提高，可能伤及植物的根部。因此，适于使用有机质肥料、固体肥料和缓效性氮肥之类，其有效成分能够**慢慢释出**
火山灰质土壤	磷都被固定在土壤里，供给植物的磷成分变少。最好与**堆肥一起施以可溶性磷**
重黏土土壤	因排水性和通气性都很差，土壤板结，故施肥效果不佳。应该采取**土壤改良措施，在施肥前向土壤里混入客土和沙土**，以提高其排水通气性

② 肥料的成分

肥料大致可以分为**有机质肥料和无机质肥料**2类。有机质肥料多为缓效性肥料，而无机质肥料则具有效果迅速的特点。

至于是使用缓效性肥料还是使用速效性肥料，取决于使用肥料的目的是什么。

肥料中主要有**氮、磷和钾3大成分**，分别用来促进以下各部的生长。

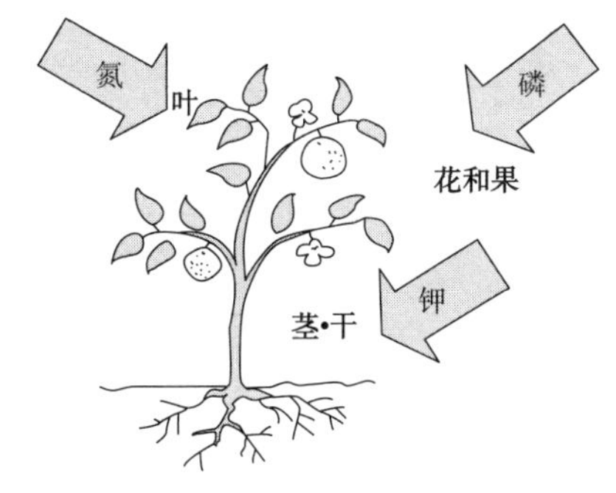

③ 肥料的特点

肥料的成分	有机肥料	无机肥料	效果
氮肥（N）	鱼粉（缓效性）	硫胺、硝胺、尿素（速效性）	叶肥
磷肥（P）	骨粉、鸡粪（缓效性）	过磷酸钙、磷矿粉（速效性）	果肥
钾肥（K）	粪便、绿肥（缓效性）	氯化钾、硫酸钾（速效性）	茎干肥

④ 施肥的种类及施肥的时间

	施肥的方法	施肥的目的及肥料的种类	时间
底肥	提前将有机质肥料混入栽植穴内的土中	系在一开始栽植或种植植物之前便混入土中的 通常情况下使用堆肥一类的缓效性肥料	12~2月前后
追肥	遍撒于树冠下内侧，并在其中混入轻质土	为了补充植物生长期间底肥的不足而追加使用的。最好使用速效性肥料	6~9月前后
催果肥	散布于根部周围	施以此类肥料的目的在于对开花后或结果后的植物进行营养补给。最好使用速效性肥料	开花后或着果后
寒肥	在树木根部周围挖3~5个小坑，将肥料投入坑内	在冬季植物休眠期间使用，可在翌年春季植物开始生长时发挥作用。是否施以寒肥，取决于开花和着果方式 适于使用缓效性有机质肥料	冬季
催芽肥	在树木根部周围挖3~5个小坑，将肥料投入坑内	为促进发芽而使用的肥料。适于使用速效性肥料	春季发芽期间

⑤ 施肥的方法

	圆环状施肥	轮辐状施肥	点坑式施肥	圆面式施肥
示意图				
施肥的方法	以树干为中心，沿树的投影线挖一圆环状的沟，在里面施放肥料	以树干为中心，放射状地在树投影线上挖4个以上的小沟，施放肥料	以树干为中心，沿树冠投影线挖数个壶形坑，在里面施放肥料	将树冠投影范围内的地面浅浅地翻起，全部施以肥料
施肥处的大小	沟深：20~30cm 沟宽：30cm 与树木投影线重合的圆环状	沟深：20~30cm 沟宽：30cm 在树木投影线的圆周上	坑深：20~30cm 直径：30cm 沿树木投影线圆周内侧	与树木投影面积相同

（2）病虫害

① 病害

《简单的诊断方法》

- 叶子出现白色斑点，并且斑点逐渐扩散：由霉菌感染的病害
- 叶子呈现马赛克状：因病毒感染的病害
- 叶子发黑腐烂，并逐渐扩散：由细菌感染的病害

■ 叶

病害名称及其症状	防治方法	病害发生的时间
霉病 在菌类及孢子的作用下，植物的花与叶如同被撒上一层白色粉末。虽然植物本体枯萎的还比较少见，但其叶子多半会萎缩和干枯	多因氮成分过高而致，故应控制土壤中的氮含量 冬季可散布石灰硫磺合剂，其他季节使用4-三羟基苯乙酮可湿性粉剂或灭克可湿性粉剂等	5~10月
枯叶病 此病仅限于叶子发病，得病后叶子发黑枯萎，叶面上生出许多黑色的小斑点	过度暴晒可导致发病 代森锰（代森农）可湿性粉剂、托布津等	5~10月
绣叶病 主要系由孢子导致的叶面呈现大量的铁锈色斑点，严重的可致叶子枯死	石灰硫磺合剂、代森农可湿性粉剂等	3~9月

白粉病 多生于花芽和嫩叶。叶子的一部或全部鼓胀，不久又生出白粉	退菌特可湿性粉剂、石灰硫磺合剂等	5~6月
灰霉病（霉病） 初期生有灰褐色的小斑点，不久斑点又扩展为椭圆状，形成灰色~红褐色的同心圆状病斑。病斑有黑褐色轮廓，周边会变成黄绿色。在旧的病斑上生出许多黑色小点，并有黑色黏液流出。其症状与炭疽病相似，但病斑的中心部不呈现灰白色	叶子受伤时易发此病 应将受伤部位彻底除掉后再涂撒药剂 IC波乐多、Z波乐多	4~10月
叶斑病（霉病） 系由蚜虫和介壳虫的分泌液引起的病害。叶子表面出现黑色的网状霉斑，但树木本体不会枯死	良好的通风条件可起到减少此病发生的作用。首先要将重点放在彻底消灭蚜虫和介壳虫上 氧化乐果乳油、石灰硫磺合剂等	全年
炭疽病 在叶、枝和果实等处生出圆形的褐色病斑。叶片厚度的变化明显，有时叶面会产生凹陷	喷洒代森锰（代森农）、退菌特可湿性粉剂等	春~秋期间

枝・茎・干

病害名称及其症状	防治方法	病害发生的时间
胞胴丛枝病 从树干或树枝上又生出许多小枝。主要因锈病菌的一种、白粉病菌的一种和蠕形微生物等引起	以剪除病枝为主。冬季喷洒代森农类、铜可湿性粉剂或石灰硫磺合剂加以预防	
膏药病 枝茎表面生出的霉斑像是贴了一层毛毡，并逐渐扩大。呈淡褐色~黑褐色，或灰褐色~暗褐色。6月前后，在霉斑表面生出白色的孢子。严重时，可致树枝枯死	确保良好的通风和日照条件，尽量不被雨淋 消灭与病原菌共生的介壳虫 将长出的霉块挖掉后再涂抹药剂 使用阿米斯塔20渗透剂、呋喃丹颗粒	4~10月
白绢病 近地面的茎基处出现白菌丝，根部腐烂枯死	PCNB剂、五氯硝基苯可湿性粉剂等	

枯枝病（霉病） 产生褐色~黑褐色、紫褐色或灰褐色病斑，病斑逐渐扩大。病斑还生有黑色小颗粒，在多湿季节，有时会从颗粒处长出灰色的黏性物。症状严重时，病斑可缠绕树枝全周，自病斑处起，其上部皆会枯死 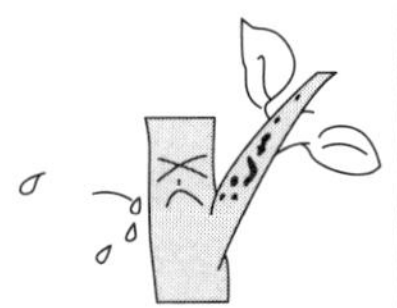	尽量避免植株受伤，一旦受伤则不可让伤口沾湿。确保良好的通风和日照条件 如已发病，应除去病害部分，然后使用药剂 IC波乐多、Z波乐多、达克尼太可湿性粉剂	4~10月

■ 根

病害名称及其症状	防治方法	病害发生的时间
紫纹羽病 根部为褐色~紫褐色的霉斑缠绕，并逐渐腐烂，生长状况很差。有时会产生花芽过多，果实很小等症状	防止土壤干燥，施加有机肥料。如已发病，应深深地挖去病害部分，再涂抹药剂 水和石灰、甲基托布津	8~10月
白纹羽病（细菌） 生有白色~灰白色霉斑，逐渐变成淡褐色~暗褐色，根部腐烂。时间一长，霉斑会变成黑色。发病后，生长越来越差，逐渐落叶枯死	要确保排水通畅 一旦发病，应将病害处深深挖去，再涂抹药剂 水和石灰、甲基托布津	3~11月

② 虫害

《简单的判别方法》

· 很小，但在茎和蕾上数量很多：蚜虫

· 较大，食叶：青虫、毛虫

· 极小，附于叶背，使叶色泛白：螨

■ 叶

虫害名称及其症状	防治方法	虫害发生的时间
蓟马 蚕食叶面，使叶子越来越薄，直至将叶子变成透明状	因蓟马有毒，处理时务必格外小心 二嗪农乳剂等	初夏时节
青虫 菜粉蝶的幼虫，以食叶为生	草达灭颗粒和辛硫磷乳油等	
夯虫 食叶为害，蔬菜的噬咬部分有时会被全部吃光	多夜间出没，白天难以发现。应在其长成前消灭之。将5%的德纳苯作为诱杀剂，与多灭灵喷洒于根部 DEP、呋喃丹	全年
美国白蛾 食叶为害 会拉线成巢穴一样	氯氰菊酯乳剂等	5~9月

卷叶虫 别名卷叶蛾， 可使叶子打卷 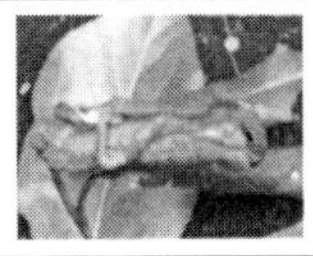	在其卷叶之前喷洒杀螟松乳油等药剂	

枝・干

虫害名称及其症状	防治方法	虫害发生的时间
天牛 以树皮和树干的根部为食，致使树木生长状况恶劣，严重时会枯死。其中有些种类也可危害草花	马拉松 杀螟松乳油等	秋～冬

花

虫害名称及其症状	防治方法	虫害发生的时间
蛞蝓 夜间食花和叶为害	灭蛞蝓药剂	全年
蠋、毛虫 食花和叶为害 因其长成后具有抗药性，故应趁其幼虫时灭之	杀螟松乳油、氧化乐果乳油等	

树液

虫害名称及其症状	防治方法	虫害发生的时间
螨 寄生于叶的背面吸吮叶内汁液为生。将叶吸吮部分的叶绿素抽干，叶面出现白色的小斑点。当这样的危害进一步加重时，庭园内的树木生长状况亦愈益恶化；一些草花之类有可能落叶枯死	因怕水，可定期往叶面上洒水 使用三唑锡、ESP、溴氰菊酯和咪唑菊酯等杀螨剂	5~10月
蚜虫 寄生于新芽和叶背处，喜从植物内吸吮液汁，致使植物生长状况日益恶化，叶片也逐渐萎缩 此外，也是病毒传播的媒介，使人畜感染致病。有时因在排泄物上面繁殖灰霉病菌而发黑	初期可以很方便地使用刷子将其除掉。作为一项预防措施，最好每月撒1次草达灭颗粒 马拉松、除虫菊乳油、DDVP等乳剂	2~10月

介壳虫 主要附于枝和叶上，以吸汁为生，凡被吸过的地方都变色，生长状况也愈益恶化 此外，还在其排泄物上繁殖灰霉病菌，使叶片变黑。有时在枝上或其他寄生部位诱发天鹅绒状的膏药病	发病初期可使用刷子将其除掉 定期使用呋喃丹颗粒，作为预防措施，还可以在其幼虫期散布呋喃丹可湿性粉剂和甲胺磷等	全年

根

虫害名称及其症状	防治方法	虫害发生的时间
线虫 致使根部结瘤，直至腐烂	在土壤中使用清洁消毒剂 利用其嫌恶金盏花的弱点，可在附近栽植金盏花作为预防措施	全年
金龟子 幼虫期即以食根为害，植物亦因此不能茁壮生长。严重时，不仅是苗木，甚至连成树也会枯死 成虫还食植物的叶和花，因此使植物的生长状况和观赏效果都受到破坏	翻耕土壤，挖取根系土球时将发现的金龟子全部除掉 DPE、二嗪农	5~8月 （成虫） 全年 （幼虫）

趣味杂谈② 畅饮啤酒的蛞蝓?

蛞蝓对于植物来说是害虫，这几乎尽人皆知。市场上也到处可以见到诸如多聚乙醛和五氯酚钠等多种能够消灭它的杀虫剂。可是，人们可能不晓得，要对付蛞蝓还有更加安全稳妥的办法。你也许不会相信，蛞蝓竟是一个很能喝啤酒的大酒包！假如晚上临睡前在庭园里放一个盛满啤酒的大碗，过了一夜，第二天早晨再看，院里的地面上到处都是因酒精中毒而死去的蛞蝓尸体。尽管有些令人难以置信，但这确确实实是一个消灭蛞蝓的好法子。

要说原理，似乎与使用裹盐的食物作为诱杀的饵料差不多，酒具有的渗透压使得蛞蝓体内的水分被抽干，成为其致死的原因。说起来，那些已经当了父亲的人，平时却总是咕嘟咕嘟地大口喝着啤酒，不是也像蛞蝓一样的吗！

3-4 营造草坪及坡面绿化

1 草坪的营造

(1) 草坪的种类及其特点

参看本书第2章2–1节第2项“地被植物”“(3)日本草皮和西洋草皮”。

(2) 作业程序

作业程序	作业内容
1.确定草坪种类	一过9月便是秋植的最佳季节；但春季的最佳种植期则会因不同的草坪种类而提前或错后一些。因此，计划工期主要取决于种植的草皮品种
2.整理土地	规划地的土地整理，应该自地表向下30cm进行拔根和除石作业，并且将表土处理均匀。特别是那些白茅和细竹之类的深根植物，必须事先将残根彻底清除，然后才能进入下一步作业。土地整理结束后，要搁置数日，以使土壤沉降至自然状态
3.施底肥	在进行土地整理时即应施用底肥（堆肥等有机肥料）。如果必要的话，还应进行土壤改良作业（当土壤为pH值5.5以下的酸性土壤时，应混入熟石灰或碳酸钙等）
4.整地的细致化	将种植地表土打碎耙匀，进行细致化的整地。考虑到排水的需要，应使种植地带有一定的坡度
5.植草皮	根据草皮种类的不同，可分别采用铺、栽、播的方式 · **铺草皮**：这是一种将切成块状的草皮直接铺设的方法。在铺设作业中，可采取如下图那样的种种方法 · 排列整齐后，以竹签固定（每块草皮用竹签2~5根）（尤其是倾斜地） · 散布过筛腐殖沙壤土，让草叶半隐半现 · 最后，为了确保草皮与地面土壤密切接触，以轱辘压实 · 干旱期适当灌水 (a) 满铺 (b) 接缝铺 (c) 条状铺 (d) 错缝铺 (e) 格式铺 · **栽草皮**：这是一种将散开的匍匐茎以4~5cm的间隔栽入浅沟内的植草皮方法 · 将茎部植入土中，培土后让草叶半隐半现 · 坚持灌水，直至在土壤中成活 · **播种草皮**：通过播撒种子来营造草坪的方法 · 表面以席子遮盖，以确保发芽前种子不流失 · 发芽前彻底铲除杂草亦至关重要
6.养护	修剪、除杂草、灌水、补植、追播、追肥等 · 铺草皮：成活后拔掉竹签，在过筛腐殖沙壤土较薄的地方进行土补给作业，用手拔除杂草，修剪至3~4cm高 · 栽草皮：充分灌水，补施氮肥，对生长不好的部分进行补植 · 播种草皮：灌水时作业不能太急，以防止种子被水冲走。在草根的未发育期需要使用割草机的情况下，操作一定要轻缓小心

(3) 维护管理

① 草坪的修剪

春季发芽时，差不多正值草皮生命力的巅峰期，应该将草皮修剪得低一些。修剪前，先要清除冬季落下的枯叶。在这之后，根据其生长情况，逐渐增加每次修剪后的高度。不过，只要是处于发育期间，其修剪高度始终保持在2~3cm左右。割草机有很多种，可分别适用于平地、大面积地块和斜坡地等不同的地形。在树木根部和设施周围等地形较复杂的区域，应该采用手工修剪的方式。

■ 修剪草坪注意事项

- 事先清除石块等障碍物
- 修剪时要保持草的整齐均匀
- 注意不要将割草机的排出口朝向建筑物、人和车辆等
- 在栽植物和设施周围等不宜有草坪生长的场所，应将草坪做切边处理，以确保草坪不会向以上地点延展
- 将割掉的草迅速清理运出

② 防治病虫害

病虫害名称	症状	对策
锈叶病	叶面呈现褐色的锈状斑点，成熟时生出孢子扩散。多在春秋两季发病	不要施加过多的氮肥。创造良好的日照和通风条件，排水流畅。发病初期可使用杀菌剂
褐斑病	多在从6月开始的梅雨高温季节发病。发病处呈现斑状，最后枯死	确保土壤良好的透气性和排水性，在土壤中混入石灰，以避免变成酸性土壤。也有必要使用杀菌剂
枯叶病	自春季开始直至秋季的多雨时期发病，叶和茎生红褐色斑点直至枯死	勿施用过多的氮肥，修剪后将残草仔细清除干净 发病初期使用杀菌剂
稻瘟病	高温潮湿季节发病。幼生部分出现褐色病斑，逐渐扩大直至枯死	避免土壤极度干燥和板结，氮肥施用过多是导致这一现象产生的原因
雪腐病	即使在日本本州，其北部的积雪带和北海道等寒冷地区，都会有此病发生	冬季到来之前给予较多的氮肥，进行充分的肥培管理。在下头场雪前撒药效果特别显著。下雪后进行除雪，尽量缩短积雪时间
叶斑病	发病于春秋两季的日本草皮 叶部现褐色小点，逐渐变大成斑状，直至枯死	营造良好的排水条件，发病初期使用杀菌剂。因管理用器具也是致病的途径之一，故应该经常消毒
苔藓病	系由真菌引起。在低温期发病的被称为仙环病，高温期多发的被称为红热病。特指在高温潮湿季节发生于日本草皮的病被称为（蘑菇圈）苔藓病。发病初期，叶面局部开始褪色，逐渐扩展，直至枯死	让排水通畅，使用杀菌剂

③ 施 肥

施肥可大体上分为春肥和秋肥。为了促进草皮生长，特别是要让草叶更加茁壮而施用的肥料被称为春肥（氮成分较多的有机肥料）；那种为了加强耐寒性和促进春季出芽而施用的肥料被称为秋肥（含有较多磷酸钙成分的缓效性有机肥料）。此外，根据需要，还可能将一些速效肥料作为追肥施用。施肥的关键在于能够将肥料均匀地撒在草皮表面，不会留下斑斑点点。

④ 除 草

除草有手工拔除和使用药剂2种方法。但无论采取何种方法，关键是作业要赶在杂草结果期之前进行。如果在公园这样的地方，还必须照顾到周边环境，原则上不得使用药剂。

注意事项及除草方法

□ **手工除草**

使用除草叉将杂草连根拔掉。

□ **药剂除草**

· 药剂的喷洒量达到枝叶表面出现细小水滴的程度即可，注意不要现出斑点
· 喷洒时背向上风头移动，注意不要溅到人和周围物体上
· 应选在风力、日照和降雨等天气条件都适宜的日子里进行喷洒作业

⑤ 灌 水

在通常的天气条件下，草坪几乎没有灌水的必要。可是，在铺草皮后的养护期间和夏季干旱时，则需要进行适当的灌水。

⑥ 通 气

在草皮根部开出空气孔，以便于对其供给新鲜空气，被称为通气。通过这一手段，可让空气中的氮成分进入草皮根部，并为根所吸收。如草坪面积较小，依靠人工作业使用除草叉和长钉即可；但大面积作业就须利用机械进行。

⑦ 过筛腐殖沙壤土

如果使用喷撒机在大面积的草坪上散布过筛腐殖沙壤土，便能够做到土层均匀一致，而且不会留下斑驳的痕迹；但在小面积的草坪上，则只好利用人工进行。使用的土，原则上应与地块中土质相同。作业前，应该先除去土中的残根和砂砾。

⑧ 切 断

垂直于土表将草皮根部切断，以促使老化的草再生。这一方法，在草皮生长发育旺盛的初春季节实施效果最显著。

⑨ 清除枯草落叶

面积较小的草坪，可依靠人力使用耙子清理。如果是大面积的草坪，则需要使用动力机械来清理枯枝落叶及残草等。

《草坪管理计划》

	1月	2月	3月	4月	5月	6月	7月	8月	9月	10月	11月	12月
修剪			每月1~2次			每月2~4次			每月1~3次			
除草	冬季除草		喷洒除草剂			喷洒除草剂						冬季除草
施肥			速效性肥料				缓效性肥料		速效性肥料			
除虫						根据发生虫害的情况喷洒杀虫剂1~3次						
通气		春季通气		适当								
其他			铺草皮最佳期・杀虫剂						WOS最佳期・杀虫剂			

※WOS：在冬季已经枯萎的夏型草皮上播种1年生草本的寒型草皮，使草坪可全年呈现绿色

2 坡面绿化

坡面绿化，可以起到防止因宅地整理和道路建设造成的坡面雨水的侵蚀的作用，还能够收到缓和地表温度，避免由于树根伸展导致的冻土崩裂，以及美化环境的效果。由于土壤的性质、挖土或培土等的方式不同，因此应依据所要达到的目的来选择最恰当的作业方法。

(1) 坡面绿化工程的种类

㊎：全面栽植工程 ㊞：部分栽植工程

	适应性	施工内容	特点
培土・挖土	一般性	**铺草皮工法㊎** 这是一种将草皮块满铺于坡面的施工法。让草皮块的长边沿水平方向排列整齐后，再以竹签固定防止其扩张 竹签 草皮	系一般工法，具有防止直接侵蚀的效果 注意保持干燥
	较硬坡面易挖整形沟	**栽植盘工法㊞** 将形成板状的种肥土按一定间隔铺设 标准为8块/m^2 竹签	所需客土量较大 因有机肥料多，故肥效时间长
	较硬坡面难挖整形沟	**栽植袋工法㊞** 将充填了种肥土的网袋按一定间隔埋入土壤中 标准为6袋/m^2 50cm 栽植袋 竹签	土质松软，施工容易 客土量大 种肥土流失少 因不用水，故可在非适期施工 如全部被覆所耗时间较长
	较硬坡面难挖整形沟，且石块较多	**栽植穴工法㊞** 在穴底撒肥土，再将种纸铺其上，然后覆土并加薄膜养护 6cm 15cm 被覆养护 种纸 客土 固体肥料 竹签	穴深根长 肥料流失少，肥效时较长 全面被覆花费时间较多
	用于缓坡	**植株栽植工法㊞** 在坡面挖坑填入客土，然后栽入植株 栽入植株 客土＋肥料	可与其他工法合用 适于早期导入 施工性差，成本高

培土	一般性	**栽植球工法㊗** 通常用于培土坡面， 亦可用于挖土坡面。 系一种全面施工方法 竹签 栽植球	具有防止土球直接侵蚀的功能 具有保温和保湿效果，可在非适期施工 可进行小面积施工
	一般性	**栽植条工法㊗** 将装有种子和肥料的带状纸或布按照条状铺的方法施工 栽植条 种子＋肥料	与条状铺相比，栽植被覆速度快 可防止沟内水流对表土的掏挖 施工性差
	一般性	**条状铺工法㊗** 将草皮块沿着坡面水平埋入土壤中间隔30cm 边坡面 草皮块间隔30cm	全面被覆所需时间较长 施工性差
挖土	挖土坡面的土量较少	**播种工法㊎** 全面植草坪工法 被覆工程 吹播工程（土＋种子＋肥料）	具有效率高的优点，亦可在长大坡面或土分较少的陡坡处施工

(2) 坡面绿化工程施工注意事项

① 土壤

· 硬度指数（山中式）最好在27以下

· 因沙土耐侵蚀的能力差，故应选用可以早期全面被覆的工法

· 如土壤较硬，可考虑采用填入客土、挖沟和穿孔等方法来育成植物

② 施工时间的选择

· 3月下旬~6月下旬

· 8月下旬~9月下旬

夏季（气温25℃以上）易受干燥之害，冬季会因积雪和霜柱导致坡土坍落，这些均可给育成带来障碍。

③ 播种量

$$吹播草种的播种量〔g〕=\frac{1m^2发芽棵数}{1g种子平均粒数\times纯度\times发芽率}$$

(3) 维护管理

通常情况下，随着时间的推移以及周边植物的不断侵入，栽植的草皮也逐渐演变成当地的自然植物。这应该算是一个可喜的变化。在管理方面，也必须遵循这样的原则，即从尊重景观性和地域性出发并加以灵活运用。

当然，那些一般性的管理工作，诸如施肥、修剪、防治病虫害、灌水和坡面补修等是不应该忘记的。

3-5 其他绿化方式

1 屋顶绿化

近年来，由于改善城市环境需要和热岛效应对策的提出，在具有一定规模的大厦和公寓的屋顶上种植花草树木的绿化活动正在开展着。尽管栽植面积狭小，但通过绿化屋顶，不仅可能降低周围的温度，而且也提高了大厦自身的隔热效能，因此带来的节能效果同样是值得期待的。然而，说到底这也是一种在建筑物上的绿化作业，因此必须了解建筑标准法、建筑结构法和消防法上的有关规定。

(1) 屋顶绿化工法种类

	特点	结构
自然土壤工法	· **特点**：因系自然土，故较重。在日本关东以北使用火山灰质土壤，关西和九州使用山沙质土壤。根据情况改善其营养状况和渗透性 · **加工性**： 较重，搬运困难 施工时的扬尘少 · **维护**：管理上注意防止因板结造成的植物根部伸展受阻 · **成本**：材料费低廉，但施工费用高 · **湿润时比重**：1.6~1.8	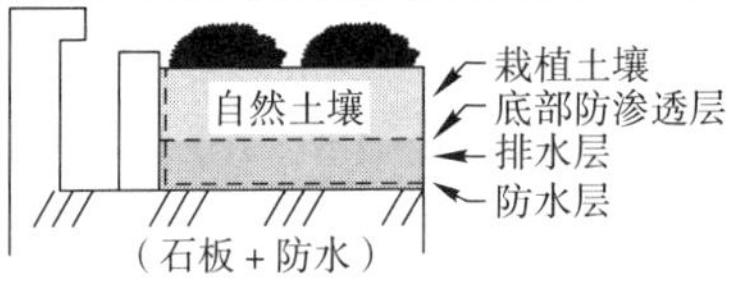 自然土壤 栽植土壤 底部防渗透层 排水层 防水层 （石板＋防水） · 所需土厚 草皮 15cm 低木 30cm 中木 45cm 高木 60cm
改良土壤工法	· **特点**：稍轻 在自然土壤中混入珍珠岩和蛭石等使之轻量化 · **加工性**： 为搬运普通土以及现场混合而花费劳动 · **维护**： 同样需要防止板结造成的植物根部伸展受阻，但不会像自然土那样严重 · **成本**：在自然土成本基础上增加了改良材料及混合作业所需要的费用 · **湿润时比重**：1.1~1.3	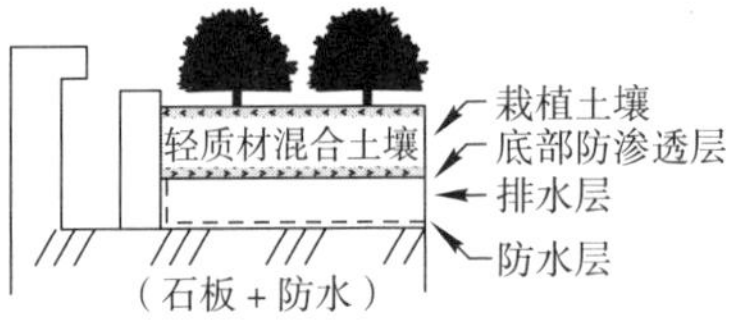 轻质材混合土壤 栽植土壤 底部防渗透层 排水层 防水层 （石板＋防水） · 所需土厚 草皮 15cm 低木 30cm 中木 45cm 高木 60cm
人工轻质土壤工法	· **特点**：超轻，使用树种的选择范围广 无机质人工土壤与有机质人工土壤混合 · **加工性**： 因质轻，故搬运容易 但遇风则易飞散 · **维护**： 也有无需管理的品种 · **成本**： 材料费虽高，但因轻量化而使工费减少 · **湿润时比重**：0.6~0.8	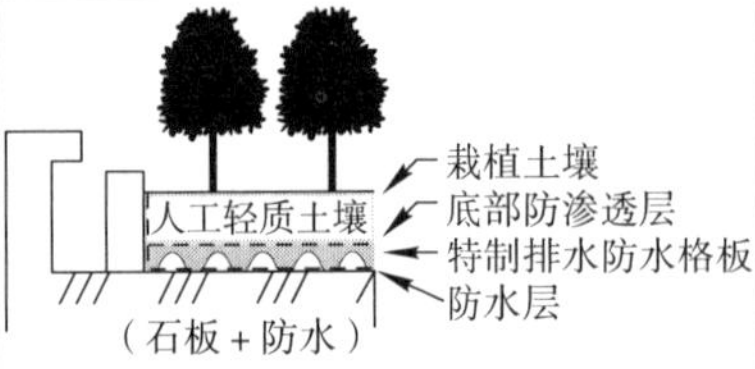 人工轻质土壤 栽植土壤 底部防渗透层 特制排水防水格板 防水层 （石板＋防水） · 所需土厚 草皮 8cm 低木 15cm 中木 25cm 高木 40cm

(2) 施工注意事项

① 荷　载

在结构计算上，必须符合建筑标准法的相关规定，即普通住宅允许人员进入的屋顶和阳台，**其可承受的荷载为180kg/m²，可承受的震动力为60kg/m²**。因此，为了能够符合上述要求，应该对屋顶绿化的荷载做出设定。屋顶绿化的荷载应该尽量扩散平均分布，保证其不会偏重在某一点上。近来，开发出的多种轻质化土壤，恰好因应了屋顶绿化的需求。而且，一种可使施工性和维护管理都变得简单的格板式土壤也正在研制当中。

重要

绿化植物的种类及其荷载（也包括土的荷载）

	绿化部位	工法	名称	植物种类	参考荷载	参考造价	报价条件
建筑物绿化	屋顶	庭园型	高中木型庭园	高木~草花	100~180kg/m²	50 000日元/m²	起重费用另计
			低木型庭园	低木~草花	100~150kg/m²	40 000日元/m²	
			草花型庭园	草花・香草	90~100kg/m²	30 000日元/m²	
		薄层型	薄层景天型	景天	40~50kg/m²	20 000日元/m²	
			薄层草坪型	草坪	40~50kg/m²	20 000日元/m²	
	墙面・阳台	攀爬型		藤蔓植物	——	现场估算	灌水装置另计
		下垂型					
		盆栽型		香草・草花	30kg/m²（干燥时）	50 000日元/m²	附灌水装置，但植物材料费用另计
	室内	种植型		观叶植物	——	现场估算	

江户川区规划主页

练习

试试看！　屋顶绿化的荷载计算

设现有屋顶面积为100m²，假如绿化其中的60%左右，求屋顶绿化的规模可做到何种程度？

由其面积可求得屋顶荷载的极限为

100m² × 60kg/m²=6 000kg（60kg/m²：地层荷重）

因此，屋顶绿化后的荷载必须控制在6 000kg以下。

假设制定的计划系在60%左右的绿地中营造一座30m²的草坪广场，那么，依据上表，因草坪的单位重量为50kg/m²，故可求得

35m² × 50kg/m²=1 750kg

如果种植15m²的草花，因其单位重量则为100kg/m²，故其总重量为

15m² × 100kg/m²=1 500kg

再栽植10m²的中高木，则从180kg/m²求得总重为

$10m^2 \times 180kg/m^2 = 1\ 800kg$

这样一来，全部绿化面积的总荷载为

$1\ 750kg + 1\ 500kg + 1\ 800kg = 5\ 050kg < 6\ 000kg$…O.K

刚好在极限荷载以下。

不仅如此，甚至还留有950kg的余裕。然而，考虑到**树木生长过程中会逐渐加大荷载**，事先留有一定的余裕也是必要的。

此外，在规划设计时，应考虑尽可能地**将荷载较大的中高木栽植到结构的梁交叉点上或者选择梁的顶上**。

② 防水层・防护层

屋顶绿化向建筑内部的漏水是一个最大的问题。即使采用较高等级的防水层，也必须在排水层的下面或上面铺设防止底部渗漏的薄膜防护层。四边的防水层则要达到一定高度，以确保不会在绿化区域的边界处发生漏水现象。作为普通的防水层，有沥青防水、薄膜防水和涂膜防水等数种。

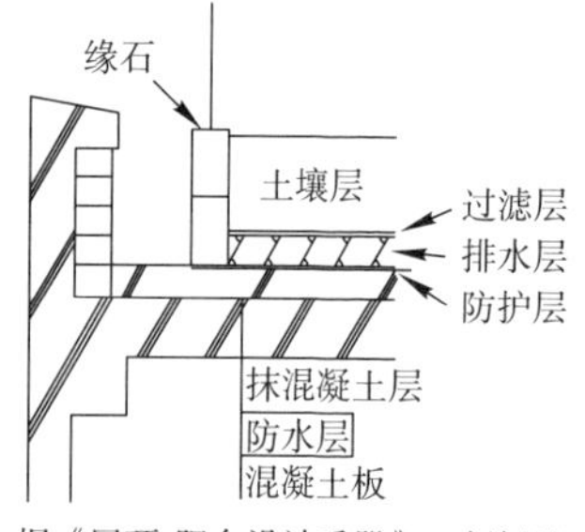

据《屋顶•阳台设计手册》，创树社

③ 排 水

设置排水层的目的在于不让多余的水滞留。为此，还要构筑出1/100以上的排水坡度；由于排水管道上的小孔很容易被泥沙堵塞，因此应该考虑在排水管上包裹一层防尘用的金属网。

④ 养 护

因为屋顶上的风较大，所以必须采取一定的加固措施，以防止发生翻倒事故。由于无法向地下钉入支柱，因此只能沿水平方向设置扶架来保护栽植的植物抵御强风的冲击（参考3-2节6项“养护”的“地下支柱”）。

(3) 维护管理

屋顶绿化与地面绿化一样，也需要进行维护管理。不过，因屋顶的日照较强，故须避免植物发生烧干和烧叶现象。

① 除 草

如果长时间不清除夹在植物中的杂草，不仅影响到景观效果，而且还会争夺本应属于栽植植物的水分和营养，容易形成病菌和虫类的温床，导致各种病虫害的发生。此外，藤蔓类的杂草还会缠绕在树木上，当到一定高度时，将遮挡住阳光，影响树木的生长。

特别需要进行除草的是草坪。即使在草坪中，长出的日本草和百慕达草也应被看做杂草，因其不见日照便会枯萎，故须全部除掉。

除草作业大都会选在夏季里植物生长繁盛的时期进行，而且要进行多次。如果是大面积的除草作业，单靠人力是难以胜任的，必须借助于除草机来进行。

② 施 肥

请参看本书第3章3-3节2项“肥料和病虫害”“（1）肥料”。

作为日常性的管理，主要是适时地施以追肥、催果肥和寒肥等。

③ 灌 水

从灌水的量来说，与其每天都少量地灌一点儿，莫不如隔上几天进行一次充分的灌水。

夏季里的灌水最好选在气温和地温都不太高的早晚进行。由于屋顶绿化的土层与自然土层相比要薄一些，灌水少了土中的水分很快就蒸发掉了；反之，如果灌水太多的话，又容易产生积水现象。因此，灌水作业必须细致认真地进行。

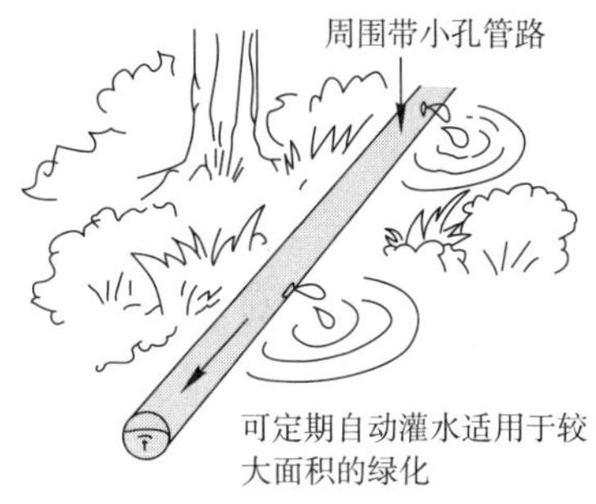

◆自动灌水装置

面积较大的灌水，应该配备图中那样的自动灌水装置，可以节省人力。

(4) 适于屋顶绿化用的植物

中高木	常绿・针叶	圆柏
	常绿・阔叶	野山茶、黄杨、梅、木樨、橄榄、山茶、月桂树、白茶花、光叶石楠类
	落叶・阔叶	梅树、木槿、大花海棠、合欢、四照花
低木	常绿・针叶	矮桧
	常绿・阔叶	马醉木、大花六道木、马缨丹、车轮梅、西洋岩竹、柃木、蚊母类、火棘、栒子属、木半夏、夹竹桃
	落叶・阔叶	八仙花、麻叶绣球、棣棠、鬼见羽、海仙花、疾槐、连翘、珍珠绣线菊、木瓜
地被类	草坪	高丽草、高羊茅、百慕达草、早熟禾
	其他	景天、栒子属、阔叶冬青、细竹类、沿阶草

2 墙面绿化

由于墙面绿化无需像屋顶那样考虑整体荷载问题，加之墙面的隔热和冷却效果都很显著，因此目前与屋顶绿化一样地受到人们关注。尽管如此，仍然有必要在充分探讨有关脚手架问题以及栽植后的维护管理问题的基础上，才能开始计划的设施。

◆墙面绿化种类及其选用的植物

类型	选用的植物
植物下垂式 将植物植于墙的上端，待其生长后则会沿着墙面垂下。可选用的植物不太多	迎春花、茑萝、枸子、金银花、西番莲、南五味子
植物攀爬式 这是一种让植物自下而上攀爬的方法。适于具有吸盘和附着根的植物 如果墙面很高，管理时需要设置脚手架。如不设脚手架，则只能选择那些无需管理的植物	墙面攀爬型：爬山虎、西洋常春藤 卷曲攀爬型：使其卷曲在金属网或格栅上 藤、葡萄、爬蔓蔷薇、威灵仙、茑萝、通草、野木瓜、金银花
安置栽植基盘式 这是一种将许多栽植钵或栽植球放在格板内，使之在格板中生长的方法。 因其土壤量极少，故必须配有灌水装置	景天、矮桧、迎春花 （有时也搭建花架，但管理上更加困难）

◆迎春花

◆墙面攀爬例

4章 ● 传统技法

被人称做“造园通”！

4-1 主景树

1 主景树的种类

在日本庭园中，有各种各样的树木发挥了重要作用，我们把这些树木统称为主景树。

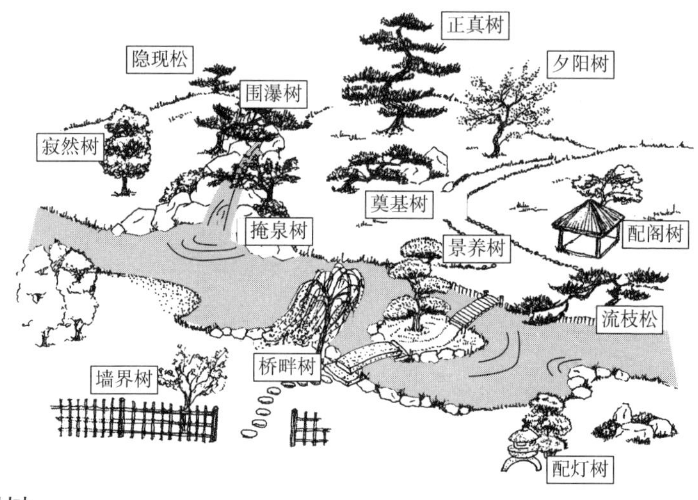

① **主景树**

- **正真树：** 植于庭园中心处的树木，原则上应选用生长势较好的常绿高木。如红松、黑松、厚皮香、冬青和龙柏等
- **景养树：** 使之与正真树产生对比的树木。如果正真树是针叶树，景养树即为阔叶树，二者之间总是处于对比状态中用做景养树的树木有东北红豆杉、紫杉、冬青和犬黄杨等
- **寂然树：** 假如庭园位于住宅的南面，便以常绿树木作为寂然树植于庭园的东侧。应选用其干、枝和叶都美观者，如松类、冬青、厚皮香、日本铁杉和橡树等
- **夕阳树：** 与寂然树相对，系植于庭园西侧的落叶树。选用叶红、花嫣和树形美观者，如梅、樱、枫、红叶和棠棣等
- **隐现松：** 构成背景的树木，植于庭园的边界处；如果庭园狭小，有时还植于围墙外面。可选用松类、冷杉、龙柏和橡树等

② **水际的主景树**

- 流枝松：栽植后的树木，其伸展的枝叶几乎直抵水池和溪流的水面，将水面与地面连接起来。可用松类、落霜红和枫等

- **围瀑树**：围绕瀑布栽植的树木

③ 建造物周围的主景树

- **围钵树**：栽植时让树木的枝条伸展到洗手盆上方。选用松类、梅、紫竹、紫金牛、蝴蝶花和山百竹等
- **配灯树**：配置于石灯笼旁的常绿树。有松类、柏类、厚皮香、弗吉尼亚栎和犬黄杨等
- **掩灯树**：栽植后的树木枝叶一直伸展到石灯笼前面，使石灯笼若隐若现。有松类、枫和鬼见羽等
- **墙界树**：如同栅栏的立柱一样沿围墙边栽植的树木，比围墙略高。有梅、厚皮香、鬼见羽、龙柏和罗汉松等
- **配庵树**：植于草屋或亭子附近的树木
- **桥畔树**：植于桥畔，可让人欣赏其映在水中的倒影的树木。有柳和枫等

2 栽植树木构成单位

一般都将**三、五、七这样的奇数**棵数作为计数的构成单位。

各个平面的栽植单位系由不等边三角形构成，以在其顶端栽植的树木为中心，使之相互关联，平衡配置。

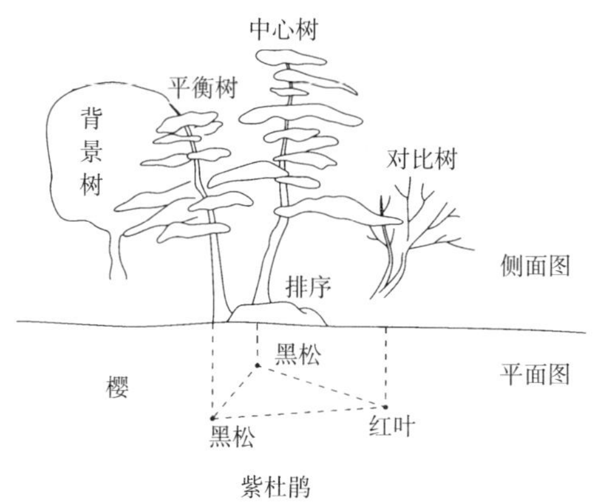

- **中心树**：栽植计划中的核心树木。要选择那些树木高大，具有美观的树干、树形以及大体量树冠的优良个体
- **平衡树**：这是为了与中心树平衡而栽植的树木。通常都是中心树的同类树木
- **对比树**：使之与中心树和平衡树形成对比的树木。须根据与中心树和平衡树的树种相反的原则来确定对比树的树种，如中心树和平衡树为针叶树，对比树则应为阔叶树
- **附加树**：作为填补物，使中心树、平衡树和对比树三者之间更加匀称，而且将立面的树冠线与地表圆滑地连接起来
- **背景树**：当仅利用上面的栽植单位仍不能满足景观要求时，则使用背景树来加以补足。一般情况下都选用常绿的阔叶树，特别是那些枝叶繁茂，枝条伸展适度的树木，更应成为首选的对象

4-2 景 石

1 庭园石

① 配 置

组石基本都是从2块开始，然后还有3块、5块和7块等构成的石组。到头来，通过石块之间在形状、方向和距离等的“交错”及“融合”，相互的关系已密不可分，最终形成一个整体。石组基本上可分做立石（阳）和横石（阴）两大形态。

（a）3石石组

（b）5石石组

（c）7石石组

② 石组构成的原则

· 山石、河石和海石不可一起使用
· 不使用异质石块
· 石块应大小结合，不使用大小和形状相同的石块
· 不可将2个以上石块的高度取齐
· 石组轮廓线富于变化
· 注重于整体的关联，具有立地生根样的稳定感
· 如系2石，则不可将2石配置在前后左右的直线上
· 若为3石，将3石配置在同一条直线上也是不允许的。应如以下那样，做不等边三角形的配置

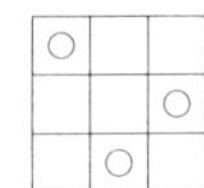
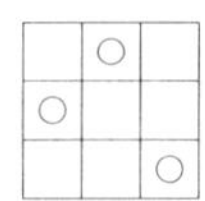
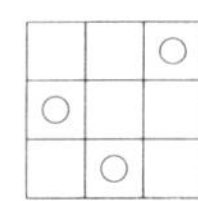
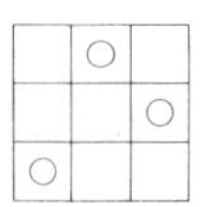

③ 各部名称

当庭园石被安放固定后，其各部的习惯叫法如下图所示。

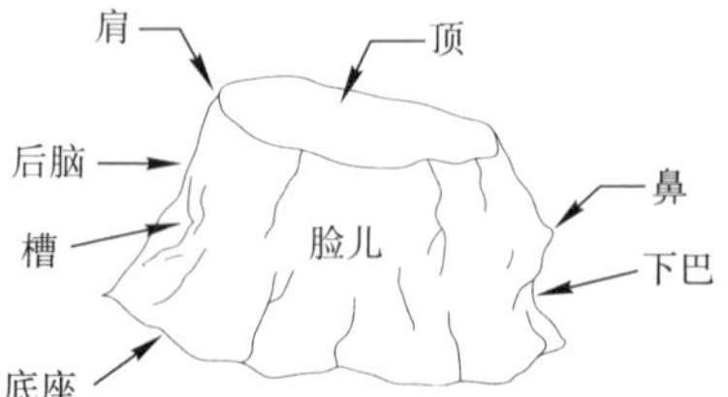

④ 景石的形状及其名称

尽管石块的形状千差万别，但用于传统技法的石块却可以依据其基本形状冠之以下的几种名称。

（a）胴体石

（b）枝形石

（c）心体石

（d）灵象石

（e）柱脚石

2 铺　石

(1) 甬路路面

① 路面铺石形态

楷书状	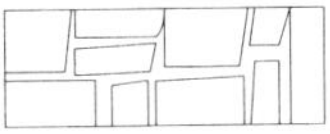	石块多为整齐的四方形，多少给人以生硬感
行书状	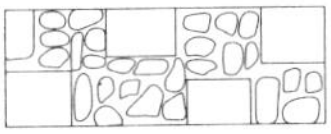	由方形与去掉尖角的近似椭圆形石块混合在一起使用的中间形态
草书状	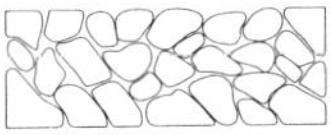	因无方形石块，故其轮廓也无直线条，给人以柔和感
随意状		因系使用大块卵石随意铺装，给人的感觉比草书状形态还要自由活泼

"行书"例

"草书"例

② 材　料

采用贵船、鸭川、高野和伊势等大块抛石；花岗岩、六方石和表面平整的筑波石；板石则有铁平石、秩父青石和丹波石等。

③ 施　工

- **挖掘：**挖掘深度为自GL起向下15~20cm左右，甬路端头处挖的要稍宽一些
- **基础：**尽可能不使用混凝土做基础，以土和麻刀灰泥较为理想；但使用碎石和沙也可以。在冬季有可能冻结的地方，则还是浇筑混凝土比较好
- **铺装顺序：**应从拐角、方块处和两边开始，然后再一边考虑如何使整体能够更加匀称，一边将中间的部分铺满
- **铺装厚度：**自GL算起，石块最高点在3cm左右，石块买入地下约为2/3的样子
- **铺装接缝：**铺装的接缝有多种，如土接缝、灰浆接缝和草皮接缝等。一般情

况下，接缝宽1~1.5cm，深1cm左右较为适宜。而且要采用T形接缝和Y形接缝，避免出现十字接缝、米字接缝和直线接缝。

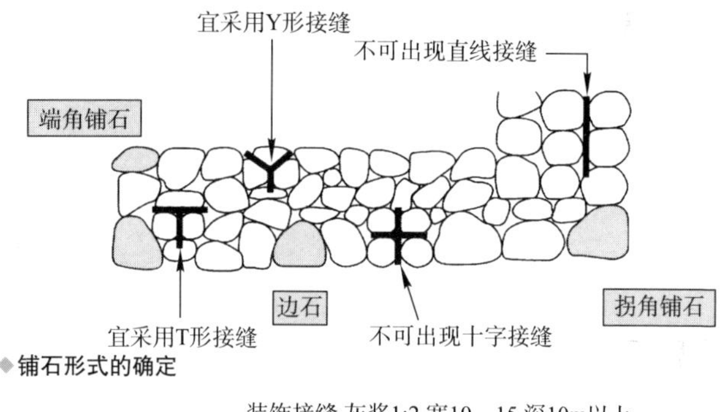

◆铺石形式的确定

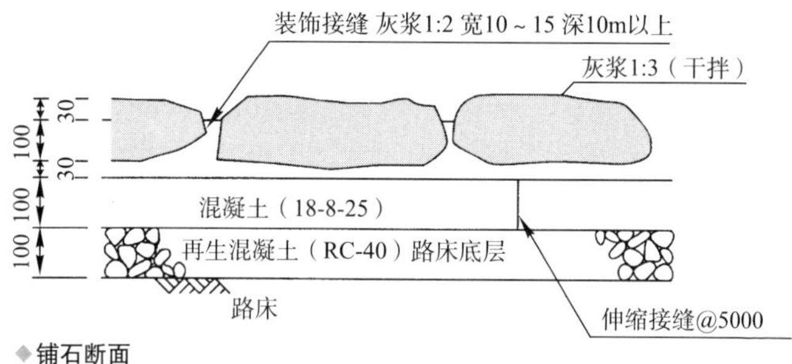

◆铺石断面

(2) 踏脚石

① 踏脚石应具备的特质

· 表面没有凹凸、平整易行、难以磨损的

· 外观圆润扁平的

· 关于尺寸，小的直径约30cm左右，高出地面3cm左右；大的直径约60cm左右，高出地面6cm左右时，踏步在上面比较轻松

· 如果有条件，尽可能选用同质同色的山石

· 石与石的距离，茶庭园为10cm以内；书庭园为15cm以内

② 踏脚石的配置

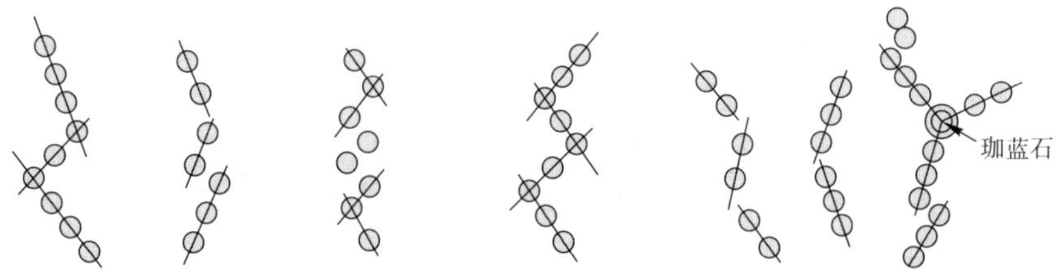

（a）四三连接（b）二三连接（c）交错连接 （d）雁形连接 （e）二二连接 （f）三三连接

放鞋石

这是从檐廊下到庭园里来时使用的踏脚石。总共由3块抛石组成，靠檐廊最近的那块就叫**放鞋石**，第二块被称为**踏阶石**，第三块是**踏分石**，然后与园内的连续踏脚石相接。

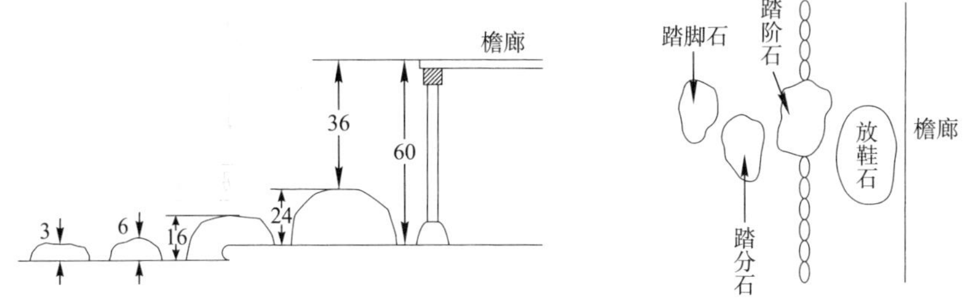

脱鞋石

系摆放在茶室小门前的抛石，与放鞋石的作用很相似，但叫法不同。

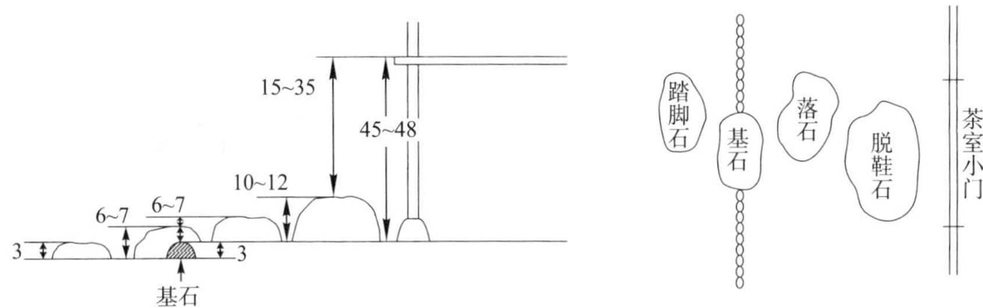

中潜门的抛石

所谓中潜门，系指当茶庭园为二进院落时，设于内外庭园分界处的门。下图中右侧为茶室，客人则从左侧进入。将中潜门夹在中间摆放的2块抛石，可以使主客相互之间保持适当的距离。

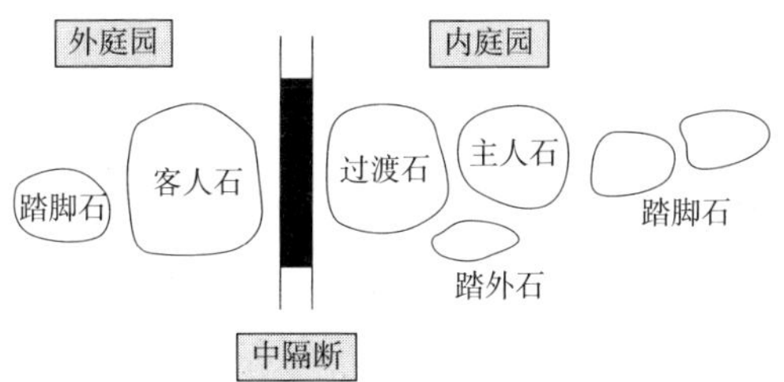

▶趣闻杂谈③ 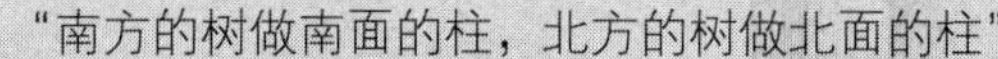
“南方的树做南面的柱，北方的树做北面的柱”

近些年来，从国外进口的各种建筑材料越来越多，建造一座住宅，你简直都无法想象会得到多少国家的关照。

然而，从日本传统技法的角度来看，这一切都可以说是胡来。因为最恰当的做法是，将自哪里取得的材料还用于哪里。亦即“最知晓当地气候风土的，是在当地发育生长的木材”，自古以来便流传着买木材时“不买木买山”的说法。而且，还有“应将木材按照原有生长方向使用”的传言，即“生长在山南坡的树木要用在南侧，北面的树木用在北侧，西面的树木用在西侧，东面的用在东侧”。

著名的木工大师西冈常一氏（1908~1995）在对日本室町时代的建造物做解体修复时发现，尽管其原有的木质结构采用的都是无节的木材并做了细致组接，可是过去了不到600年的时间，却已是伤痕累累。与此形成对照的是，没有图纸单凭口传营造的法隆寺飞鸟建筑和药师寺白凤建筑，由于其寺塔南侧正面使用的都是多节的南方木材，北侧则使用少节的木材，因此至今虽已历经1 300余年，据说仍坚固异常。

其实，看上去笔直的树木，也各有各的瑕疵。诀窍就在于如何避其所短，扬其所长。

“能造得起就能连山一块儿买，造房如造山”，这说的也许就是要有一颗天产自足的心吧。

在对这样存在了1 300年的古代传统技法的智慧感到震惊的同时，还应为那种“仅仅过去600年就……”的想法而诧异。

4-3 水景工程

1 瀑布

(1) 瀑布的种类

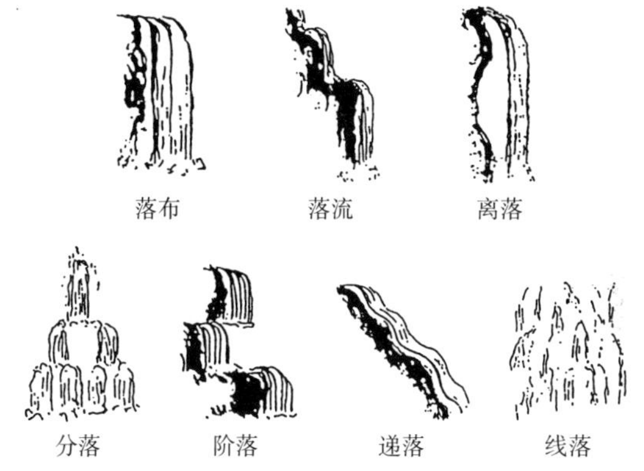

(2) 瀑布的主景石

位于瀑布内侧的叫做**落水石**（如系枯山水，则称为镜石），亦即水流落下的壁面石，是由最重要的抛石担任的，它的形状及其安置方法决定了瀑布的形态。

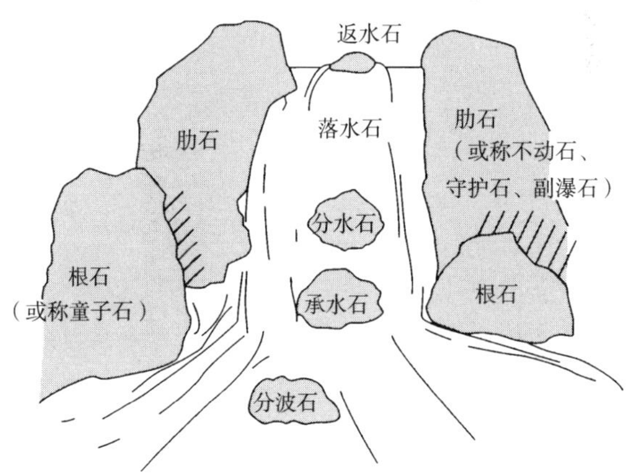

重要

(3) 瀑布施工例

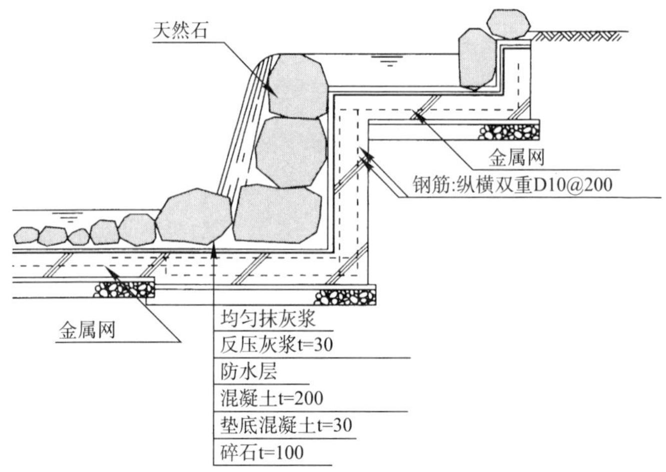

2 溪 流

(1) 溪流中的抛石

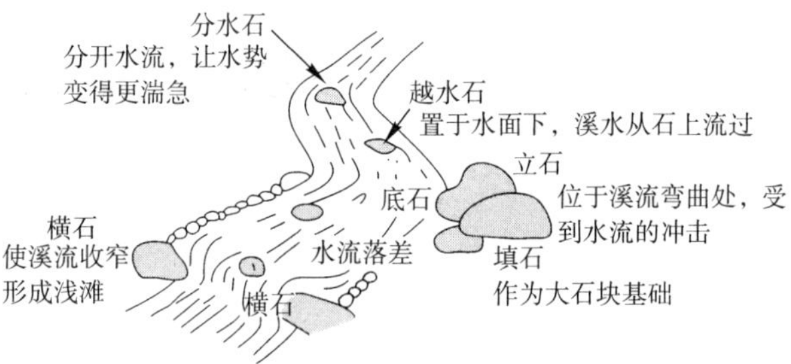

(2) 施工注意事项

· 在缓流段最好构筑0.5%的坡度；但总的坡度应控制在3%左右，溪流的平均流速约为0.3m/s
· 上游的水面稍窄，越往下游去越宽
· 最好设溪流的平均宽度为1~2m左右，深5~10cm；如放养生物，则应使溪流的流速和深度有些变化
· 如果放置的石块过多，一定会导致溪流形态变得重叠而又复杂，因此石块数量要适当，应以主景石作为重点
· 溪流最好能具有较硬的河底；在易漏水处应采用混凝土袋拍工法压实，或者覆盖防水薄膜

· 岸边的石块应置于受水冲击处，并使其一部分露出水面，一部分沉入水底，这样在其背面便可形成沙洲和浅滩

· 在栽植水生植物的区域，周围应以乱桩或抛石来减弱其水势

· 为使水面现出细波和涟漪，应尽量减小水的深度，并在水底铺设砂砾和抛石

重要

溪流施工例

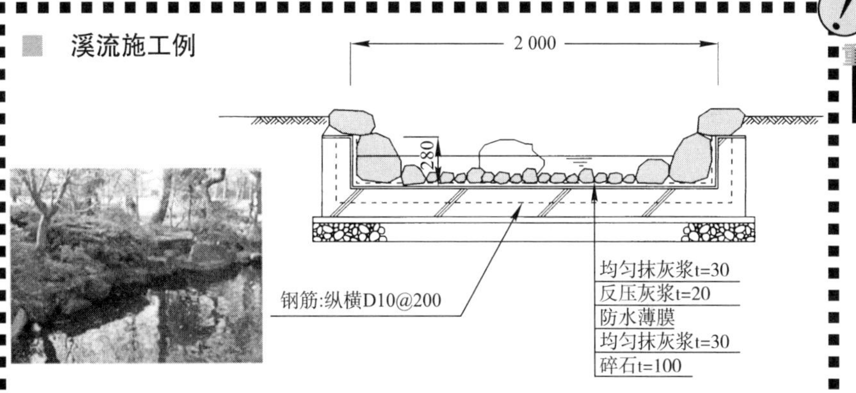

练习

试试看！ 水流量计算

设底边为1.5m、水深为0.2m的天然水路，如果要将其改造成溪流，所需水量应是多少？

条件：水路坡度I ………………………… 设定为2%

糙度系数$n = 0.032 \cdot s$ …………… 依据后面的糙度系数表，采用干砌圬工护岸

流量横断面积$A = b \cdot h$ …………… 据下图 $= 1.50 \times 0.2 = 0.30\text{m}^2$

润周 $S = b + 2h$ …………………… 据下图 $= 1.5 + 2 \times 0.2 = 1.90\text{m}$

径深 $R = A/S = b \cdot h/(b+2h)$……… 据下图 $= 0.3 \div 1.90 = 0.158\text{m}$

流速 $V = R^{2/3} \cdot I^{1/2} \cdot 1/n = 0.158^{2/3} \times 0.02^{1/2} \times 1/0.032$

$= 1.29\text{m/s}$

流量 $Q = V \cdot A = 1.29 \times 0.30 = 0.387\text{m}^3/\text{s}$

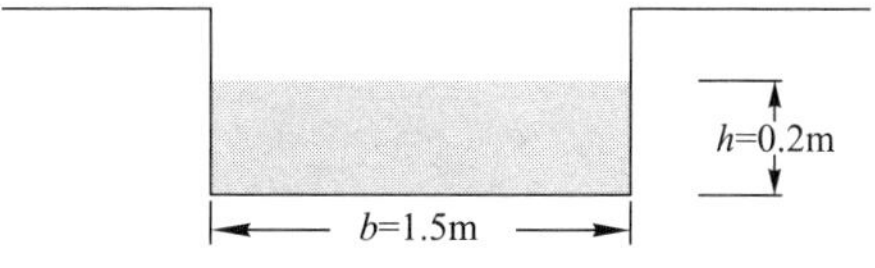

◈设计水路的横断面

糙度系数

下表以数字形式显示了水路改造后水流状态的变化情况。如系平滑处理，n值较小；凹凸多的，则n值也大。

◆糙度系数表

水路形状	水路的材质	n的标准值
管渠	软管	0.013
	硬质聚氯乙烯管	0.010
	金属波纹管	0.033
水路	灰浆	0.013
	混凝土、镘刀抹面	0.015
	混凝土、底铺砂砾	0.017
	石砌圬工、灰浆勾缝	0.025
	干石砌圬工	0.032
	土、直线水路、有杂草	0.027
	砂砾、直线水路	0.025
	岩盘直线水路	0.035
天然水路	断面整齐的水路	0.030
	断面非常不整齐，且杂草树木较多	0.100

即，如将底边1.5m、深0.2m的水路改造成溪流，需要$0.387m^3/s$的水量。

3 水池

(1) 护岸工程的种类

名称	特征	示意图
石笼	在以竹和铁线编织成的细长筐笼中装满卵石和碎石，沿河岸平行摆放。不久后，自筐笼中便会有草生出	
石组	使用混凝土自池底向上直至池沿构筑护岸，并将大石块堆在岸边。堆积石要确保石块稳定，而且应照顾到与水池附近的石组的协调性	
乱桩	将直径10cm左右的烧松原木钉入池底，桩头要露出水面10~30cm左右，应采用交错钉入的方法。在有些场合，亦可使用六方条石代替原木	

沙洲	这是一种让构筑的池岸带一点儿缓缓的倾斜，形成近似于天然沙洲的工法。岸边尚需使用卵石和抛石等。适合于面积较大的水池	
卵石	将卵石排成一列，如同将视线与水面断开。根据情况有时甚至要排成两列。通常用于混凝土抹底的水池	
土质表面	不使用任何护岸材料，使其以缓缓的坡度原封不动地形成土质表面的护岸。此法不适于水位变化剧烈的地方	
料石	自池底至边沿，全部以粗混凝土覆盖。事先以厚平的料石铺在下面作为底层	
栅篱	将隔开一定距离的原木桩用编织的竹条和树枝连接起来，然后填土压实。多作为应急措施利用，在外观上尚需留意	
植草	这是一种将草类、水边植物和灌木植于池畔的方法。适于坡度较缓的护岸，对于生态系统保全型的护岸和以水质净化为目的的护岸具有重要作用	

(2) 池底的防水方法

工法名称	特征	断面
夯打黏土工法	这是一种先将天然黏土制成大型团状，然后再将其铺在卵石上，最后加以夯实的工法。黏土的铺设厚度约为10~20cm	黏土 支持层
水密混凝土工法（喷浆混凝土法）	降低水与水泥的比例，利用振动封堵微细孔。必须保证足够的养生时间，以防止发生龟裂。运用此法可构筑出水密性很好的底层	防水灰浆 水泥混凝土 支持层
薄膜水密工法（合成橡胶薄膜）	止水性强；但如遇破损补修困难。因此，需要有可靠的保护层。接合缝的处理要求非常熟练	土或沙 合成橡胶薄膜 支持层
聚氯乙烯薄膜水密工法	止水性强，造价低；但耐久性差，有时需要有可靠的保护层	保护层 聚氯乙烯薄膜 支持层
沥青水密工法	止水性自不待言，耐候性亦十分优越。可抵抗基础沉降；但耐低温性差，有时会因此降低强度	沥青混凝土 沥青被覆膜 支持层

树脂类工法	将尿烷涂在聚乙烯薄膜上作为保护层。因其具有较大的挠度，可抵抗沉降。加之其止水性强，硬度高，因此更适于大型水池	保护层 尿烷层 聚乙烯薄膜 支持层
喷射混凝土工法	这是一种使用水泥喷枪来喷射灰浆的方法。也是用于应急的便捷工法	灰浆 支持层

4 各种石质洗手盆（石墩）

石质洗手盆原本设在茶道场所内，是主客人进入茶室前洗手和漱口用的。如今，作为添景物又被普遍地应用到一般的和式庭园中。

(1) 作为主景石的洗手盆

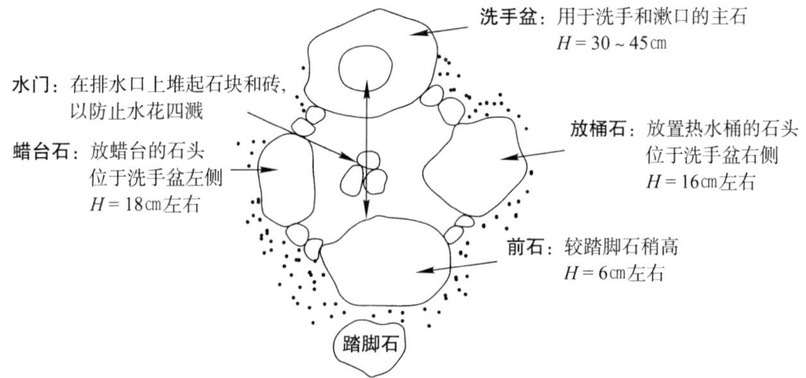

(2) 作为主景石的走廊洗手盆

顾名思义，所谓走廊洗手盆即指摆放在建筑物廊下，用以洗手的设施。

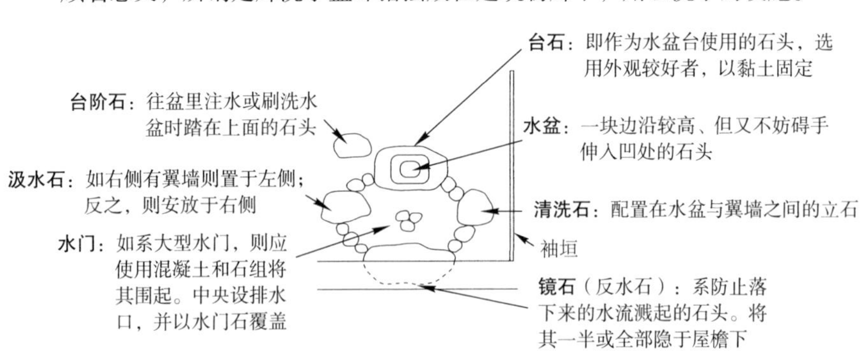

4-4 其他传统工法

1 栅 栏

大多情况下，都利用篱笆作为隔断方法，以起到遮挡、划界和环绕的作用；而且作为一种添景手段，也具有很好的效果。如果做一个大致的分类，基本有以下几种栅栏：与邻地分界的外栅栏、地块内起隔断作用的内栅栏和更具有装饰意味的翼垣。

※外栅栏中有方格栅栏、建仁寺垣和网代垣等

※内栅栏中有方格栅栏、通透格栅栅栏等

◆菱形格栅栅栏与竹篦垣的组合

竹篱笆的种类及其工法

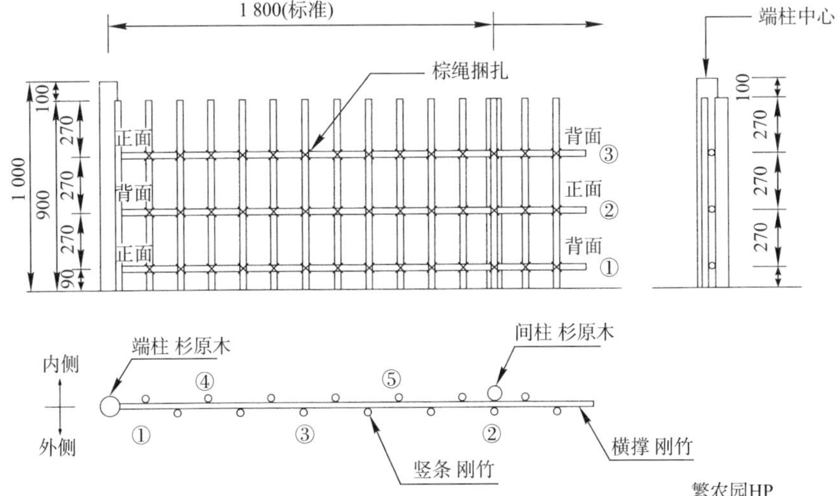

◆方格栅栏标准图

◆光悦寺篱笆

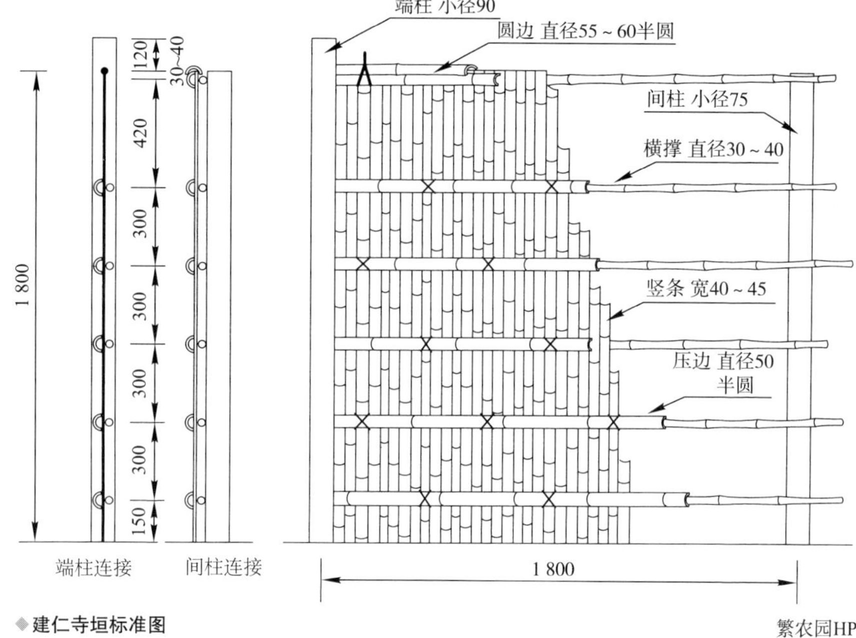

◆建仁寺垣标准图

繁农园HP

2 亭 子

这是配置在日本庭园中的休憩设施的一种。一般都选择在视野开阔的地方。

① 传统式的亭子

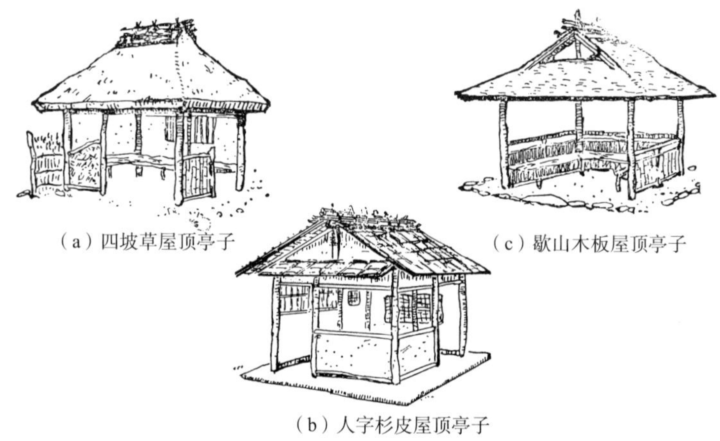

（a）四坡草屋顶亭子

（c）歇山木板屋顶亭子

（b）人字杉皮屋顶亭子

池田二郎：现代造园.农业图书（1981）

② 现代的亭子设计例

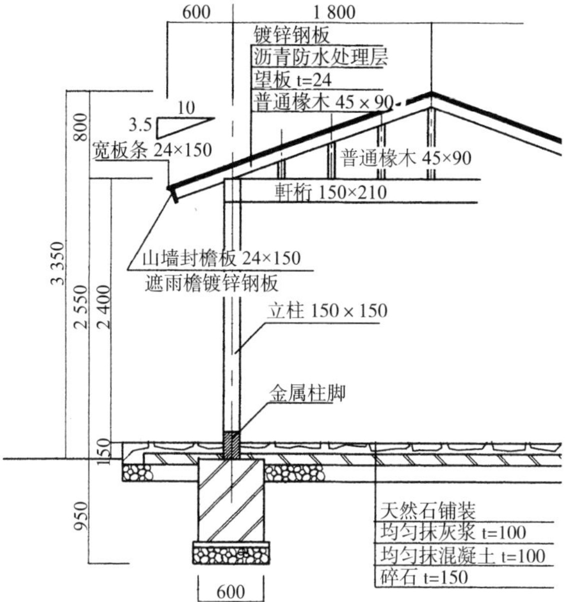

（a）断面详图

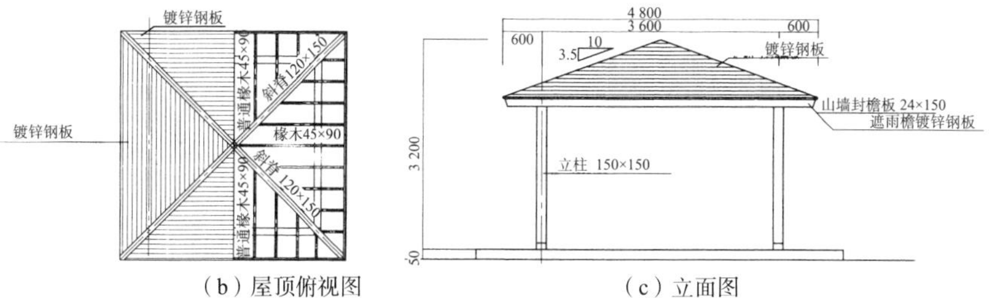

（b）屋顶俯视图

（c）立面图

5章 • 建　　筑

只需掌握基本知识！

5-1 建筑样式

1 日本建筑和西式建筑各自的特点

	日本建筑	西式建筑
结构材料	日本的传统施工法被称为骨架结构，整座建筑系由柱和梁等细长的构件组合而成，并以加入斜撑的剪力墙抵抗地震力。与墙的结构相比，建筑的平面配置所受制约较少。窗和门等开口部做得很大，改扩建也比较容易	系自北美传来的工艺，地板和墙壁的构建均采用在木框架上钉胶合板的方法。此法亦被称为Two by Four Method（2英寸 ×4英寸木框架建造法。——译注）。这一方法原本因采用2×4英寸木方组成构架而得名，但沿用至今，目前这种墙壁结构已成为住宅建造中的主流
建造方式 结构	**骨架结构（以柱和梁支承建筑结构）** 骨架完成后，先造屋顶，再造墙壁和进行内装	**墙壁结构（全部由墙壁支承建筑重量）** 先由墙壁分割出各个房间，最后造屋顶 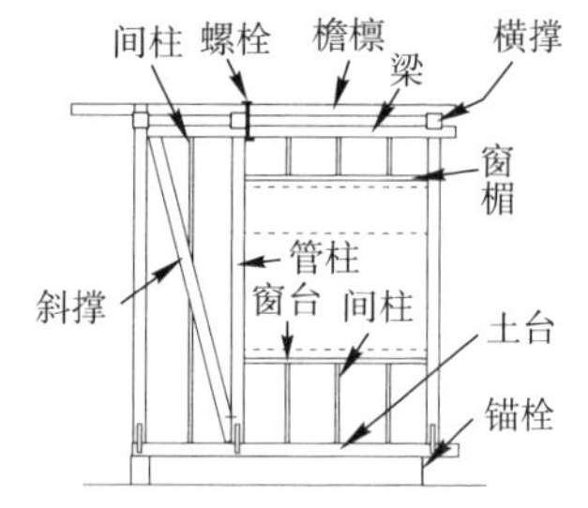
建筑内部	**露明柱墙** · 各房间的独立性弱，通过隔断的开放来改变房间的面积 · 系外观可见立柱的露明柱墙结构 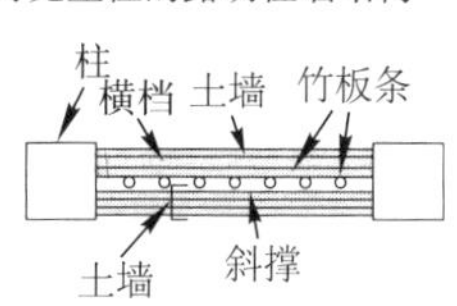 	**隐柱墙** · 各房间的独立性强；但房间面积难以根据使用目的变化 · 立柱因被内外装饰材料覆盖而成为一种隐柱墙结构 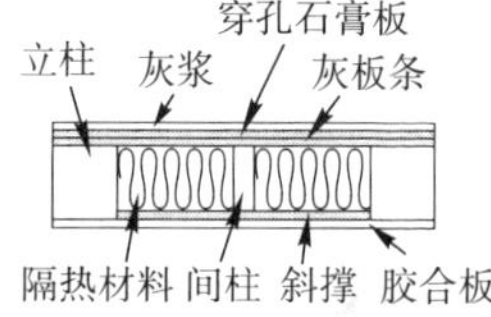
屋架	使用抗弯构架造成屋架，利用**屋架支柱**支承檩木的垂直载荷 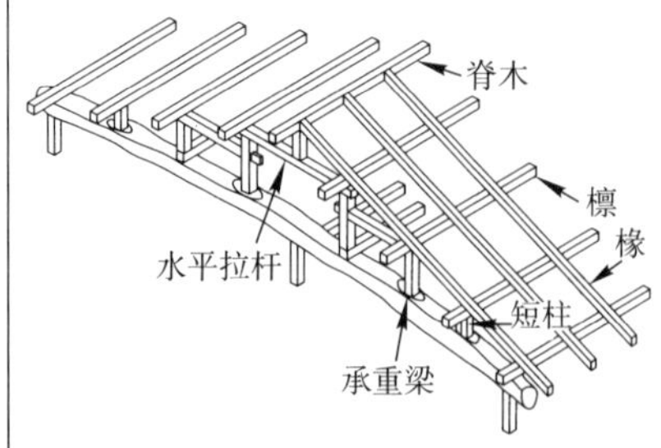 	屋架整体由**桁架**构成，以斜撑构架分散载荷 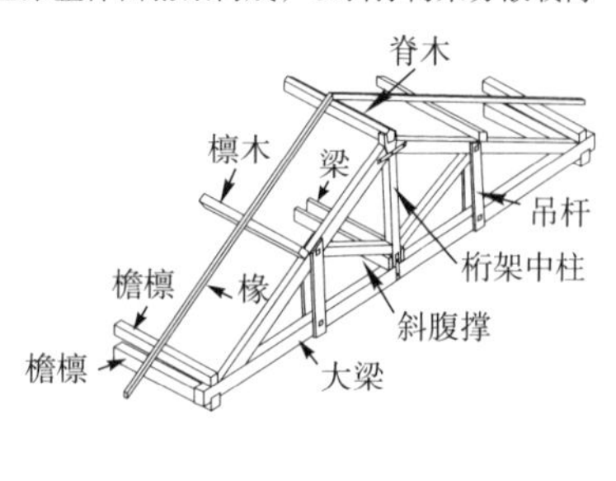

2 结 构

住宅的建造，大多采用日本的传统工法（骨架结构）和外来的Two by Four Method（2英寸 ×4英寸木框架建造法。——译注）工法。近些年来，Prefab（预制装配式住宅。——译注）工法也得到越来越多的应用。

在高层建筑的建设方面，多采用以下的材料、工法和结构。

· **钢筋混凝土结构（RC结构）**：刚性框架结构，墙壁结构

混凝土的抗压强度高，但抗拉强度较弱。为了弥补这一缺点，便在混凝土中加入抗拉强度高的钢筋，成为RC结构。钢筋因被混凝土所覆盖，因此，不仅可避免细长的钢筋弯曲，而且还能够防火和防锈

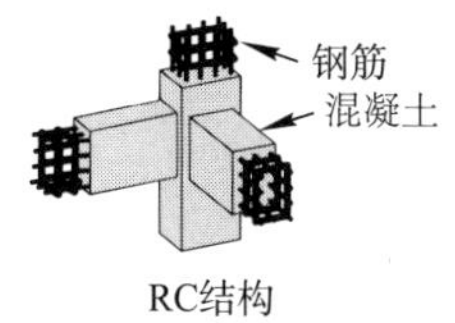

RC结构

· **钢结构（S结构）**：刚性框架结构

由于**刚性强，延性高**，因此可将梁和柱的截面积做得很小，适于营造更高更大的建筑

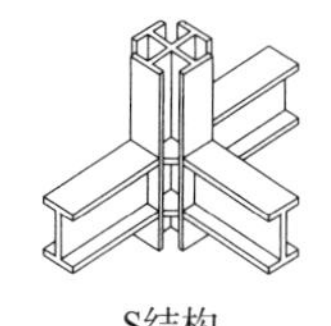
S结构

· **钢筋钢框架混凝土结构（SRC结构）**：刚性框架结构，墙壁结构

具有RC结构和S结构二者的优点，不仅刚性强，耐火性也很好

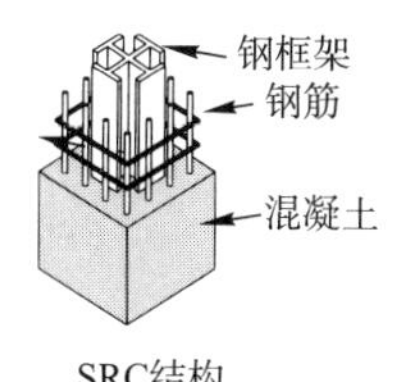

SRC结构

钢框架结构

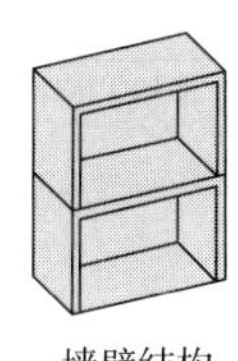
墙壁结构

屋　顶

屋顶的形状也有许多种，但其中较为常见的主要有以下几种。尤其是歇山屋顶，可称作日本建筑的典型样式。而平屋顶和单坡屋顶等样式，与和式建筑比较起来，则更多地用于西式建筑上。除此之外的其他样式，可为和西建筑共同采用。

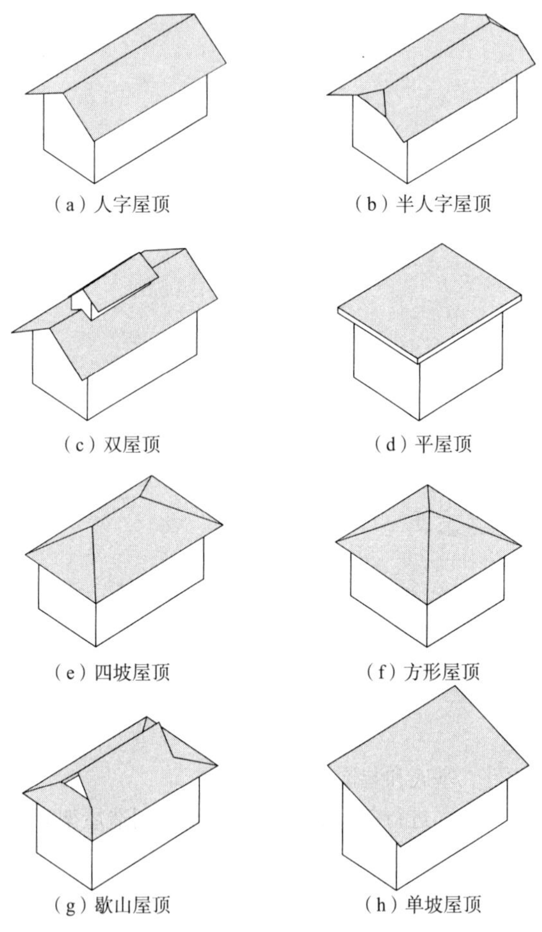

（a）人字屋顶　（b）半人字屋顶

（c）双屋顶　（d）平屋顶

（e）四坡屋顶　（f）方形屋顶

（g）歇山屋顶　（h）单坡屋顶

5-2 建筑施工程序

1 施工程序

我们首先介绍建筑工程施工与造园工程多少有些不同的部分。

下面记述的，便是传统工法的施工步骤。首先，在建筑主体骨架完成后立刻加盖屋顶应算是一个特点，这也是由多雨的日本风土生出的智慧。

而且，出乎人们意料之外的是，在建筑工程中很容易被遗漏的设备工程部分，很早很早以前就有了。**例如，从基础工程中铺地板之前开始，便预先确定地板下面配管的布置及其引出方式。**

(1) 建筑施工步骤（住宅类工程）

奠基……开工前，为祝祷工程顺利平安而拜祭土地神的仪式

↓

准备工程……定线、水准测量、放线、外部脚手架、内部脚手架、暂设电气、水道、厕所、休息室和废物堆放处等

↓

基础工程施工（给排水配管工程）……在浇筑基础混凝土前铺设配管

↓

木工施工（构件）……安装基础梁、立柱，架设大梁、柱间系梁和桁架，建造结构上的主体框架

↓

上梁仪式……在架设屋顶最上端的梁木时，要举行上梁仪式

↓

木工施工（准结构件、基底和装饰件）

进行斜撑和间柱的施工，制造屋架和地板组件等较细致的构件。其次是进行屋顶望板、地板边框、内外墙基底和荒面处理等的施工。最后，室内地板等木造部分以及装修部分进行施工

↓

屋顶施工……建造屋顶

↓

外部门窗工程……在对内外墙进行装修之前，应先安装开口部的门窗之

类。这一阶段，还应该将浴槽安放妥当

↓

外墙施工……………………粘贴外装饰材料或粉刷涂料

↓

各种设备安装施工………给排水配管、整体厨房安装、电气配线、电气插座、照明器具安装、热水器和空调器等

↓

室内开口部安装施工……拉门、隔断和各个房间的门等

↓

内装施工……………………内部涂装、粘贴壁纸和粉刷墙壁等

↓

粘贴瓷砖……………………玄关周围和洗澡间等处

↓

杂项施工……………………房间清理和小物件的安装

↓

试运行设备机器

↓

竣工验收……………………移交各种说明书和房门钥匙

↓

外部空间施工………………造园、停车场等

（2）建筑施工日程表（住宅类工程）

在实际建筑施工过程中，施工步骤的安排应该尽量节省时间和节约经费。因此，为了能够使许多不同门类的工程都安全有序的进行，必须事先制定施工日程表，并按此实施之。

◆建筑施工日程表例（小型住宅）

	1月	2月	3月	4月
1. 准备工程※	祝祷安全 ★ 放线 脚手架			屋顶解体
2. 基础工程※	基础混凝土·土间混凝土			
3. 粘贴瓷砖	上梁仪式		浴室·玄关	
4. 木工施工※	框架 ★			
5. 屋顶施工	（提前制成）			
6. 金属工程		扶手·水门		
7. 瓦工施工				内外墙
8. 木制门窗工程			拉门·隔断	
9. 金属门窗工程		窗框和窗扇		
10. 玻璃安装		窗	室内	

11.涂装施工				
12.内装施工		粘贴材料	横梁・地板・天花板	
13.杂项施工				
14.电气施工	暂设电气	配管	器具	检查
15.给排水工程	暂设给水	配管	器具	检查
16.燃气工程		配管	器具	检查

★：系传统工法中不可或缺的重要仪式

※：因有日本建筑独特的施工方法，故可参照下一项

2 建筑施工

(1) 准备工程

① 定线

对用地进行整理之后，将地桩打入待建建筑物的外周和内部的主要位置，并张拉放线绳，**直接在地面上确认建筑物的位置关系**。我们把这样的作业称为定线。

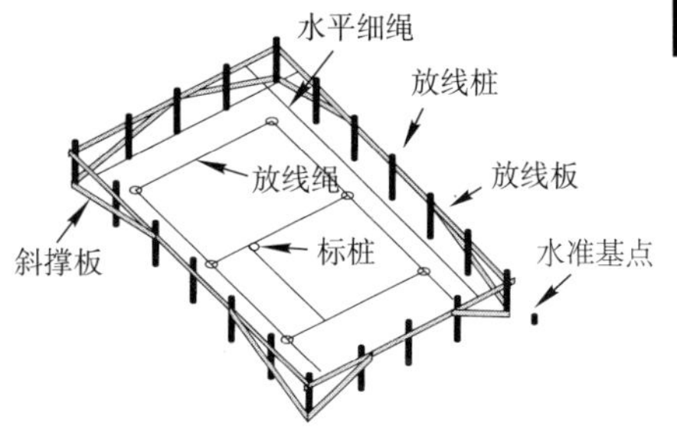

② 开挖基坑

即挖掘结构的基础部分。如系单挖立柱的基坑，则成为**独立基础槽**；如挖成条形基础，则被称为**挖地槽**。

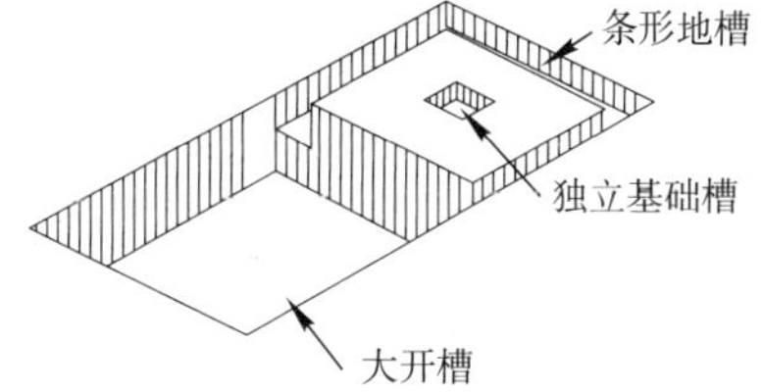

③ 放线

即在建造结构物之前，标示出其**主要部分的中心线、高度和挖掘位置的作业**。通过放线作业，可以直观地看到边界线与建筑物之间的距离和建筑物与道路之间的距离。有时，这一方法亦被称为水平放线。其意思系指使用水平仪，在水平状态下所做的放线。

・挖至基槽底：系指对挖掘的地槽底面进行处理

・画线：系指在墙壁、立

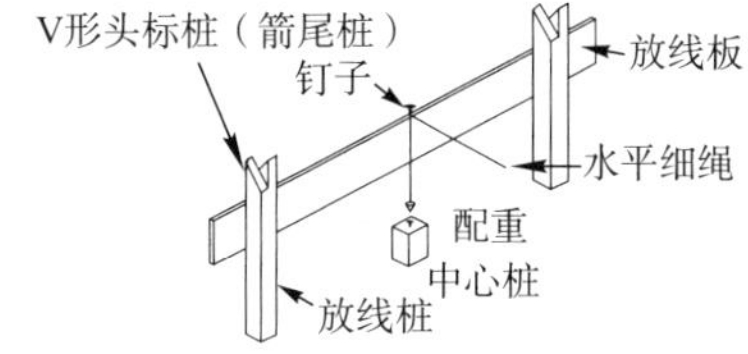

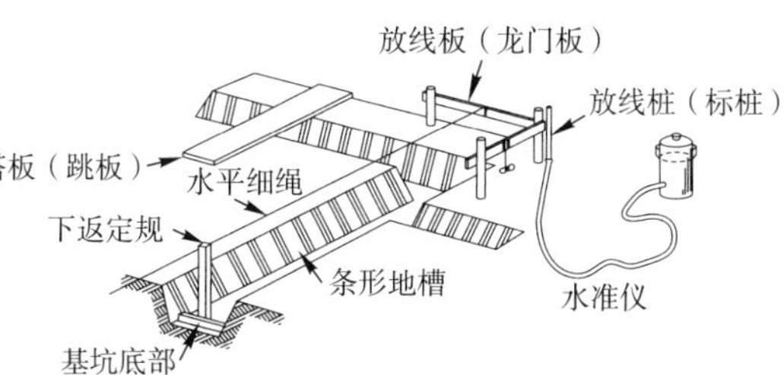

东京农业大学造园技术研究会编著：《一级造园施工管理工程师考核》，彰国社（2007）

柱和地板等处的中心线位置和其他需要处理的位置所画的标记

(2) 木工施工

① 和式结构及其各部名称

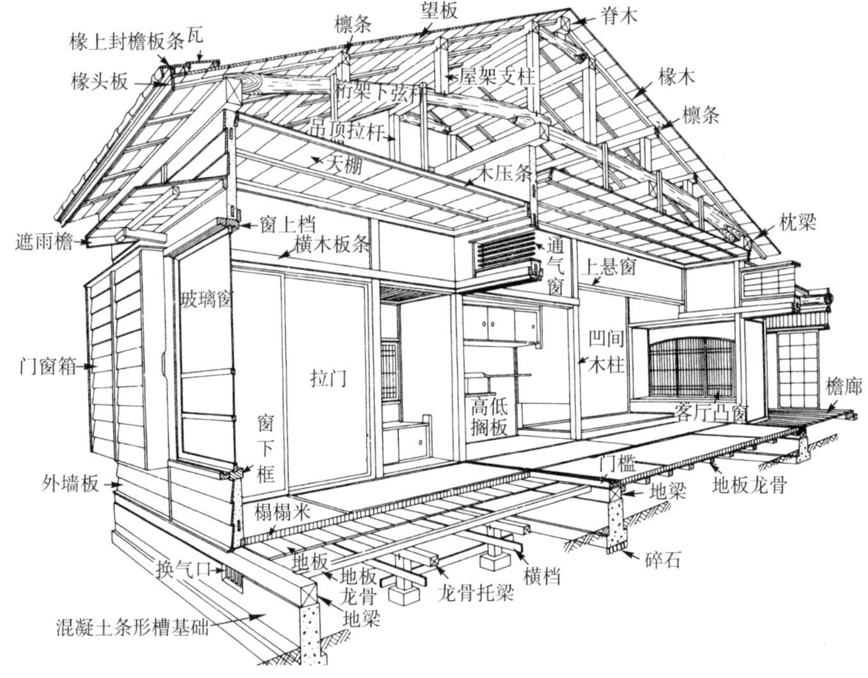

《结构用教材Ⅰ》，日本建筑学会（1959）

② 结合・榫接

和式建筑自古代开始便诞生了各种各样的构件连接方式，汇集起来，其手法不下于几十种。**所谓结合，即指将2根木材沿着同一方向连接起来；榫接系指将2根木材垂直连接在一起**。这里将要介绍的，是现在仍然使用着的几种结合和榫接方法。

结合	对接	斜嵌面接头	高低缝结合	两段搭头结合
	十字形芽接	斜嵌接头	斜嵌硬木栓接头	相嵌夹板结合

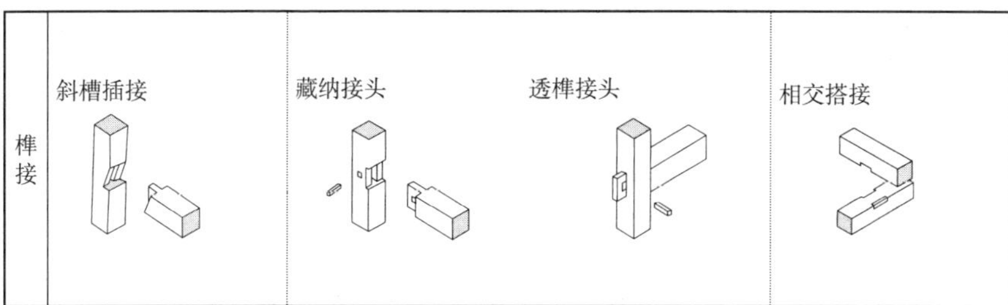

(3) 装饰材料

	名称	种类
屋顶材料	瓦	水泥瓦、平瓦、圆瓦、西式瓦、西班牙瓦
	石板瓦	由玄昌石那样的泥板岩制成；但以近似石棉的居多
	屋面板	在较厚的油毛毡上再涂沥青，然后铺设着色沙成为屋顶材料 价廉而质轻，可用于任何形状的屋顶
	金属类	耐蚀钢板、铜板、镀锌钢板、不锈钢板、涂氟钢板
	其他	造园时葺盖亭子和便门的桧树皮、木片和厚木板等
外墙	涂装	油漆（OP）、油性着色剂（OS）、合成乳胶漆1种（AEP）、 聚氯乙烯树脂磁漆（VE）
	金属类	铝质外墙板、钢质镶板
	其他	树脂类外墙板、ALC板
	木质类	护墙板、雨淋板、纵横镶板
	瓷砖	瓷质、陶质、石质、土质、砖质
内墙	壁纸	聚乙烯类、织物类、纸质类、木质类、无机质类
	涂料	粉土（聚乐壁、大津壁等）、灰泥、硅藻土
	饰面板	天然木材饰面胶合板、密度板、饰面石膏板、铝质板
地面材	榻榻米	稻草榻榻米、榻榻米板、桧木榻榻米、无边榻榻米
	地毯	羊毛地毯、椰树纤维地毯、藤毯、竹毯
	地板	无垢地板、胶合板地板、软木地板
	瓷砖	瓷质、陶质、聚乙烯瓷砖、油地毡板
天棚	木质天棚	神代杉木板条、秋田杉木方、胶合板
	板类天棚	石膏板、水泥板、绝热板、硅酸钾板
	其他	铝质天棚材、百叶天棚

5-3 木结构的细部

下面的图是和式建筑的详图图例。

和式建筑的墙壁，是一种从房间内外均可看到立柱和桁架的薄壁结构（露明柱墙），在檐下也露出椽木。不过，依据现有的建筑标准法规，为了防止发生火灾时火势的蔓延，已经对此作出了种种限制。只将具有典型和式风格的茶室和亭子作为例外，得到特别的许可。因此，即使采用传统工法营造建筑，也必须充分了解现有建筑标准法规的主要内容。

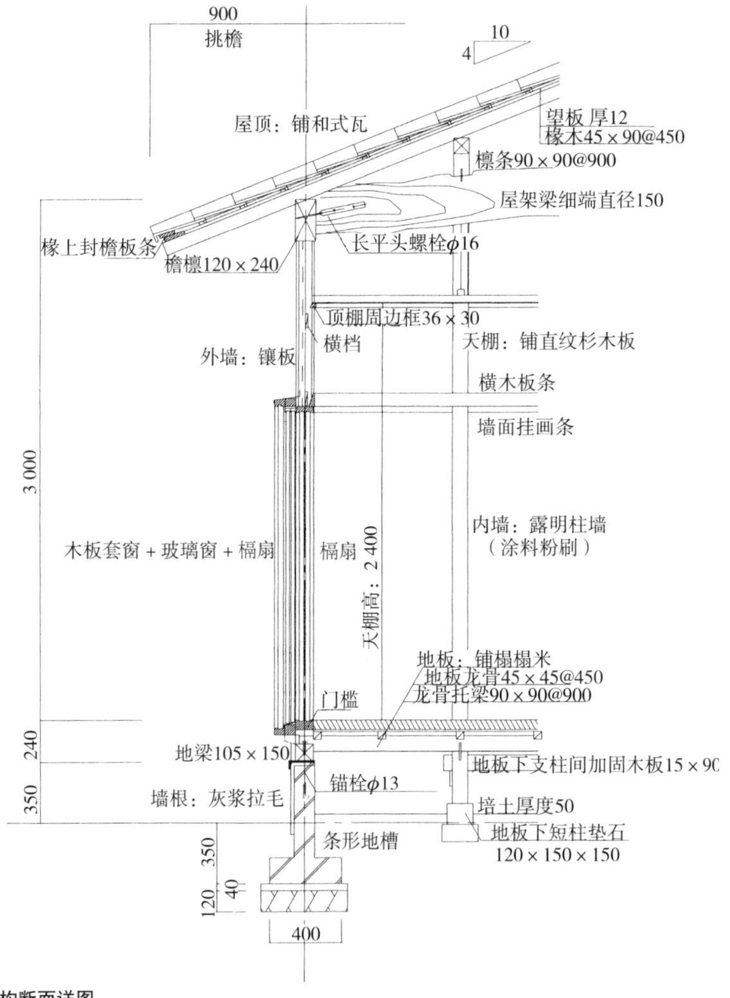

◆木结构断面详图

5-4 茶室及茶室庭园

“既无酷暑，亦无严冬；炭火融融，茶香浓浓；独居一隅，只闻清风。”（千利休：《南方录》）

茶道给予日本建筑和日本庭园的影响，由千利休的这首诗亦可见一斑。千利休流传下来的这些教诲，其实也存在非常自然合理的成分。

1 茶室

(1) 茶室的各部名称

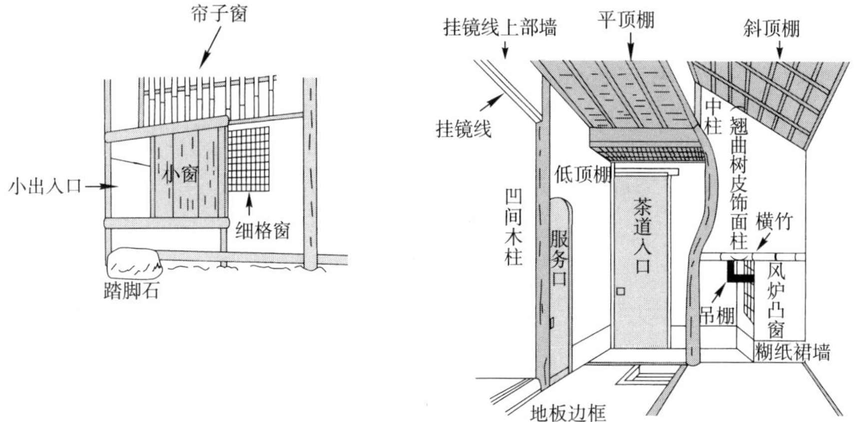

（a）小出入口周围　　（b）茶室内部

(2) 茶室的结构

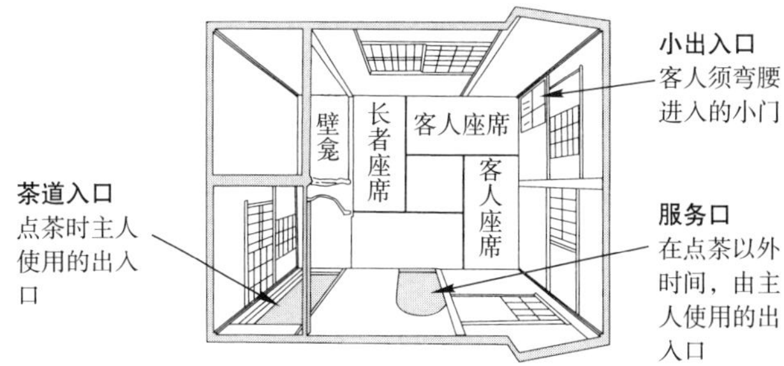

(3) 茶室的规模

通常都认为茶室的规模应在4张半榻榻米左右；但据传说，千利休却造出1张半榻榻米大小的茶室，其不拘一格之举，着实令人惊叹。总之，茶室内的榻榻米如何摆放以及整体的平面配置，应该说是茶室重点的结构要素。

配置在正面的普通的凹间，一般被称为“上座”；而靠出入口附近、较点茶座席稍稍下手一点的凹间则被称为“下座”。自江户时代开始，有些场合也会将凹间配置在点茶用的主人座席的里面。总之，茶室的布局也是随着时代变化的。

点茶座席仅限于1张榻榻米的面积，其中一半是主人的座位，另一半用于摆放茶道使用的器具。风炉是决定客座与点茶座席之间位置关系的重要因素，茶道所使用的炉子素有“茶道八炉”之说，因此有8个种类，每年从11月起，一直用到来年的4月。

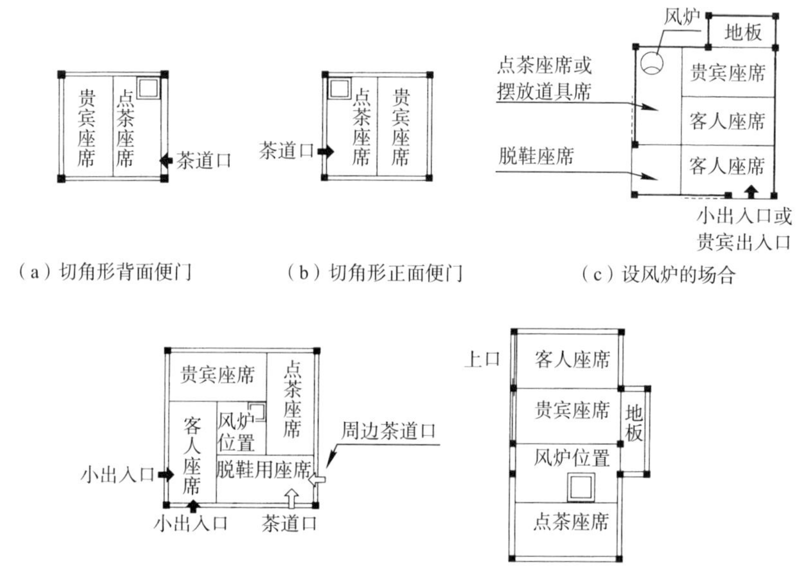

（a）切角形背面便门 （b）切角形正面便门 （c）设风炉的场合

（d）4张半榻榻米切角形背面便门 （e）4张长方形榻榻米整齐摆放

▶趣闻杂谈④ 千利休的眼力

说起茶道，就离不开千利休。是他将沏茶水作为一种功夫和本领集其大成，并由此成为现今流行的茶道奠基者和伟人。利休作为桃山时代的一位杰出人物一直受到重视；然而，后来丰臣秀吉却以违背茶道精神及其他理由，命利休切腹自尽。一位伟大的茶道者，便这样走完了自己的传奇人生；可是，也留下不少有趣的轶闻。

有一次，织田信长召来著名的漆匠盛阿弥，命其将10枚大枣涂成完全相同的黑色。然后，信长又叫来利休，给他看这10枚黑色的大枣，问道："你看哪一枚最好？"

千利休回答道："看上去都挺好，不愧出自盛阿弥之手，实在难分伯仲。如果硬要找出其中更优者，那就是这些了。"说着，利休开始把最好的枣子一一挑出，整齐地排列起来。信长的近臣认为利休这家伙不过是在打马虎眼，便偷偷地在枣子的背面做上记号，并编成顺序。又过了几天，近臣撒谎说："真对不起，你原来排列的顺序被我弄乱了。"而且，要求利休按照原来的顺序把枣子再重新排列起来。利休听了，没有丝毫的犹豫，立刻便将枣子恢复了原来的排序。近臣们马上将枣子翻过来验证背面的记号，结果与原来的顺序完全一样。

2 茶室庭园

"茶室庭园"是日本庭园具有代表性的形式之一，其中的设施及其名称多来源于茶道的仪式。所谓茶道，即便是与此很少结缘的人，也应该了解其基本的程式。

重要

了解茶道的基本程式！

(1) 茶道庭园及茶道程式

1 客人首先进入被称为"休息室"的房间，在此整理着装。当所有的客人都到齐后，主人开始烧开水。

↓

2 接着，大家来到茶室的庭园里，之前要换上事先准备好的草鞋。然后，进入"接待室"，众人围成一圈，按照指定位置坐下。
这时，大家一边欣赏庭园里的风景，一边等待点茶时间的到来。

↓

3 一切都准备妥当之后，主人自开启的细格门走出迎接客人。
客人离座进入茶室内庭园。

↓

4 在石质洗手盆处洗手和漱口后，自茶室小出入口进入。

↓

5 这之后的茶道程式，大致可分为初座和后座。其间，如有客人站起走出茶室，可在位于内庭园的接待室等候。

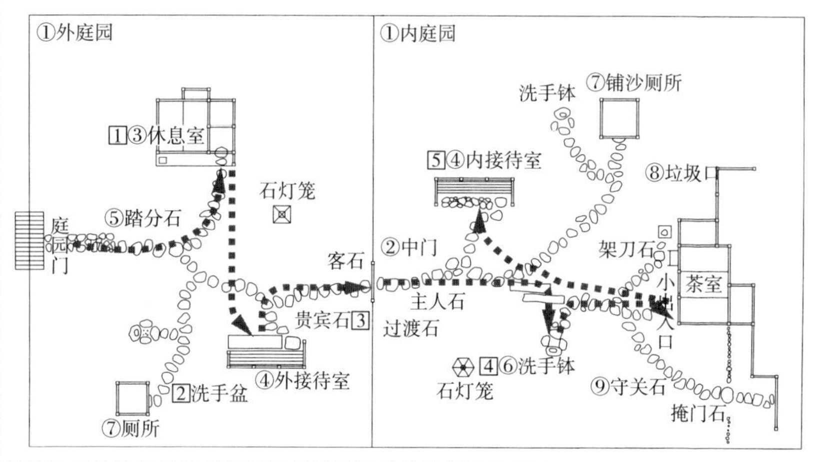

(2) 茶室庭园的构成

① 外庭园和内庭园

如果建成二进的茶室庭园，以中门为界，自庭院门口至中门被称为外庭园；从中门到茶室被称为内庭园。

② 中 门

这是作为外庭园与内庭园的隔断而设置的门。像这样没有屋顶的中门，有**柴扉和卷帘**等形式；而那些设有屋顶的中门，则有**小木门、梅轩门和竹葺门**等样式。类似这样的中门，一般都比院门和园门的结构更轻，即便设有屋顶，也多是采用草葺和桧皮葺的处理手法。

③ 接待室

举行茶会时被招待的客人，在这里做些准备，如整理着装等，并在此等候引领进入庭园的人。有时，也从住所中专门辟出一间作为接待室。此外，这里也具有休息室的功能。

④ 休息室

也被称为休息接待室。客人在这里等候主人的迎接。如果茶会中途小憩，只要离开茶室，便来到这里休息，等待重返茶会的通知。

⑤ **踏脚石・折叠石**

茶室庭园中的通道，一般都利用踏脚石和折叠石，即那种顶面平整的天然石块。踏脚石也分许多种，都有各自的名称，其中最后的那块叫做**脱履石或脱鞋石**。为了让踏脚石的配置产生一点儿变化，有时还使用折叠石的方式。按照日本茶室庭园的习惯，通常把用山石建造的琢石路面称为“真”；而将使用山石和河石铺成的**甬路**叫做“行”。

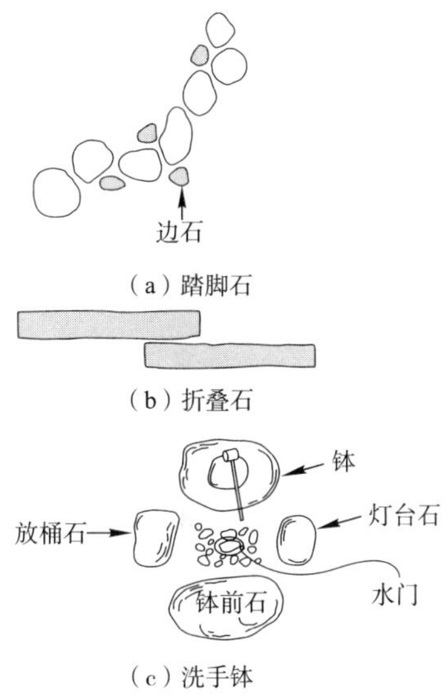

（a）踏脚石
（b）折叠石
（c）洗手钵

⑥ **洗手钵**

这是庭园中用于洗手的石制钵。在庭园中摆放的洗手钵，人要使用时一般都得蹲下来；但也有可以站着使用的洗手钵。由于洗手钵是进入茶室前洗手和漱口时使用的，因此它是茶室庭园中最重要的设施之一。随着茶道的发展和演变，除了洗手钵和其前面的钵前石外，又开始在其两侧配置了**灯台石和放桶石**（参照本书第4章4–3节4项“传统技法”）。

⑦ **雪隐**

即庭园内的厕所。设在外庭园的叫**“下腹雪隐”**；设在内庭园的叫**“铺砂雪隐”**。实际上，这样的厕所已不再使用，不过是作为主人周到细致的象征而配置的摆设罢了。

⑧ **垃圾口**

系用于清理树叶等垃圾的孔道。按照惯例，应在外休息室附近设1处，茶室**小出入口**附近设1处。还在孔道边安放1个称为窥伺石的小石块，用于放置青竹制成的**尘著**。

◈**窥伺石**

⑨ **守关石**

将用黑色**蕨绳**捆扎的小石块放在踏脚石上面，用以告知客人：“请勿再向前行。”

5章 建筑

参考：茶室“不审庵”

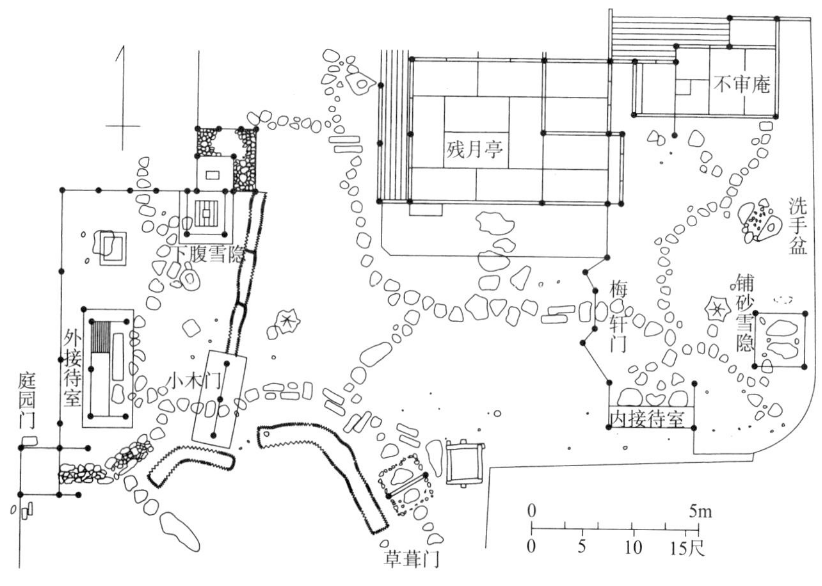

◈不审庵平面图

6章 • 施　　工

设计者必读！

6-1 测 量

1 测量的种类

(1) 线测量法

用于对较小地块的测量。仅使用卷尺作为工具测量距离，并求得用地的形状和面积。

基本方法是将用地划分成几个三角形进行测量和计算。

① 自测点A向测点C和D引出对角线，形成三角形△ACD，测量和计算其各边之间的夹角。

② 以同样方法实际测量△ABC和△ADE，求得用地的形状。

③ 有时还将对角线BE作为校对线来进行测量。

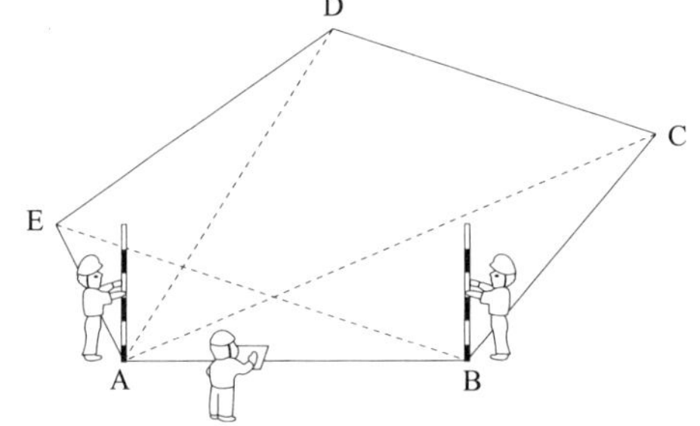

(2) 经纬仪测量法

这是一种使用叫作经纬仪的仪器来测定水平角度和垂直角度的测量方法。一般情况下，都是以经纬仪测量角度，以卷尺测量直线距离；但最近使用光学经纬仪和利用反射镜，即使是一个人也能够进行距离的测量了。

① 测量自地点A至测点BCDE的角度。

② 实测A–B、B–C……间的距离。

注意：因系完全依赖仪器进行测量，故作业前应对仪器进行仔细的检查和调试。

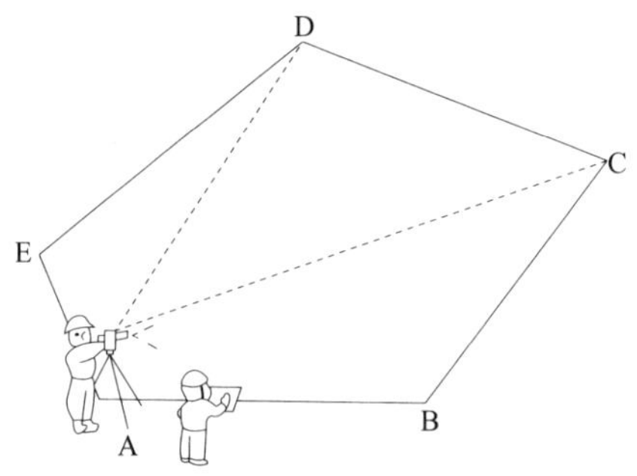

(3) 平板测量

平板测量本来是一种将拟规划设计区域的现状图解化的作业；可是，由于近来摄影测量已成为主要手段，因此现在基本上都将平板测量用于绘制大缩尺图方面。

这样的方法，由于是在现场直接将测量出的土地形状按一定的缩尺依次绘制成平板上的图纸，因此使得测量可以迅速完成。加之系当场绘制图纸，所以这非常适合于时间要求紧迫的情况。只是其测量的精度要稍差一些。

① 使用的工具

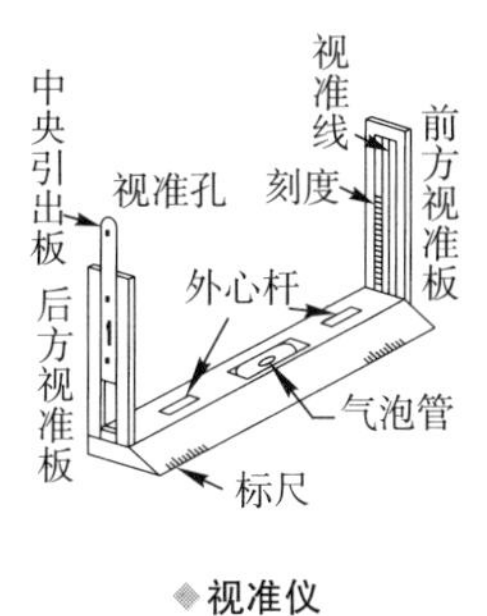

◆视准仪

箱型磁针（确定正北和平板方向）
视准仪（确认平板的水平，引出方向线，测定高低差）
测量针（指示图止点）
求心器
铅垂

◆平板

② 视准仪平板测量步骤

步骤1：将图纸贴在平板上

步骤2：在最便于测量的位置架设三脚架

步骤3：将铅垂挂在求心器上，调整求心器的顶端，使之对正图纸上的基准点（求心）

步骤4：将视准仪气泡管的气泡调整至中央位置，并让平板与地面保持平行（调准）

步骤5：在已知地点立一标杆，透过视准仪，使视准仪的视准线与标杆和测量线位于同一方向上（定位）

步骤6：反复操作步骤2~5，在图上的点与基准点重合处刺入测量针

练习

试试看！　平板测量：辐射法

步骤1：在观测地点安放平板→ⓐ

步骤2：将测量针刺入图纸上相当于平板安放处的位置→ⓑ

步骤3：将标杆立于目标位置，透过视准仪的视准孔，使标杆与视准线的位置重合→ⓒ

步骤4：测量平板与标杆之间的距离，将测量针刺入换算成图纸缩尺后的平板上的相应位置→ⓓ

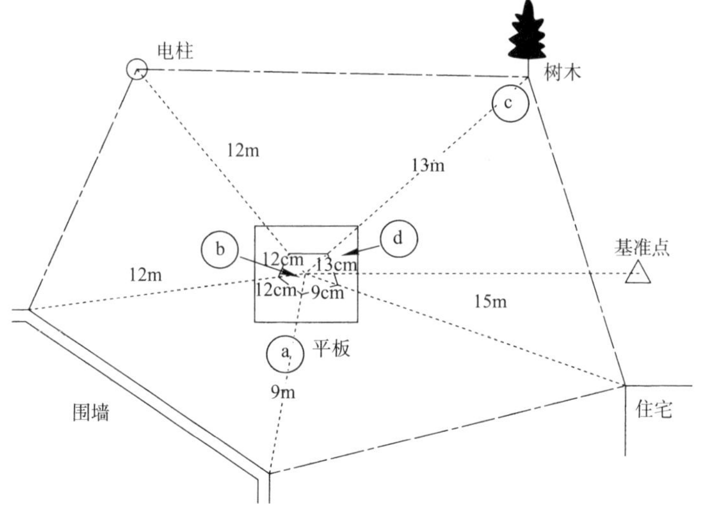

步骤5：反复操作步骤3和步骤4，测量和计算出规划区域周围的设施及土地的形状，并将其图解化。

※平板上的图纸标明，由平板至树木的距离为13m。

如系采用1∶100的缩尺进行绘图，则绘制的图纸上的ⓑ~ⓒ的长度为13cm。

③ 平板测量的种类

前进法	辐射法	交会法
依次测定连续的测线方向及其距离，便构成图示的方法。平板测量中的大部分都依靠这一方法	适用于没有障碍物的地块。先将平板置于一点上，然后成辐射状地测量其他各点。平板只安放一次即可	这是一种通过2个已知点画出方向线，然后再求得未知点位置的方法

(4) 水准测量

所谓水准测量，系指为了求得2点之间的高低差而进行的测量。

① 水准测量使用的仪器

· **水平仪**：为获得准确的水平基准面而使用的仪器。因上面装有望远镜，故可看清立于测点的标杆上面的标尺读数。其视准距离，如果设定在30~60m之间，对于一般的测量来说应该没什么问题。

· **标尺（staff）**：使用时垂直立于测量处。实际上就是"刻度尺"。如果慢慢地晃动标尺，则可读出其最小值。

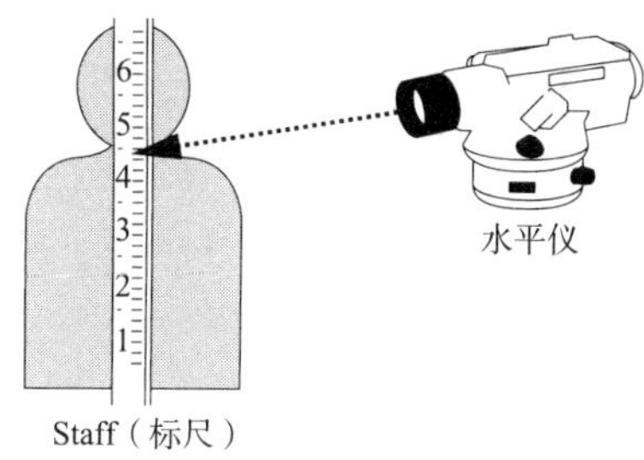

Staff（标尺）

② 相关术语

名称	代号	说明
水准点（已知点）：Benchmark	B.M	由国家和地方政府的标高确定的点被称为水准点。主要是在省道和国道的沿线，每隔2km左右设1个水准点，以距测量地点最近的水准点作为基准进行测量
后　视：Back Sight	B.S	即读出标明标高的点的标尺刻度
前　视：Fore Sight	F.S	即读出拟求标高的点的标尺刻度
转　点：Turning Point	T.P	改变水平仪安放的场所，可以前视和后视读出标尺刻度的点
中间点：Inter Point	I.P	改变水平仪安放的场所，只能以前视读出标尺刻度的点
仪器高：Instrument High	I.H	水平仪视准线的标高

练习

试试看！　水准测量

测量C、D两点的高度（标高）。

① 从安放水平仪的A点读出立于测量点的标尺高度值。

② B.M标尺的读数为3.50m。C点的标尺读数为2.25m，D点的读数为1.50m。

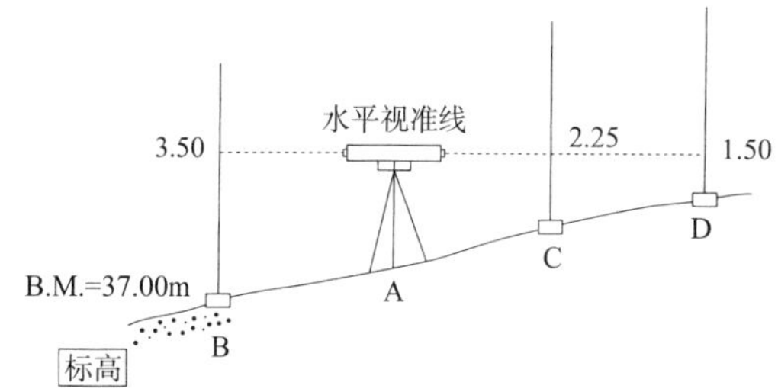

③ 因B的标高为37.00m，故仪器的视准高度为37.00m+3.50m = 40.50m。

④ 其次，如果分别自视准高度引出C、D点的标尺读数，则可分别算出标高，即C点为40.50m−2.25m = 38.25m，D点为40.50m−1.50m = 39.00m。

6章 施工

◆水准测量的野外作业记 （单位：m）

测点	B.S.	I.H.	I.P.	T.P.	G.H.
B（B.M.）	3.50	40.50			37.00
C			2.25		38.25
D			1.50		39.00

(5) 其他测量方法

① 摄影测量

这是一种通过对航拍和地面拍摄的照片进行几何学解析来测绘地形的方法。适合于徒步踏勘比较困难的场所或范围很大的用地。

② 多级系统测量

这是一套把使用电子距离经纬仪和电子视距仪观测的数据输入数据收集器，再以计算机进行综合运算，最后绘制成图纸的系统。

③ GPS测量

该方法是利用从人造卫星上发出的电波来求得观测点位置的新的测量方法。它不需要太多的人手，也不受天气好坏的限制。即使是再复杂的地形它都可以一览无余，并把测量精度提高到前所未有的水平。

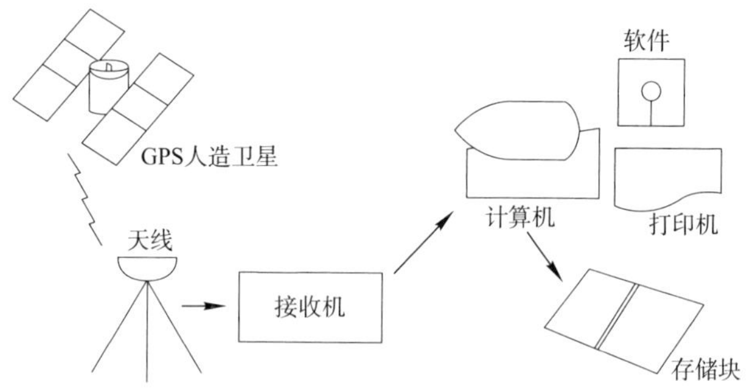

6-2 土　工

1 填　土

(1) 填土的高度与坡度

◆相对于填土高度的标准坡度

填土材料	填土高度	坡度
粒度均匀的沙（SW） 砾石及掺入砾石的沙（GM、GS、GC、GW、GP）	5m以下	1:1.5~1:1.8
	5~15m	1:1.8~1:2.0
粒度不均匀的沙（SP）	10m以下	1:1.8~1:2.0
岩块（含废渣）	10m以下	1:1.5~1:1.8
	10~20m	1:1.8~1.2.0
沙质度（SM、SC） 较硬的黏质土、硬黏土	5m以下	1:1.5~1:1.8
	5~10m	1:1.8~1:2.0
软黏质土（VH_2）	5m以下	1:1.8~1:2.0

《道路土工纲要》，日本道路协会

※：休止角：陡坡处会逐渐坍落，当这样的坍落达到一定程度时将进入稳定状态。我们把这时的水平面与斜面之间形成的夹角称为休止角。为了使坡度稳定，便需要将构筑的角度比休止角更小。

(2) 填土材料的选定

· 剪切强度大的

· 抗压缩的

· 耐雨水等侵蚀的，因吸水而膨胀较小的

· 自然含水率接近最佳值的

· 适于施工机械的trafficability（走行性良好的程度），施工性能好

(3) 基础面的处理

· 对象地块中的杂草和树根之类是地面沉降的原因之一，因此应事先全部清除

· 对基础地盘的地形进行整理

· 将有着明显凹凸的地面整理得较为平坦

· 如系倾斜地块，且坡度在1：3~1：4之间的话，为防止填土部分的滑动和沉降，应先除掉表土后再进行台阶式挖土

· 为了使填土部分更加稳定，应避免“超高堆土”，并且一层层薄薄地水平摊铺，再均匀地加以夯实

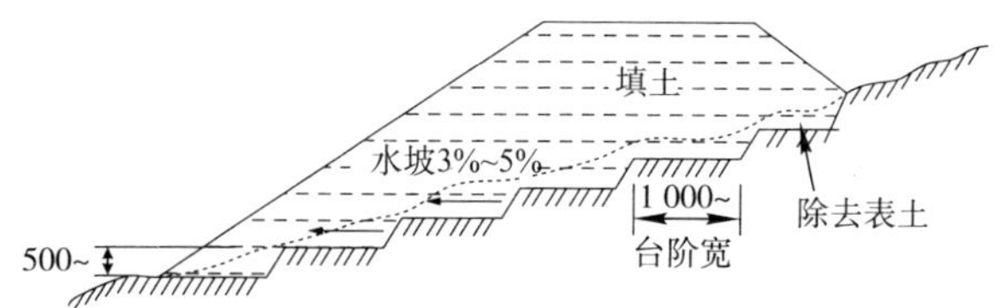

(4) 松软地基的处理工程

对于地基松软的基础面，必须采取夯实、化学固结和置换工法等措施。

如水田之类的较薄的软弱层，可利用堆沙工、无支撑挖掘排水工和暗渠排水工等方法进行处理；而对一些地方的涌水或低处的积水，亦可利用暗渠排水。

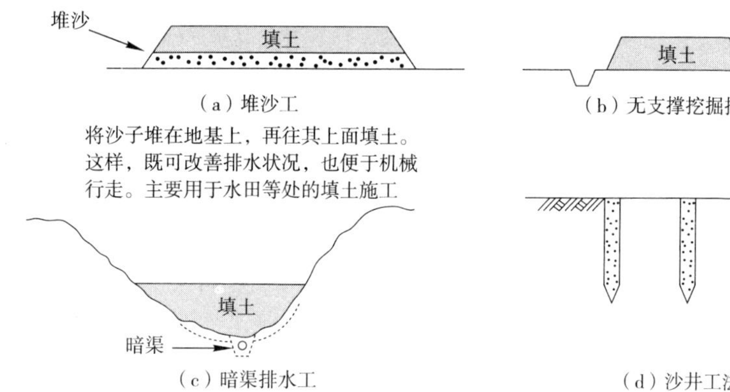

（a）堆沙工

将沙子堆在地基上，再往其上面填土。这样，既可改善排水状况，也便于机械行走。主要用于水田等处的填土施工

（b）无支撑挖掘排水工

（c）暗渠排水工

（d）沙井工法

在地基中设排水沙柱，以提高地基的支持力

(5) 填土施工法

① 均匀摊铺

应先将填土材料的含水率处理得接近最佳值，然后再进行施工。

施工部位	夯实厚度（1层）	均匀摊铺厚度
路体、堤体	30cm以下	35~45cm以下
路面	20cm以下	25~35cm以下

② 夯 实

· 应将用地全部均匀夯实

· 大范围的用地夯实，应尽量使用机械进行，以保证夯实的充分

· 确保摊铺的厚度均匀一致，并自外向内进行夯实

· 为保证施工中排水良好，应使地块具有一定的坡度

③ 超 填

由于填土量会像下面那样产生固结变化，因此考虑留出1~2成的超填土。

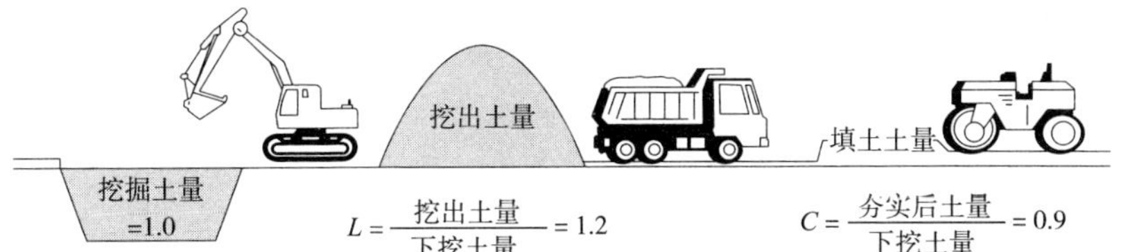

$$L=\frac{\text{挖出土量}}{\text{下挖土量}}=1.2$$

$$C=\frac{\text{分实后土量}}{\text{下挖土量}}=0.9$$

◆土量的变化

土质	*L*	*C*
岩石	1.3~2.0	1.0~1.5
岩块、卵石	1.1~1.15	0.95~1.05
砾石、砾石质土	1.1~1.45	0.9~1.3
沙	1.1~1.2	0.85~1.0
沙质土	1.2~1.4	0.85~0.95
黏质土	1.25~1.45	0.85~1.00
黏土	1.2~1.45	0.85~0.95

2 挖土

土质	坡面高度	
	H = 5.0m 以下	*H* = 5.0m 以上
软岩	1：0.2	1：0.6
明显的风化岩	1：0.8	1：1.2
砾石、沙土、关东壤土、硬质黏土等	1：1	1：1.4
硬岩	超出规定以外	

※：用地表面是沙土地时，工作面可用机械挖掘20~30cm，然后用人工完成。

3 坡面处理

(1) 坡面排水

- 如果施工地块较长且面积较大，应设置小台阶，以减慢降雨后的雨水流速（填土每隔5~7m设置1处，挖土每隔5~10m设置1处）
- 小台阶上应铺草皮，以避免其表面水渗透，并使用水泥稳定土或混凝土加固
- 其次，必要时应该设置水平排水管（填土的场合）和垂直排水管

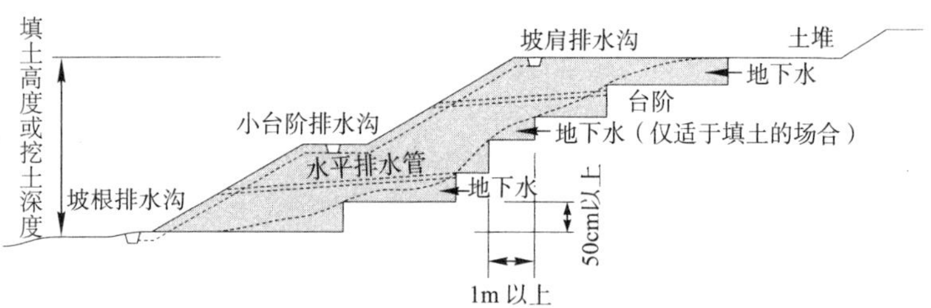

◆坡面排水例

（2）坡度与栽植

坡度与栽植	坡面栽植的种类
坡度1：1.5　地被类…草皮（插竹签密铺） 早熟禾类、高狐草类、黑麦草类、三叶草类、百慕达草、高羊茅、地毯草等	坡度1:1.5 33.4°
坡度1：1.8　低木+地被类+草皮（插竹签密铺） 地被类：艾蒿、虎杖、铁扫帚、芒草、葱兰、马蓼、紫露草、白三叶草等	坡度1:1.8 29.3°
坡度1：3　中木+低木+地被类 中、低木类：金雀花、胡枝子类、栀子、溲疏、宽叶香蒲、绣线草、矮柳等	坡度1:3 18.3°
坡度1：4　高木+中木+低木+地被类 高木：红松、黑松、山赤杨、夜叉五倍子、大叶柳、白桦、七度灶等	坡度1:4 14°

◆美化河堤空地用的坡面草地

◆干线公路边堆土坡面的吹播草皮

4 土方量计算

土方量基本上可分为填土量和挖土量两种。因为挖土也可以被用做填土，所以应该对其数量进行计算。

① 平均断面法

平均断面法是一种适合用于道路和水路那样细长对象地的计算方法，通常在施工设计阶段应用。

这一方法的应用过程是，首先每隔10m或20m挖出一个断面，并计算出其挖土面积和填土面积，然后与下一个断面积平均，将这一平均值乘以测点距离（10m或20m），即得出土量。

练习

试试看！　土方量计算：平均断面法

测量C、D两点的高度（标高）。

a）如系图中园路的场合，以10~20m的间隔挖出一个横断面。

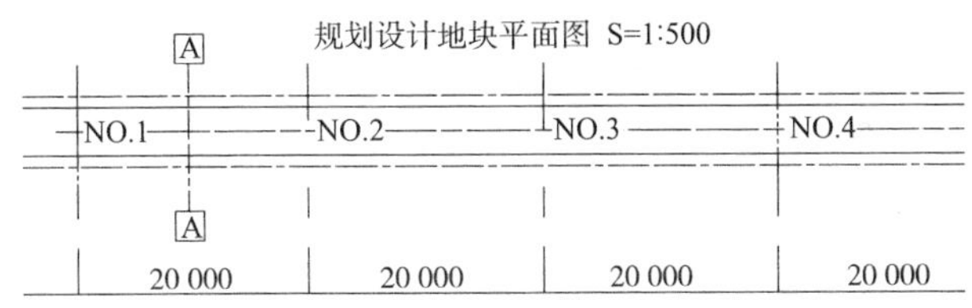

b）由各个横断面计算出挖土面积及填土面积。CA:挖土面积；BA:填土面积。

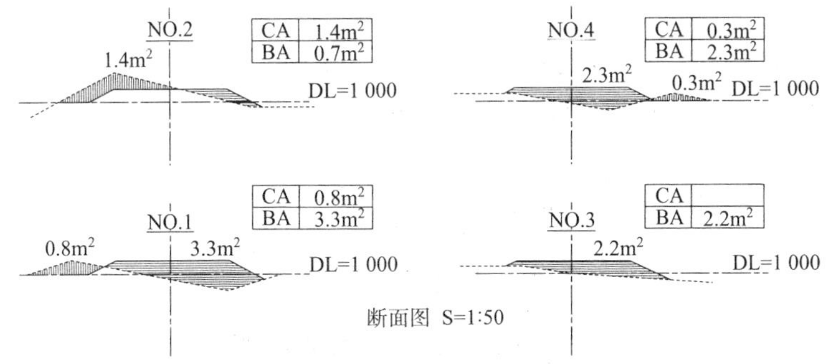

断面图 S=1:50

c）计算出相邻断面的平均面积，再将其乘以测点距离，便得出区间土方量。

例：将NO.1和NO.2的平均挖土面积 =（0.8+1.4）÷2 = 1.1m²（平面图A-A部分的断面积）乘以前后测点的距离（20m），求出NO.1与NO.2之间的土方量为$1.1m^2 \times 20m = 22.0m^3$。

最后，比较挖土的总量和填土的总量，假如填土量大的话，便不得不再从现场外运入；反之，如果挖土量大则会有剩余的残土（当需要运入改良土时，也照样无法使用挖出的土）。

6章 施工

如下一页的土方量计算书的表格所示，因114.0–39.0 = 75.0m³，故须从现场外运入75.0m³的土。

◆土方量计算书

测点	距离〔m〕	挖土			填土		
		断面积	平均断面积	m³	断面积	平均断面积	m³
NO.1		0.8			3.3		
NO.2	20.00	1.4	1.1	22.0	0.7	2.00	40.0
NO.3	20.00	–	0.7	14.0	2.2	1.45	29.0
NO.4	20.00	0.3	0.15	3.0	2.3	2.25	45.0
合计				39.0			114.0

② **点高法**（4点平均法）

这是一种用于公园和广场等**大面积用地**的计算方法，适合施工设计者应用。

先将地块分成网格，网格边长为5~20m，再将网格交叉点的平均挖土深度或填土高度乘以网格面积，便得出土方量。

练习

试试看！ 土方量计算：点高法（4点平均法）

a）将规划设计地块划分成网格，每一网格的边长为5~20m。

b）记下网格每个交叉点的现有高度及设计高度，二者的差应作为挖土或填土的量填入。

c）因每1个网格有4个交叉点，故应将其挖土深度或填土高度的平均值乘以网格的面积，便可得出每个网格的挖土量或填土量。

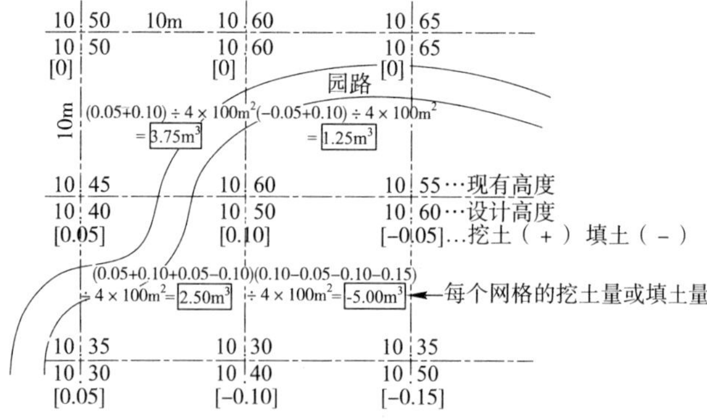

d）根据土方量计算的结果，可以绘制出下图那样的土方量分布表，用于制定运土计划和计算运输距离。

	3.75 0	1.25 0	
	2.50 0	0 –5.00	合计
挖土＋	6.25	1.25	7.50
填土－	0	5.00	5.00

◆土方量分布表

③ **点高法（1点平均法）**

系一种用于公园和广场等**大面积用地**的计算方法，适合在制定基本规划和初步设计中应用。

试试看！　土方量计算：点高法（1点平均法）

系参照4点平均法而创立的一种计算方法，不同之处在于，要计算的是A点周围（斜线部分）的土方量。

$(3.75+1.25-5.00+2.50) \div 4 = 0.625\text{m}^3$

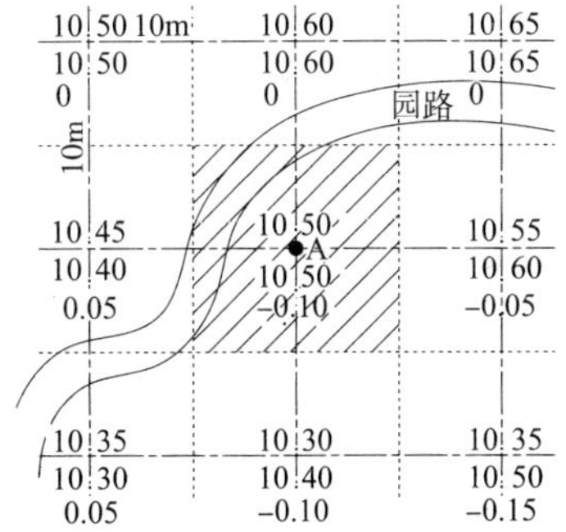

6-3 铺 装

大致说来，铺装因用于园路、机动车道和自行车道等不同目的，故其种类也很多。设计之前，首先应**明确以下各项铺装的设计条件**：

交通荷载的设定　　人和自行车、管理车（2t）和普通车（4t以下）

冬季冻结情况　　冻结深度、每天的冻结深度变化

路基状况　　设计CBR、土质

1 铺装的目的及其种类

施工费用是因现场条件和材料等级的不同而变化的。下面所记载的施工费用，系指在一般正常情况下的报价。

应用场所	铺装种类	特点 ○：优点　×：缺点	施工费用	铺装结构
运动设施	黏土	○步行感好 ○施工性好 ○跌倒也不易发生危险 ×下雨时泥泞	3 000日元/m²	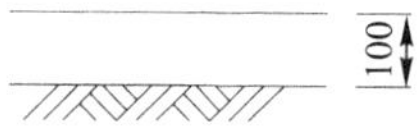 100
	土质铺装	○自然融合 ○步行感好 ×时间一长会磨薄 ×磨薄后易起灰尘	5 500日元/m²	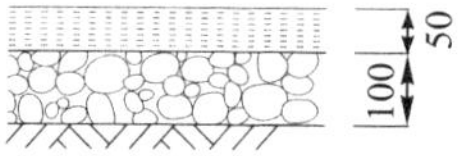 50 100
	全天候	○步行感好 ○跌倒也不易发生危险 ×施工时间长 ×会因温度出现弹性变化	9 500日元/m²	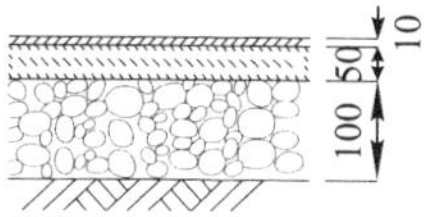 10 50 100
	粉末	○步行感好 ○跌倒也不易发生危险 ×下雨时泥泞 ×陡坡处易流失	1 000日元/m²	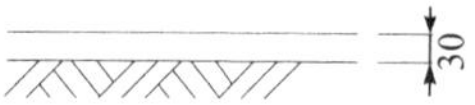 30
	草皮	○具有柔和感 ○可融入周围的自然环境 ×维护费时费力 ×不耐踏踩	密铺草皮 1 000日元/m²	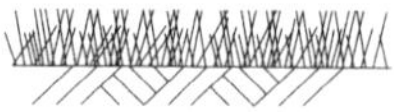
园路·公园	铺石材（人造石、天然石、锁结式石块）	○图案变化较多 ○易于融入周围环境 ○步行感好 ○补修简便 ○不易滑倒 ×需要熟练的施工技术	锁结式石块 13 000日元/m² 天然石 28 000日元/m²	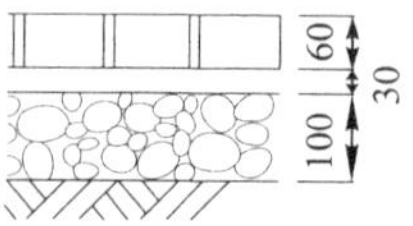 60 30 100

	铺砾石 铺沙	○易施工 ○跌倒也不易发生危险 ○可适应各种形状 ×易散失	1 500日元/m²	50
和式庭园	踏脚石 甬路	○自然融合 ○形态多样 ×需要熟练的施工技术 ×硬 ×用大型平板雨天易滑倒	28 000日元/m²	120 50 100
道路	沥青铺装	○易施工 ○易补修 ○无接缝 ○养生期短 ×易因反射发热 ×难以融入自然环境	表层(3cm)+ 底层(5cm)+ 路基(均15cm) 4 500日元/m²	表层 底层 上层路基 下层路基 路床
	混凝土铺装	○易施工 ○具有耐久性 ×易随温度变化 ×易反射发热 ×硬	表层(15cm)+ 路基(均15cm) 7 000日元/m²	表层 上层路基 下层路基

※金额中含路基所需费用；因采用的材料等级、路床状况、地域条件和施工规模等的不同，表中的金额也将随之变化。

花岗岩铺装

铺瓷砖＋锁结式石块铺装

水刷石混凝土平板铺装

2 沥青铺装

(1) 铺装结构

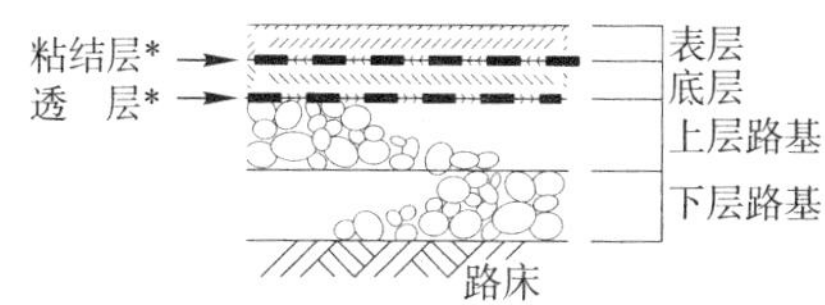

① 表　层

表层既是舒适的走行面，又具有**分散交通荷载，使之传导到下层**的功能。系密粒度和细粒度沥青的混合物。

② 底　层

底层用以**修正路基的凹凸不平，并具有将表层荷载均匀地传递给路基**的作用。系粗粒度沥青混合物。最大粒径20mm。

③ 路　基

具有分散上层荷载，并将其传递给路床的作用，通常分为上下2层；但上层因所受的荷载较大，故其**使用的材料亦应比下层路基的材料的支承力更高**。

通常，路基的施工大多采用**粒度调整工法**※。材料主要有碎石、矿渣和沙等。

④ **路床**

铺装的最下面约有1m左右厚的土层，具有分散部分交通荷载，并将其传递给路体的作用。**一般情况下，设计CBR的值要求达到3以上**。假如在3以下的话，则需要做**路床改良**※**处理**。

※**粘结层、透层**：夯实后，为使各层能够相互更好地融合而使用的乳化剂

※**粒度调整工法**：将2种以上的材料混合在一起均匀铺设，以获得最佳粒度结构，然后再进行夯实。

※**设计CBR**：系将直径50㎜的灌入活塞插入一定深度时的荷载与标准荷载的百分比，用以表示路床的支承力。

※**路床改良**：一般在沙质土壤的场合，有必要向土壤中混入水泥和黏性土，作为一种稳定处理工法是有效的。其他，还有与优质土进行置换的置换工法。

(2) 施工注意事项

铺设施工时应注意以下几点。

- **每层的铺设厚度不应超过7cm**
- 降雨时停止铺敷作业
- 如气温低于5℃，亦应中止铺设
- 要将混合物的温度降至110℃以下

试试看！　铺装厚度计算

如1天通行80台大型车辆，请设计所需道路厚度。

铺装厚度取决于交通量区分和设计CBR等2个条件。

① 交通量区分

以设计道路1天的大型车辆通行量区分的规划地点，因1天有80台车，故应归为L交通（公园等处的设计基本都划为L交通）。

交通量的区分	大型车通行量
L交通	不到100
A交通	100以上，250以下
B交通	250以上，1 000以下
C交通	1 000以上，3 000以下
D交通	3 000以上

② 调查路床的CBR

依据土质调查的结果，可以知道对象区域的CBR值为3。

③ 根据必要等值换算厚度表求得铺装的必要厚度

已知规划地点系L交通类，因CBR=3，故必要等值换算厚度应为15cm。

◆等值换算表（TA）

CBR	（2）	3	4	6	8	12	20
L交通	（17）	15	14	12	11	11	11
A交通	（21）	19	18	16	14	13	13
B交通	（29）	26	24	21	19	17	17
C交通	（39）	35	32	28	26	23	20
D交通	（51）	45	41	37	34	30	26

※：所谓必要等值换算厚度，系指将拟铺装断面全部采用沥青混凝土铺装时的必要厚度〔cm〕

※：上表的准确度为90%，此外也有准确度为50%或75%的

④ 检测表层+底层的最小厚度。规划地点的这一厚度须在5cm以上。

交通量区分	表层+底层的厚度〔cm〕
L、A交通	5
B交通	10（5）
C交通	15（10）
D交通	20（15）

（ ）内系指将沥青稳定处理工法用于上层路基的场合

⑤ 检测路床厚度

在利用③项中的参数进行沥青整体铺装时，我们知道，需要铺敷的厚度为15cm，据此便可计算出路床的厚度。

◆等值换算系数表

施工层	材料・工法	品质标准	等值换算系数
表层及底层	加热沥青混合物	使用直馏沥青	1.00
上层路基	沥青稳定处理	加热混合：稳定度3.43kN以上 常温混合：稳定度2.45kN以上	0.80 0.55
	水泥和沥青稳定处理	无侧限抗压强度1.5~2.9MPa 一次变位量5~30（1/100cm） 残余强度率65%以上	0.65
	水泥稳定处理	无侧限抗压强度[7天]2.9MPa	0.55
	石灰稳定处理	无侧限抗压强度[10天]0.98MPa	0.45
	粒度调整用碎石、 粒度调整用铁矿渣	修正CBR 80以上	0.35
	水硬性粒度调整用 铁矿渣	修正CBR 80以上 无侧限抗压强度[14天]1.2MPa	0.55
下层路基	再生混凝土、 铁矿渣、沙等	修正CBR 30以上 修正CBR 20以上，30以下	0.25 0.20
	水泥稳定处理	无侧限抗压强度[7天]0.98MPa	0.25
	石灰稳定处理	无侧限抗压强度[10天]0.7MPa	0.25

在第④小项中已标示出表层+底层的最小厚度为5cm，因此设计的值也定为5cm。上层路基使用粒度调整碎石（M-40），厚度10cm；下层路基则使用再生混凝土（C-40），厚度15cm。这样一来，

5.0×1.00+10.0×0.35+15.0×0.25 = 12.25 ≦ 15.0……NO

由于上面的厚度不能满足要求，因此，重新确定表层+底层厚度为6cm，上层路基厚度和下层路基厚度均为15cm。这时，

6.0×1.00+15.0×0.35+15.0×0.25 = 15.0 ≦ 15.0……OK

⑥ 最后检测各层的最小厚度是否达到要求的指标

工法・材料	1层最小厚度
沥青稳定处理	最大粒径的2倍或5cm
其他路基材料	最大粒径的3倍或10cm

由于设计的粒度调整碎石（M-40）厚度15cm，再生混凝土（C-40）厚度15cm，因此均已超过1层最小厚度10cm的要求。那么，假如以最大粒径进行检测的话，结果又会怎样呢？

40mm（M-40）×3 = 120mm = 12cm ≦ 15cm……OK

※以上的计算均系依据《沥青铺装纲要》（日本道路协会）中给出的方法进行的；可是，如果做更加细致的划分，对于类似乡村道路那样几乎不通行大型车辆的地方，其铺装可参照下面的规定数值。

假如CBR = 3的话，表层厚度3cm，上层路基厚度6cm，下层路基厚度10cm。

3 其他铺装

(1) 渗透性沥青铺装

此类铺装的目的在于排出路面的雨水，将雨水暂时贮存在**铺装体中或将其还原至地下**。

- 使用粒度较大的材料作为沥青混合物中的填料（C-20・30・40）
- 使用高黏度沥青
- 最好不使用那种渗透性很差的头道抹灰工法
- 可使用再生混凝土作为路基材料
- 因铺敷后材料的温度下降很快，故应注意施工过程中的温度控制

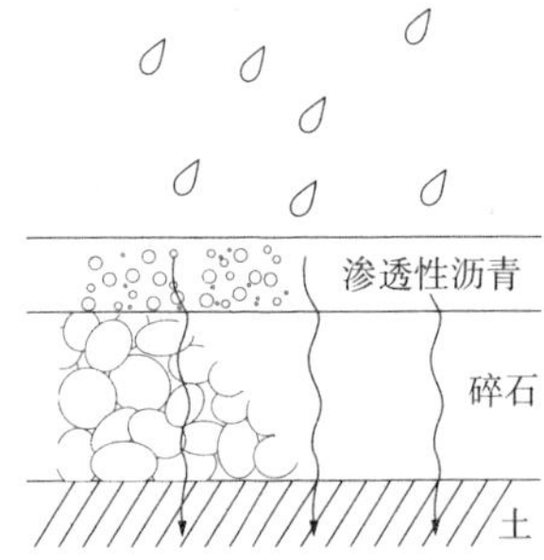

(2) 混凝土铺装

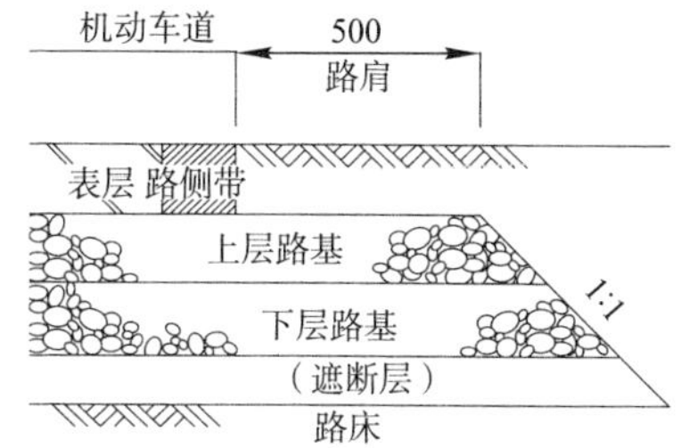

① 路基工

· 骨材最大粒径不超过50mm，设计CBR值满足要求

· 在平整凹凸之处时使用粒径1cm以下的细小碎石或沙

· 如设置的遮断层厚度超过15cm，应轻轻地夯打

② 铺　敷

必须覆以15%左右的超填部分。

③ 平　整

平整作业应按照削凸填凹、整体超平和荒面处理的顺序进行。

④ 运　输

坍落度在5cm以下的可使用自卸车；坍落度5cm以上的，则需要搅拌车。

(3) 简易铺装

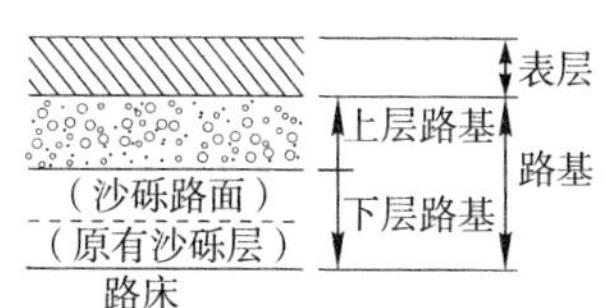

这样的铺装一般由表层和路基构成，**多用于公园内的管理用路等交通量较少的地方**。

① 表　层：一般的标准为3~4cm。

② 路　基：分为上层路基和下层路基。一般情况下，上层路基多使用粒度调整碎石。

设计CBR	1.6	2	3	4	6	8	12	20<
铺装厚度〔cm〕	50	40	33	27	22	18	14	10

※ 当设计CBR为3时，如果表层为3cm，则路基厚度需要30cm

③ 路　床：按照沥青铺装的要求施工。

6-4 混 凝 土

1 浇筑

(1) 施工前准备

① 模 板：清扫模板内面，并将其浇湿。

② 浇筑时间：从混合搅拌到浇筑完成约需**1小时**左右（在温暖干燥状态下），最长不得超过1.5小时。即使处于低温状态下，亦应让浇筑在2小时之内结束。

③ 浇筑高度：落下高度**不超过1.5m**，并使用纵向溜槽。

④ 浇筑厚度：每次允许浇筑的厚度应在**40cm以下**。如超过40cm，即应分做2层浇筑。而且，此时应尽量保持浇筑面呈水平状态。

⑤ 其他注意事项

· 浇筑过程中要注意不可碰撞模板和移动钢筋的配置

· 除去浇筑中漂起的Laitance（水泥泌浆）和Bleeding（泌水）

· 混合搅拌后的混凝土，如因时间过长已产生材料分离现象，则应重新混合搅拌

· 混凝土应就近浇筑到指定位置，如往模板中浇筑，则应注意不要使模板移动

· 浇筑应连续作业，直至完成1个区段

※ Laitance：尚未凝固的混凝土浮于表面或沉淀的物质

※ Bleeding：尚未凝固的混凝土中的混合水浮于表面的现象

(2) 捣 固

① 内部振捣器

· 捣固作业可使用内部振捣器（Vibrator）。

· 振捣器应垂直于浇筑面插入，插入间隔不大于50cm

· 不得使用振捣器在混凝土中横向移动

· 在浇筑2层以上的混凝土时，应将振捣器前端插入下层混凝土中**10cm左右**

· 振捣器应慢慢拔出，以避免留下孔洞

② 模板振动器

类似于墙壁那样较薄的部位，可使用让模板直接振动的模板振动器。

(3) 浇筑接缝

① 浇筑缝

浇筑缝一般要选择在剪切力较小的位置布设，而且浇筑面应与受压缩力方向成直角。

- 如系在原来的旧混凝土面上进行浇筑，应事先除去已松动的骨材、品质很差的混凝土和水泥泌浆，然后用钢丝刷和尖锤将浇筑面打糙
- 在让浇筑面充分吸入水分后，再把与水泥浆或浇筑混凝土同样配比的灰浆覆于其上，然后方可浇筑新的混凝土

② 伸缩缝

在做伸缩缝时，应确保其两端完全分离才能加入填缝材料。

2 钢筋

钢筋作为一种建筑材料加入混凝土中，可以弥补混凝土存在的种种缺点。

混凝土抗压强度高，但抗拉强度较差；而钢筋正好相反，抗压强度差，抗拉强度高。另外，虽然钢筋接触空气便会氧化，但由于被混凝土包裹其中，则可有效地防止氧化现象的发生。而且，还有一个明显的优点是，混凝土和钢筋二者的膨胀率几乎完全相同，即使在一起使用，也不会产生龟裂和翘曲现象。

(1) 钢筋的种类及其固定

因为钢筋只有与混凝土形成一体才能发挥作用，所以混凝土必须附着并牢牢地固定在钢筋上。

至于使用的钢筋品种，与普通的圆钢相比，那种表面凹凸不平的异形钢筋则附着力更好一些。

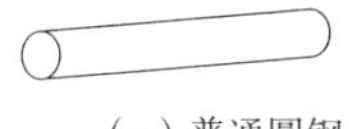

（a）普通圆钢

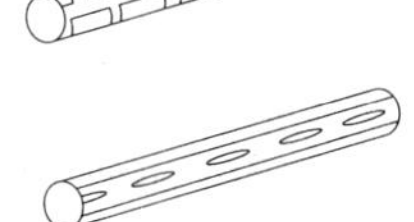

（b）异形钢筋

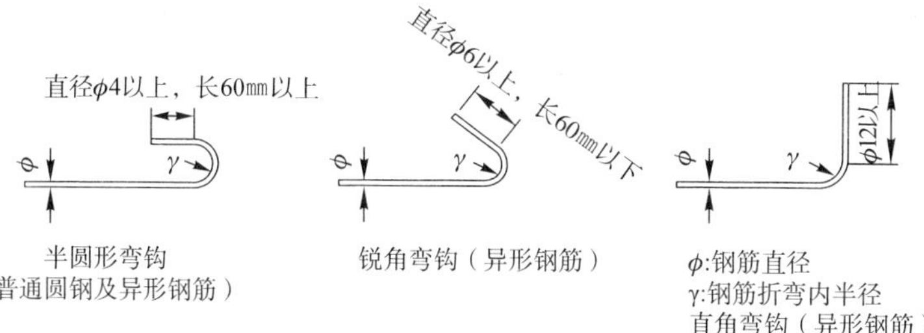

半圆形弯钩（普通圆钢及异形钢筋）

锐角弯钩（异形钢筋）

φ:钢筋直径
γ:钢筋折弯内半径
直角弯钩（异形钢筋）

(2) 保护层

保护层系指钢筋表面与混凝土表面之间的距离。**如果没有足够的保护层，钢筋很容易腐蚀，而且对结构物的抗荷载能力、寿命和耐火性都有很大影响。**

保护层的厚度因建筑与土木的区别而有所不同。以土木为例，如系重要的结构物，保护层厚度为10cm左右；一般结构物的保护层厚度约为7cm的样子。而建筑物因其种类繁多，通常都执行以下的标准。

为了确保一定厚度的保护层，在浇筑作业时，应在钢筋与模板之间插入定位器，以使钢筋与模板之间保持一定的间隔。

◆钢筋的保护层厚度

<table>
<tr><th colspan="4">结构的各部名称</th><th>保护层最小厚度〔cm〕</th></tr>
<tr><td rowspan="7">不与土接触部分</td><td rowspan="2">平板、非剪力墙</td><td colspan="2">处理过的</td><td>20</td></tr>
<tr><td colspan="2">未处理的</td><td>30</td></tr>
<tr><td rowspan="4">柱、梁、剪力墙</td><td rowspan="2">室内</td><td>处理过的</td><td>30</td></tr>
<tr><td>未处理的</td><td>30</td></tr>
<tr><td rowspan="2">室外</td><td>处理过的</td><td>30</td></tr>
<tr><td>未处理的</td><td>40</td></tr>
<tr><td colspan="3">挡土墙、抗压平板</td><td>40</td></tr>
<tr><td rowspan="2">与土接触部分</td><td colspan="3">柱、梁、剪力墙</td><td>40</td></tr>
<tr><td colspan="3">基础、挡土墙、抗压平板</td><td>60</td></tr>
<tr><td colspan="4">烟囱等受高温部分</td><td>60</td></tr>
</table>

(3) 各部名称

钢筋因被用于不同的部分而其名称也多种多样。即使是结构物，也都存在一定的差异，我们应该记住的，是其中主要部位的名称。

◆以结构功能区分的钢筋名称

名称	结构上的功能
主筋	系梁、柱和楼板之类结构上受力最大部位的钢筋 可承受抗弯应力和轴向力
补助钢筋	系梁的夹头和柱的环箍等承受剪切力的钢筋 用以防止混凝土的龟裂
分布钢筋	确保主筋准确定位用的钢筋。可将应力均等地传递给主筋
附加钢筋	为保证主筋处于准确位置而配置的钢筋 也具有使主筋不鼓胀的作用

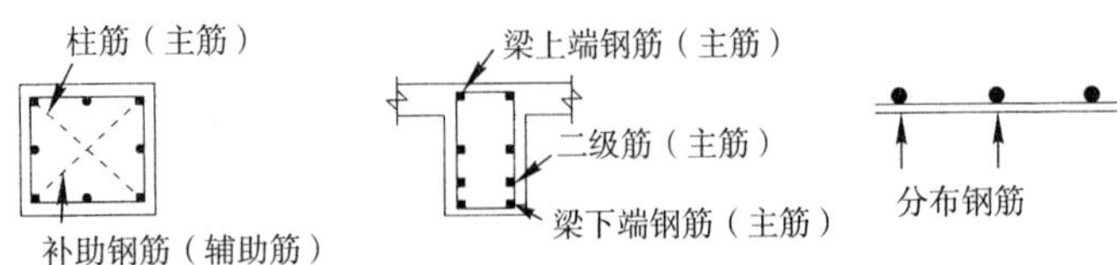

(4) 加工组装

加工组装之前，应先除掉钢筋表面的浮锈、泥土和油渍等。

① 连接和固定

· 连接位置应尽量**避开拉伸应力较大的部位，而且不要集中于同一断面处**

· 组装用的钢材，原则上不得焊接。如确系万不得已的情况下，在对焊接过的钢筋进行弯曲加工时，应将弯曲部分避开焊接处

· 应以组装用钢材牢牢捆扎，以确保钢筋固定在正确位置

· 连接如左图那样重叠；固定则像右图那样插入主体。L和l的长度取决于钢筋的种类和使用的部位

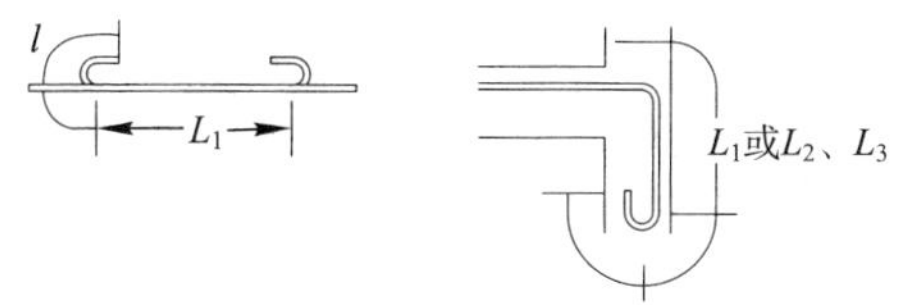

◆钢筋的重叠连接及固定长度

<table>
<tr><th rowspan="3">钢筋的种类</th><th rowspan="3">混凝土
设计标准强度
〔N/mm²〕</th><th colspan="4">无弯钩</th><th colspan="4">有弯钩</th></tr>
<tr><th rowspan="2">L1</th><th rowspan="2">L2</th><th colspan="2">L3</th><th rowspan="2">L1</th><th rowspan="2">L2</th><th colspan="2">L3</th></tr>
<tr><th>小梁</th><th>平板</th><th>小梁</th><th>平板</th></tr>
<tr><td rowspan="2">SD295A
SD295B
SD345
SDR295
SDR345</td><td>21
24</td><td>40d</td><td>35d</td><td rowspan="4">25d</td><td rowspan="4">10d
并且
150mm
以上</td><td>30d</td><td>25d</td><td rowspan="4">15d</td><td rowspan="4">–</td></tr>
<tr><td>27
30
33
36</td><td>35d</td><td>30d</td><td>25d</td><td>20d</td></tr>
<tr><td rowspan="2">DR390</td><td>21
24</td><td>45d</td><td>40d</td><td>35d</td><td>30d</td></tr>
<tr><td>27
30
33
36</td><td>40d</td><td>45d</td><td>30d</td><td>25d</td></tr>
</table>

a）L_1：接头；b)、c)以外的固定长度　　b）L_2：异形钢筋，无龟裂破坏危险处

c）L_3：小梁和平板下端固定长度　　d）有弯钩的场合，不包括l

3 模板

模板分为木制、钢铁制和铝制等多种，其可使用的次数，取决于采用的材质。其中，木制的模板使用次数是最少的。

(1) 模板组装

· 应该考虑到在浇筑混凝土后，模板会因混凝土的重量而下沉

· 木制的模板在浇筑前应洒水润湿

· 钢铁制的模板内面应涂布脱模剂，这不仅可防止混凝土附着在模板上，也能够使脱模变得更容易一些

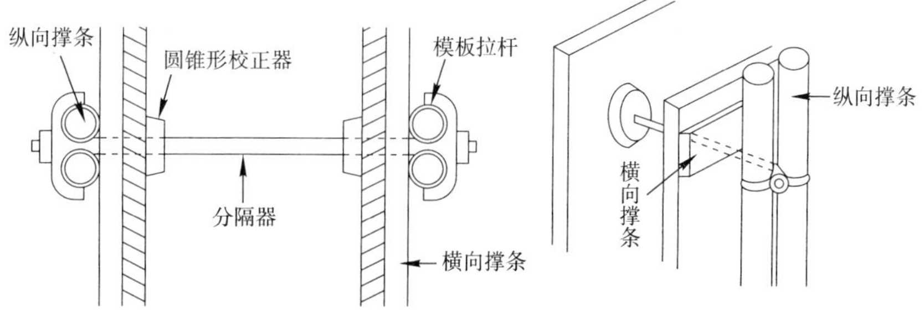

(2) 拆卸

· 模板应在达到所需强度后拆卸
· 拆卸后要做养护
· 拆卸的顺序，要从厚的地方到薄的地方，从侧面到底部

4 养生

· 浇筑后，在混凝土没有完全达到强度之前，应保护模板不受荷载和冲击
· 在混凝土硬化过程中，为不使其露出面干燥，可进行洒水，或以布、席子和沙土等覆盖
· 硬化过程中尚应加以保护，以使其避免受到剧烈的温度变化和干燥天气等的不良影响
· 养生时间，如系硅酸盐水泥需5天左右；而快硬硅酸盐水泥为3天

日平均气温	普通硅酸盐水泥	混合水泥	快硬硅酸盐水泥
15℃以上	5日	7日	3日
10℃以上	7日	9日	4日
5℃以上	9日	12日	5日

6-5 挡 土 墙

1 混凝土挡土墙

(1) 混凝土挡土墙的种类

重力式挡土墙	半重力式挡土墙
重力式挡土墙 · 系一种依靠自重抵抗土压的结构 · 以无骨混凝土建造，设计和施工相对简单 · 一般建得不太高，多用于基础地盘的支持层较好的地段 · 高度在5m以下 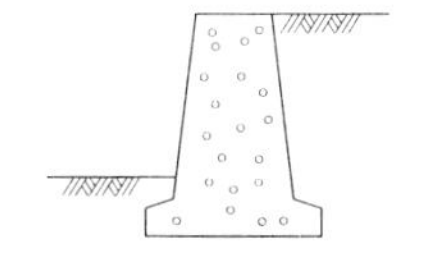	**半重力式挡土墙** · 系一种依靠自重抵抗土压的结构 · 与重力式挡土墙比较，必须减少混凝土成分，而以钢筋加强之 · 高度3m以下 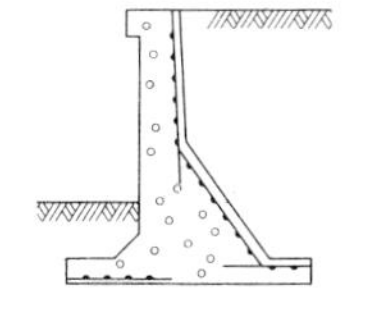
依托式挡土墙 · 系一种依靠挡土墙自身无法挺立的结构 · 主要用于防止山地间挖土坡面的坍落和地表的塌陷等 · 高度在2~8m之间 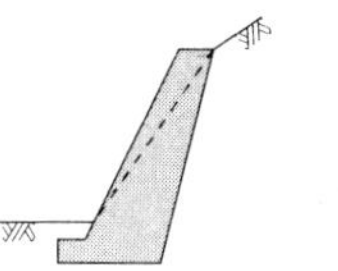	**倒T字挡土墙** · 系一种由底托和竖壁组成的结构 · 设计意图在于利用埋在底托上的土的重量使挡土墙保持稳定 · 高度在3~9m之间 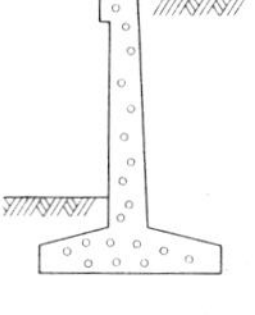
L形挡土墙 · 系一种由底托和竖壁组成的结构 · 依靠较小的自重和埋在底托上的土的重量使挡土墙保持稳定 · 高度6m以下 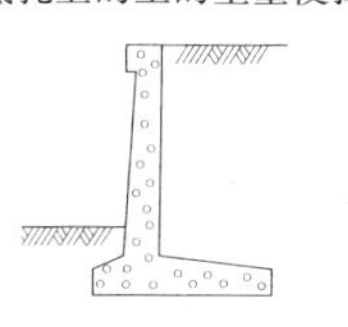	**扶壁式挡土墙** · 系一种通过扶壁来增强竖壁和底托刚性的结构 · 以钢筋混凝土建造，主要用于垂直壁强度不足的场合 · 高度可达5m以上 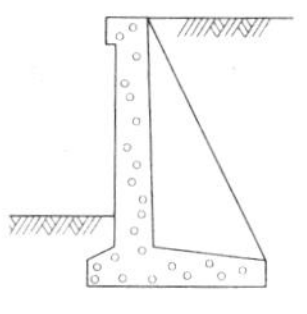

(2) 挡土墙的稳定条件

为了能够设计出稳定的挡土墙，必须满足以下3个条件。

① 对于翻倒的稳定

加在挡土墙上的荷载合力（自重、载重和土压）作用点应位于挡土墙底托中央的1/3以下处。

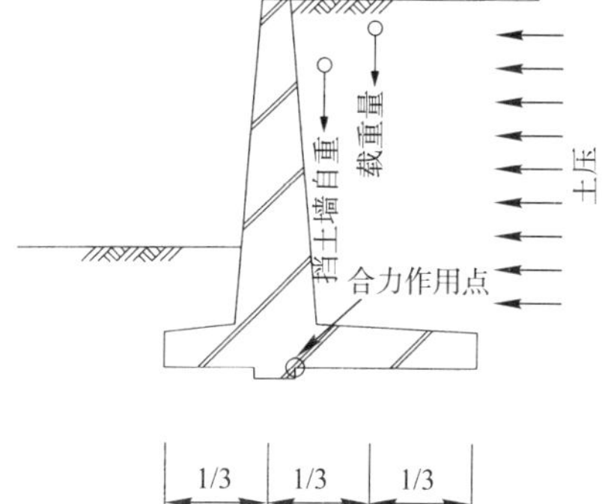

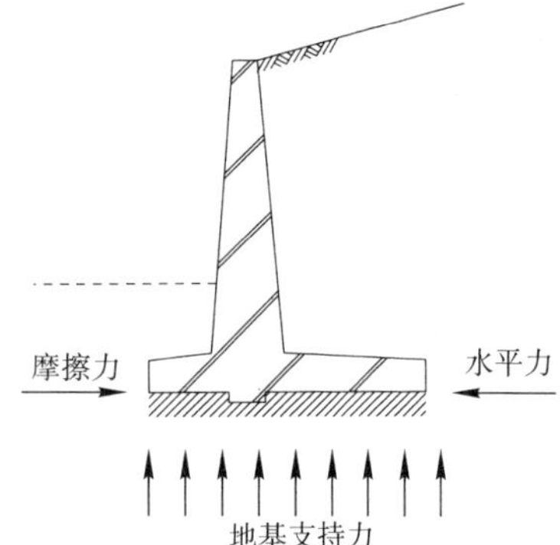

② 对于滑动的稳定

因挡土墙底面与地基之间的摩擦而产生的抵抗约为作用于挡土墙的水平力的1.5倍以上。如果这种抵抗力不足的话，便应该将底托加大，或者在底托上设一些凸起，以增加其摩擦力。

③ 对于沉降的稳定

地基的允许支持力应超过挡土墙底面产生的最大地基反力度。

(3) 施工注意事项

① 基础部分

如果在支持地基处有软弱地层时，应采用桩基础或将地基处的土进行置换。

② 挡土墙的排水

在有水压作用于挡土墙的情况下，为减轻水压，有必要采取排水措施。

· 利用不渗透层来阻挡雨水和地面水的渗透
· 采用挖掘暗渠、背填碎石和设置排水孔等手段加快排除地下水和挡土墙背面水。有必要在2~3m^{2}的范围内设置1个排水孔

③ 钢筋混凝土挡土墙

· **浇筑缝：**原则上不得将浇筑缝设在底脚部分和悬吊部位，类似这样的构件必须进行一体浇筑成形
· **垂直浇筑缝：**钢筋混凝土挡土墙，每10m以内设1处防止龟裂用的接缝
· **伸缩缝：**作为防止因温度变化而产生龟裂的伸缩缝，要在每15~20m之间便要设置1处。而且不仅应将伸缩缝处的钢筋切断，还须确保伸缩缝两端彻底分离，并在其中填入接缝材料

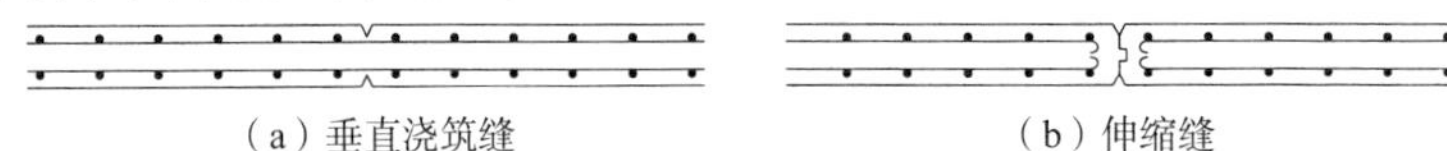
（a）垂直浇筑缝　（b）伸缩缝

2 砌石挡土墙

(1) 干砌 · 浆砌

① 干 砌

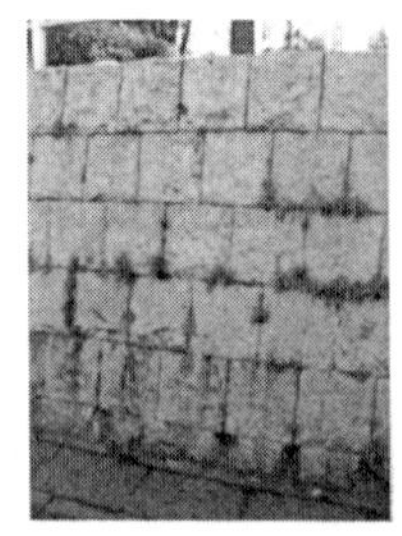

这是一种不用混凝土，而使用大卵石和砾石等背填的挡土墙施工方法。石砌结构会留有许多空隙，可供生物栖息，因此很适于修造多自然型的挡土墙。干砌挡土墙的高度一般在3m以下；尽管高度较低，但在一些急角度的转弯处，应须采用浆砌法进行施工。

② 浆砌

系一种采用面填或背填方式浇筑混凝土的方法。虽然没有石砌那样的空隙，但竣工后不久，在表面的凹凸处仍然会生出苔藓类的地被植物，里面同样能够有小动物栖息。这是一种修景效果很强的挡土墙。它可以建造得比干石砌挡土墙更高；只是在建得较高时，应该设一些小台阶，并且还需要设置放水孔和收缩缝。

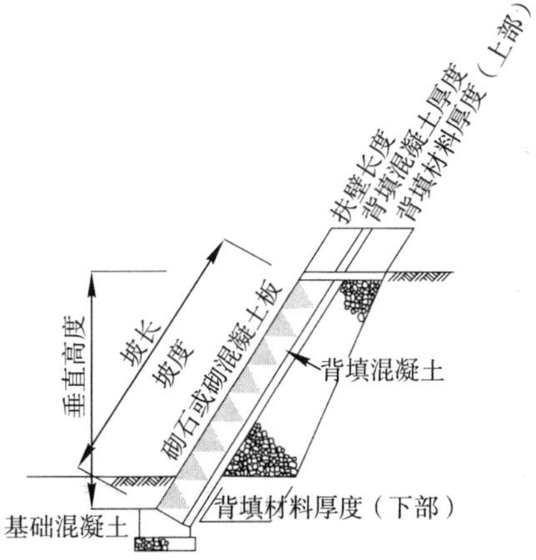

6章 施工

◆石砌挡土墙的高度与坡度的关系

垂直高度〔m〕		0~1.5	1.5~3.0	3.0~5.0
坡度	填土	1：0.3	1：0.4	1：0.5
	挖土	1：0.3	1：0.3	1：0.4
扶壁长度〔cm〕	干砌	35	35	–
	浆砌（只用于面填）	35	35	35
	浆砌（面填+背填）	35+5=40	35+10=45	35+15=50
背填材料厚度〔cm〕	上部	20~40	20~40	20~40
	下部	30~60	45~75	60~100

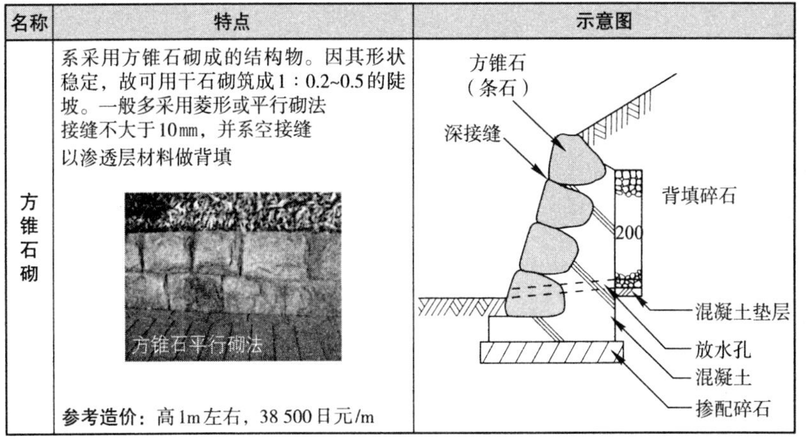

(2) 石砌的种类

名称	特点	示意图
方锥石砌	系采用方锥石砌成的结构物。因其形状稳定，故可用干石砌筑成1：0.2~0.5的陡坡。一般多采用菱形或平行砌法 接缝不大于10㎜，并系空接缝 以渗透层材料做背填 方锥石平行砌法 参考造价：高1m左右，38 500日元/m	方锥石（条石） 深接缝 背填碎石 200 混凝土垫层 放水孔 混凝土 掺配碎石

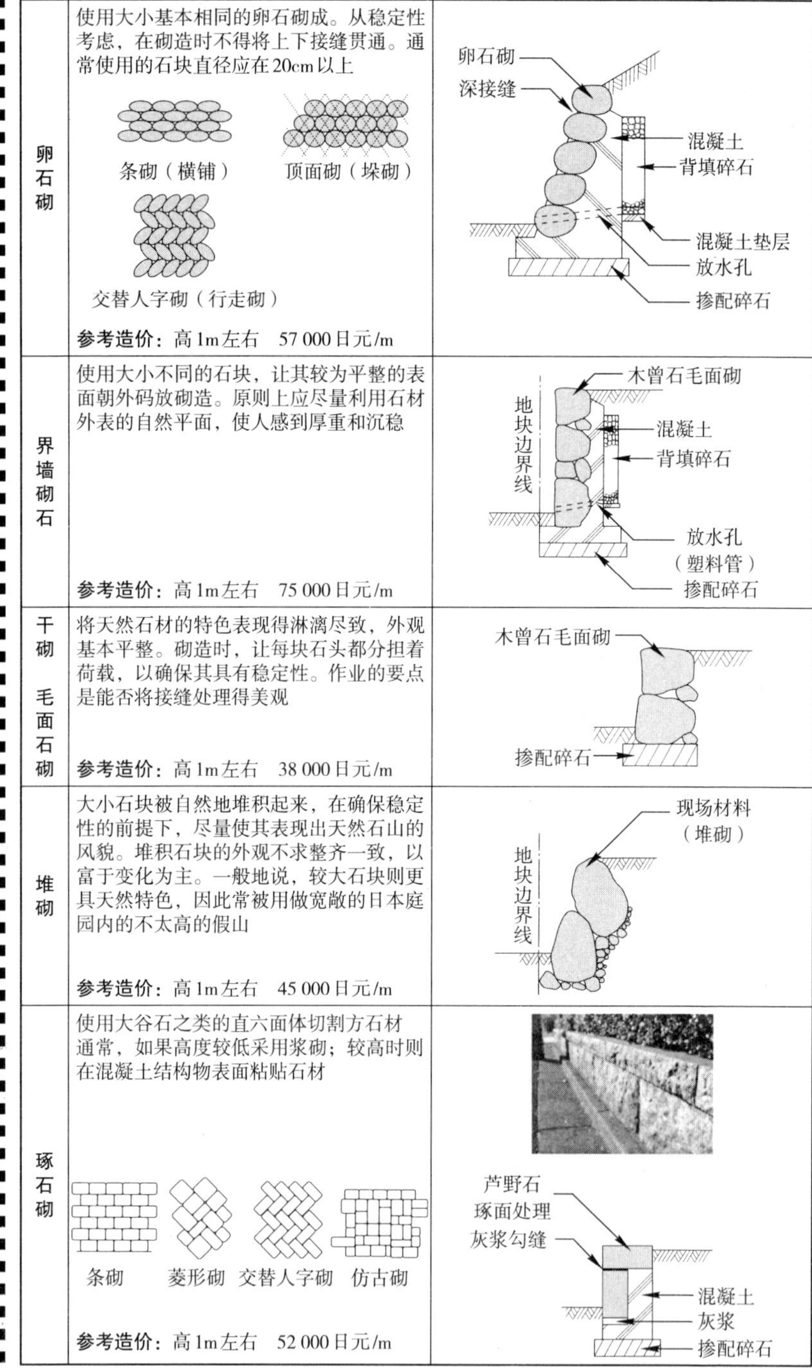

类型	说明	图示
卵石砌	使用大小基本相同的卵石砌成。从稳定性考虑，在砌造时不得将上下接缝贯通。通常使用的石块直径应在20cm以上 条砌（横铺） 顶面砌（垛砌） 交替人字砌（行走砌） **参考造价：**高1m左右 57 000日元/m	卵石砌 深接缝 混凝土 背填碎石 混凝土垫层 放水孔 掺配碎石
界墙砌石	使用大小不同的石块，让其较为平整的表面朝外码放砌造。原则上应尽量利用石材外表的自然平面，使人感到厚重和沉稳 **参考造价：**高1m左右 75 000日元/m	木曾石毛面砌 地块边界线 混凝土 背填碎石 放水孔（塑料管） 掺配碎石
干砌毛面石砌	将天然石材的特色表现得淋漓尽致，外观基本平整。砌造时，让每块石头都分担着荷载，以确保其具有稳定性。作业的要点是能否将接缝处理得美观 **参考造价：**高1m左右 38 000日元/m	木曾石毛面砌 掺配碎石
堆砌	大小石块被自然地堆积起来，在确保稳定性的前提下，尽量使其表现出天然石山的风貌。堆积石块的外观不求整齐一致，以富于变化为主。一般地说，较大石块则更具天然特色，因此常被用做宽敞的日本庭园内的不太高的假山 **参考造价：**高1m左右 45 000日元/m	现场材料（堆砌） 地块边界线
琢石砌	使用大谷石之类的直六面体切割方石材通常，如果高度较低采用浆砌；较高时则在混凝土结构物表面粘贴石材 条砌 菱形砌 交替人字砌 仿古砌 **参考造价：**高1m左右 52 000日元/m	芦野石 琢面处理 灰浆勾缝 混凝土 灰浆 掺配碎石

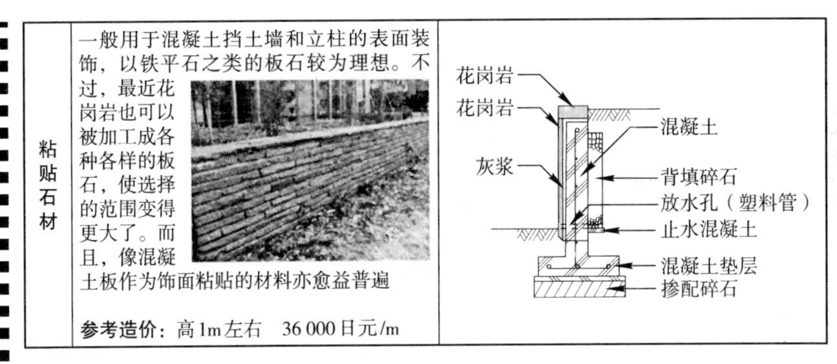
粘贴石材	一般用于混凝土挡土墙和立柱的表面装饰，以铁平石之类的板石较为理想。不过，最近花岗岩也可以被加工成各种各样的板石，使选择的范围变得更大了。而且，像混凝土板作为饰面粘贴的材料亦愈益普遍 **参考造价**：高1m左右　36 000日元/m	

(3) 不同材料的挡土墙及其高度值

	1.5m以下	~2.0m	~3.0m	~4.0m	5.0m以上
混凝土依托式					○
H字钢+混凝土板					○
浆砌石					○
方锥石砌					○
混凝土板砌					○
绿化板砌					○
RC扶壁型					○
RC倒T字形				○	
琢石砌			○		
干石砌			○		
板栅堆土		○			
RCL型堆土		○			
堆砌		○			
夯实土堆	○				
混凝土重力式	○				

(4) 展开图

因挡土墙系倾斜的结构，故无法从正面看清其实际的大小。有鉴于此，在实践中多是像打开盒子一样将挡土墙绘制成展开图。

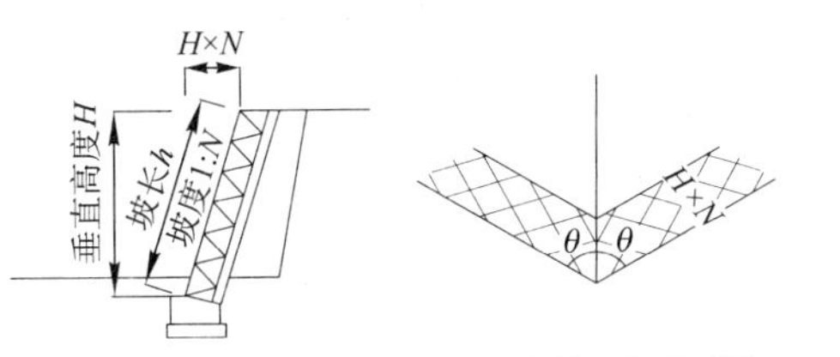

(a) 挡土墙断面图　　(b) 挡土墙平面图

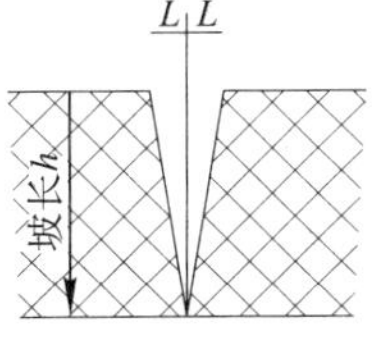

(c) 挡土墙展开图

试试看！ 绘制展开图

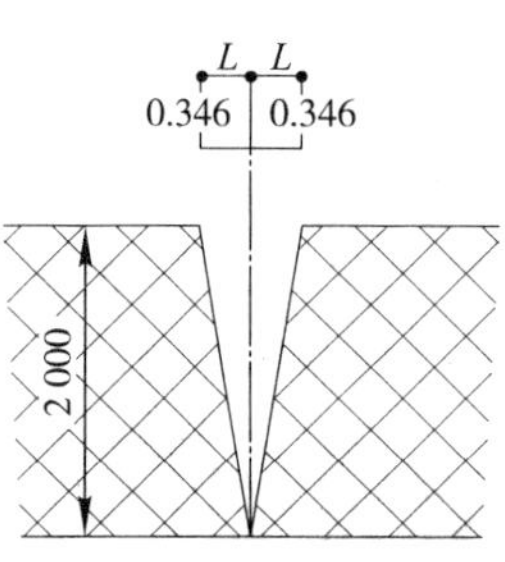

已知$H = 2.0$m，$H = 0.3$m，求$\theta = 60°$ 的挡土墙的L。

$N\cot\theta = 0.3 \times \cot 60° = 0.3 \times 0.577 = 0.173$

$L = H \times N\cot\theta = 2.0 \times 0.173 = 0.346$m

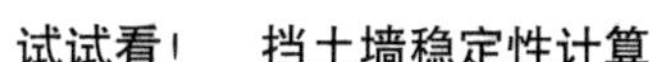

试试看！ 挡土墙稳定性计算

让我们讨论一下图中的挡土墙。

条件如下——

地基：沙质土

地基承载力 150kN/m^2

挡土墙高（H）= 2 000

挡土墙厚（A_0）= 200

挡土墙底托宽（B）= 2 000

挡土墙底托厚（E）= 200

挡土墙趾板宽（C）= 500

上部荷载（q）= 10kN/m^2

本体重量 = 25kN/m^3

土的单位体积重量（r）= 19kN/m^3

土的剪切抵抗角（ϕ）= 30°

底面摩擦系数 = 0.6

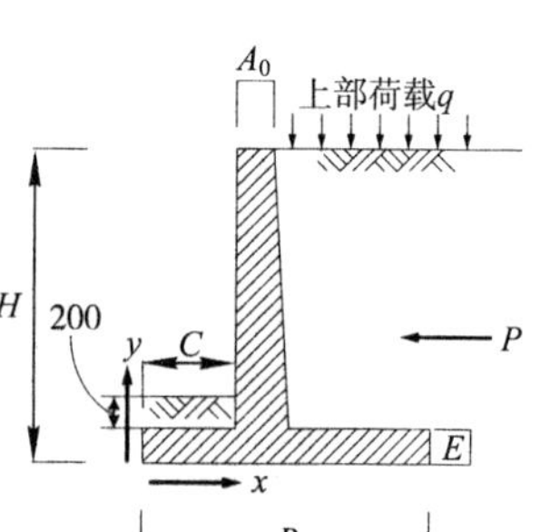

◆**土质条件表**

		地表荷载(q)〔kN/m^2〕	摩擦系数	单位体积重量（r）〔kN/m^3〕		剪切抵抗角（ϕ）
				天然土	填土	
岩盘	龟裂较少的均一硬质岩石	100	0.7	18	20	
	龟裂较多的硬质岩石	60	0.7	18	20	
	软岩·硬土	30	0.7	18	20	

砾石层	致密层	60	0.6	18	20	35°
	非致密层	30	0.6	18	20	35°
沙质地基	致密层	30	0.6	17	19	30°
	中等密度	**20**	**0.6**	**17**	**19**	**30°**
黏性土地基	非常坚硬	20	0.5	14	18	25°
	坚硬	10	0.5	14	18	25°

① 求土压

$$P = 1/2 \times K_a \times r \times H^2 + q \times K_a \times H$$

（据右图可求出 K_a。因条件中无坡面，即 $\beta = 0°$，挡土墙背面角度 $\alpha = 0°$，故 $K_a = 0.3$）

$$= 1/2 \times 0.3 \times 19 \times (2.00)^2 + 10 \times 0.3 \times 2.00$$

$$= 17.4 \rightarrow 18\text{kN}$$

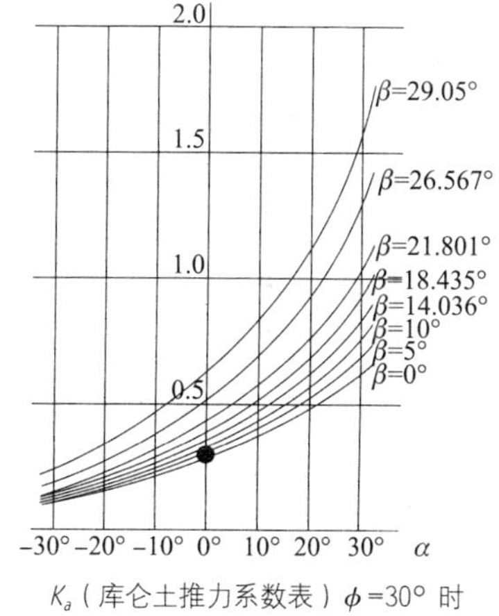

K_a（库仑土推力系数表）ϕ=30° 时
ϕ=30°

土压的作用位置

（$11.4 \times 2 \times 1/2 \times 2 \times 1/3 + 6 \times 2 \times 2 \times 1/2$）

因 背面土压 × 面积 × $\frac{H}{3}$　上部载荷 × $\frac{\text{面积}}{3}$

$\div 18 = 1.09$

故自底托向上1.09m处所受到的土压为18kN。

② 求重心处所承受的荷载

垂直方向荷载 w_n（每1m）	自原点起距离（x_n）
0.5×0.2×1×19=1.9	0.5/2=0.25
0.2×1.8×1×25=9.0	0.5+(0.2/2)=0.6
(2.0−0.5−0.2)×1×10=13.0	0.5+0.2+1.3/2=1.35
(2.0−0.5−0.2)×1.80×1×19=44.5	0.5+0.2+1.3/2=1.35
0.2×2.0×1×25=10	2.0/2=1.0
ΣW　78.4kN	—

③ 求重心位置 X

$$(W_1 \cdot X_1 + W_2 \cdot X_2 + W_3 \cdot X_3 + W_4 \cdot X_4 + W_5 \cdot X_5) / \Sigma W$$

$$= 1.19\text{m}$$

④ 求偏心距离 e

$$78.4 : 1.09 = 18 : a \cdots\cdots a = 0.25$$

$$e = a - (1.19 - \underset{\text{底托宽}}{2.0/2}) = 0.25 - 0.19 = 0.06$$

⑤ 有关沉降的一些问题：对地基承载力及作用的荷载进行检测。

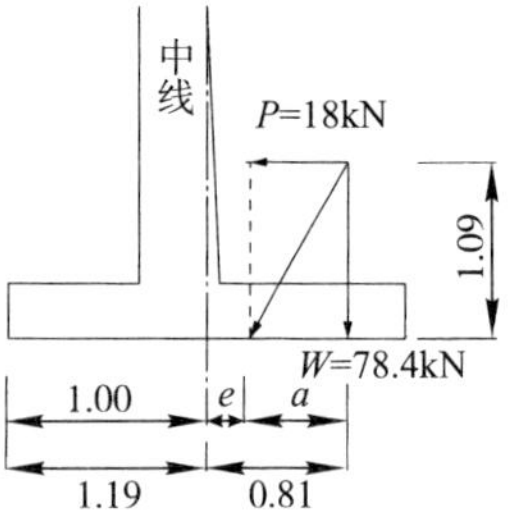

偏心距离 $e = 0.06\text{m} < B/6 = 2.0/6 = 0.33$

最大接地压 $= \Sigma W/A\ (1 \pm 6\ e/B)$

$= 78.4/2.0(1+6 \times 0.06/2.0)$

$= 46.3$ or 32.5kN/m^2

地基承载力 $Fe = 150\text{kN/m}^2 > 46.3\text{kN/m}^2$…OK

⑥ 有关翻倒的问题：依据原点力矩计算。

相对于原点的翻倒力矩 $M_0 = P \times 1.09 = 18 \times 1.09 = 19.6\text{kN} \cdot \text{m}$

相对于原点的抵抗力矩 $M_0 = \Sigma W \times 1.19 = 78.4 \times 1.19 = 93.3\text{kN} \cdot \text{m}$

$93.3\text{kN} \cdot \text{m} > 1.5$（安全系数）$\times 19.6\text{kN} \cdot \text{m} = 29.4\text{kN} \cdot \text{m}$…OK

⑦ 有关滑移的问题：依据底托摩擦力计算。

底托摩擦力 $F = \Sigma W \times$ 摩擦系数 $= 78.4 \times 0.6$

$= 47.0\text{kN}$

$47.0\text{kN} > 1.5 \times P = 1.5 \times 18 = 27.0\text{kN}$…OK

6-6 排水工程

1 排水工程的种类及其路径

排水工程大体上可分为排放雨水的和排放污水的两种。

在已知的排水方式中，既有将雨水和污水一起排放所谓**合流式**的，也有分别排放的那种分流式的。目前，以采用**分流式**排水的居多。

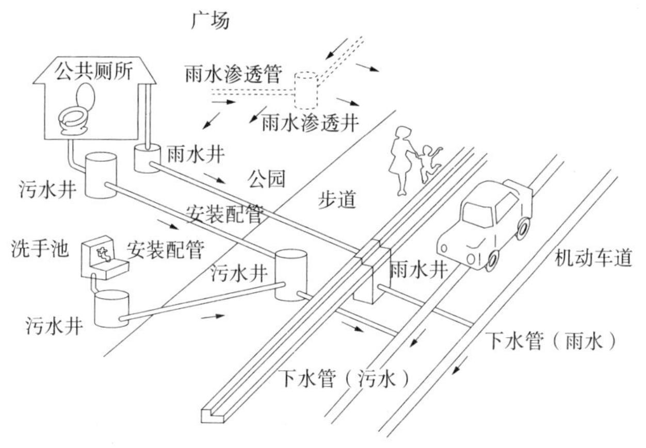

◆排水的路径（分流式）

2 排水工程

(1) 检修用人孔

系为管道和沟渠的维修、清扫、连接和交会等作业而设置的。通常都设在断面带有坡度、管径变化和出现台阶的位置（参看本节“②管渠的连接”）；而平面上的设置主要用于水流的方向转换以及合流场所等。此外，在地表坡度很陡，且出现60cm以上台阶的情况下，应设置带副管的检修孔。

◆不同管径设置检修孔的最大间隔

管径〔mm〕	300以下	600以下	1 000以下	1 500以下	1 650以下
最大间隔〔m〕	50	75	100	150	200

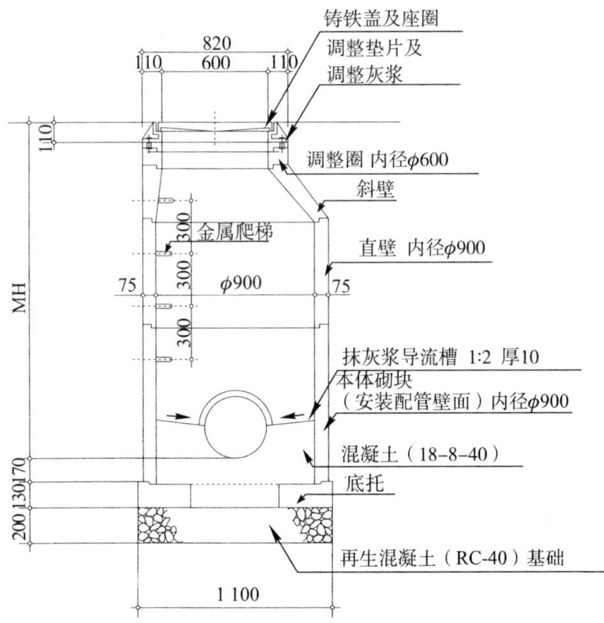

(2) 积水井

用于将地表较小面积的污水和雨水导入管渠而设置。

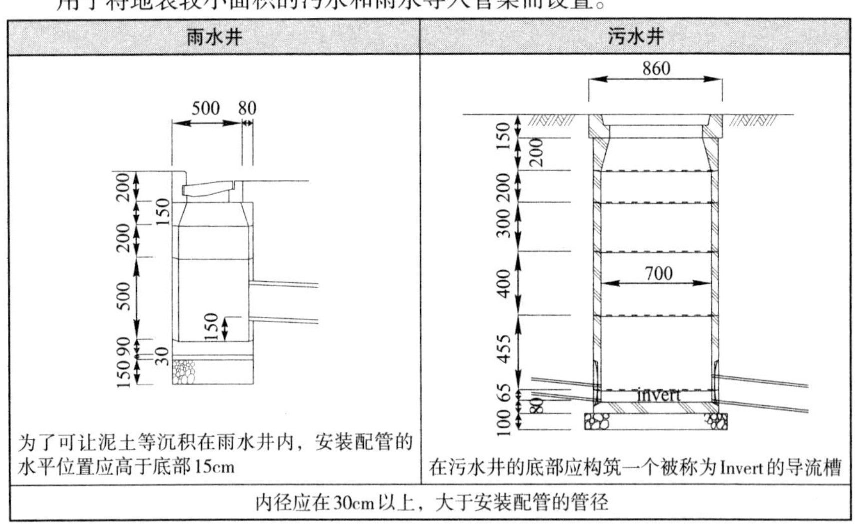

雨水井	污水井
为了可让泥土等沉积在雨水井内，安装配管的水平位置应高于底部15cm	在污水井的底部应构筑一个被称为Invert的导流槽
内径应在30cm以上，大于安装配管的管径	

◆不同管径积水井设置的最大间隔

管径〔mm〕	100	50	200
最大间隔〔m〕	12	18	24

《下水道设计：设计方针及其说明》，日本下水道协会

(3) 明 渠

即用于将道路和广场等处的地表排水汇集起来的浅侧沟。因**排水的流动可见**，故称其为明渠。在确定断面结构时，应保证其具有适当的余裕高度。一般情况下，U字形沟流入的排水水深可至沟深的80%，并具有0.5%的排水坡度。

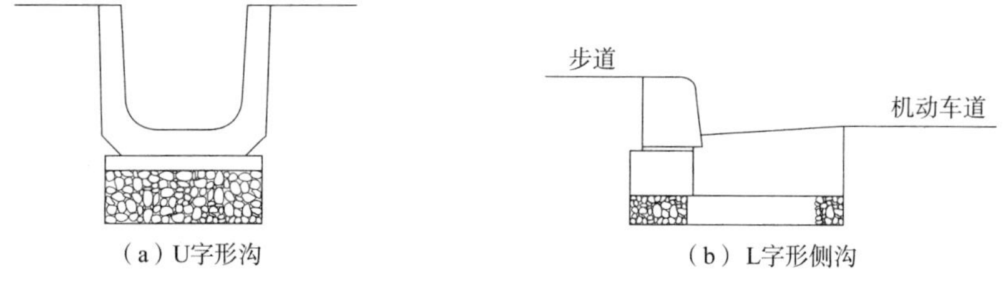

（a）U字形沟　　（b）L字形侧沟

(4) 管 渠

系一种重点将地表水和地下水汇集起来，使其流入下水道的设施，使用陶管、混凝土管和塑料管等。

① 安装配管

来自家庭的生活排水通过排水管进行收集，从末端积水井流入埋设在道路下面的下水道主管中排走。像这样把末端积水井与下水道主管连接起来的管路，我们称其为安装配管。

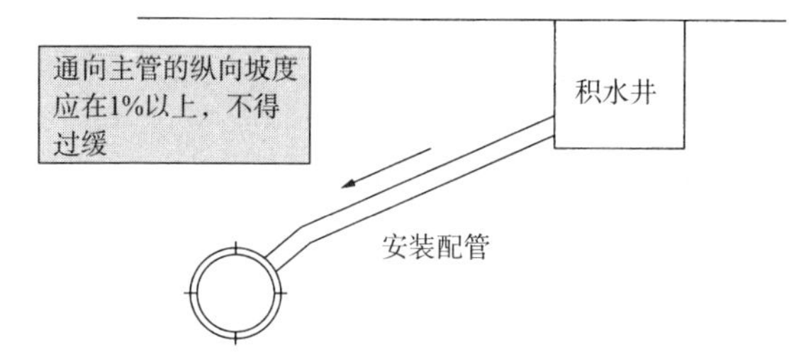

（a）与主管的纵向夹角

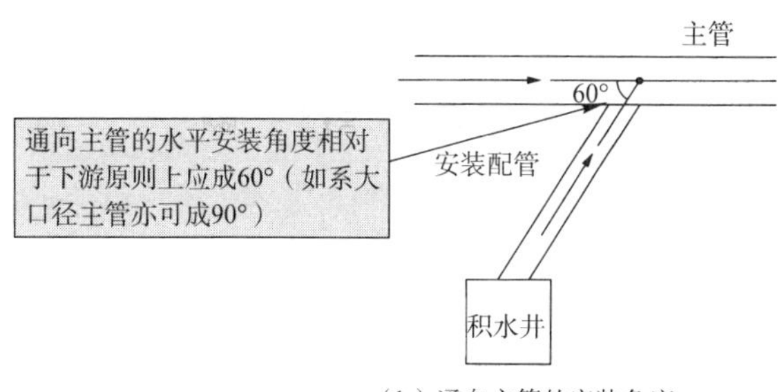

（b）通向主管的安装角度

② 管渠的连接

在2根以上的管渠合流的情况下，或者在管径的接合处，都应设置检修用人孔和积水井。

◆管渠的接合方法

中心接合或水面接合	中心接合即让管道的中心高度位于一条水平线上进行接合 水面接合系指让上下游均保持一定的水位来接合管道的方法。从水利学角度上讲，这一方法优于其他方法	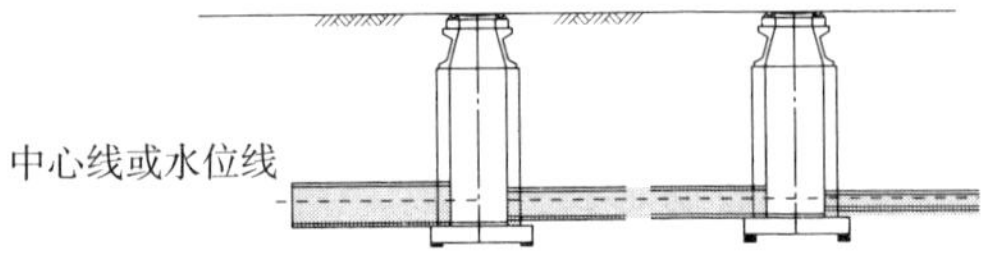 中心线或水位线
管顶接合	使管内面顶部高度一致进行接合的方法	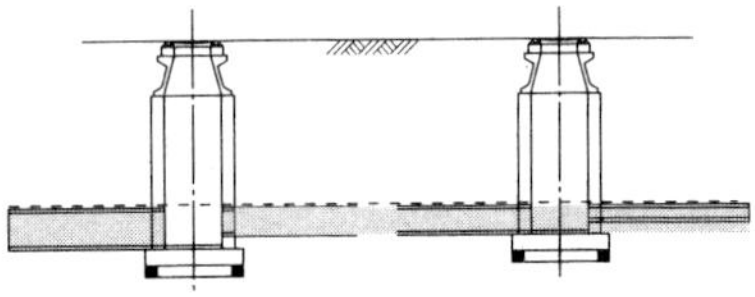
管底接合	使管内面底部高度一致进行接合的方法	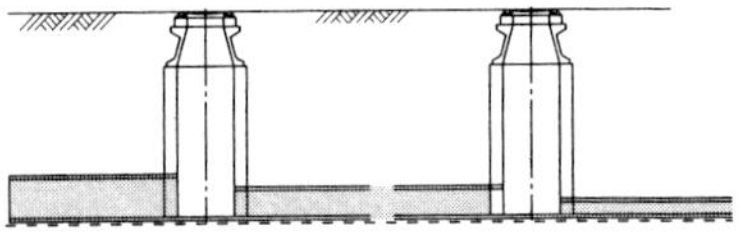
阶梯接合	如地表有陡坡时，可采用阶梯状接合方法	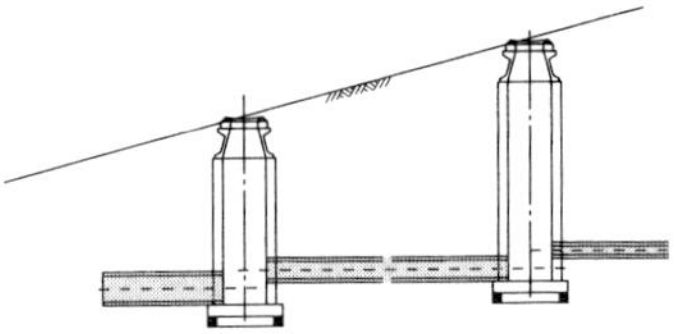

※雨水管的标准流速为0.8~3.0m/s；污水管的标准流速为0.6~3.0m/s。为了能够达到1.0~1.8m/s的流速，最好设置1/200~1/100的坡度。

③ 管渠的接头

管道的接头要与管道的种类匹配，并且采用那种具有水密性和耐久性的制品。如系塑料管道，可选用下图那样的接头。

◆管接头的种类

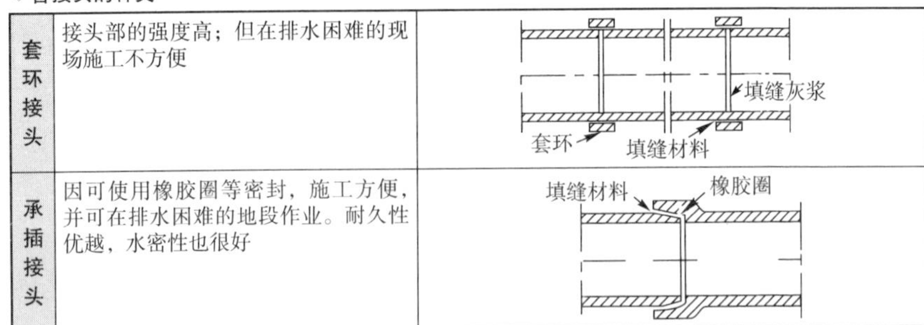

套环接头	接头部的强度高；但在排水困难的现场施工不方便	填缝灰浆 套环 填缝材料
承插接头	因可使用橡胶圈等密封，施工方便，并可在排水困难的地段作业。耐久性优越，水密性也很好	填缝材料 橡胶圈

企口接头	主要用于大口径管道的施工 可在排水困难的现场作业；但其接头部分显得薄弱	填缝灰浆 橡胶圈

④ 管渠的基础

管渠的铺设亦必须以适当的土质和地段作为基础。如果在地基松软、地基承载力小的地段铺设管道，则必须浇筑混凝土作为坚实的基础。

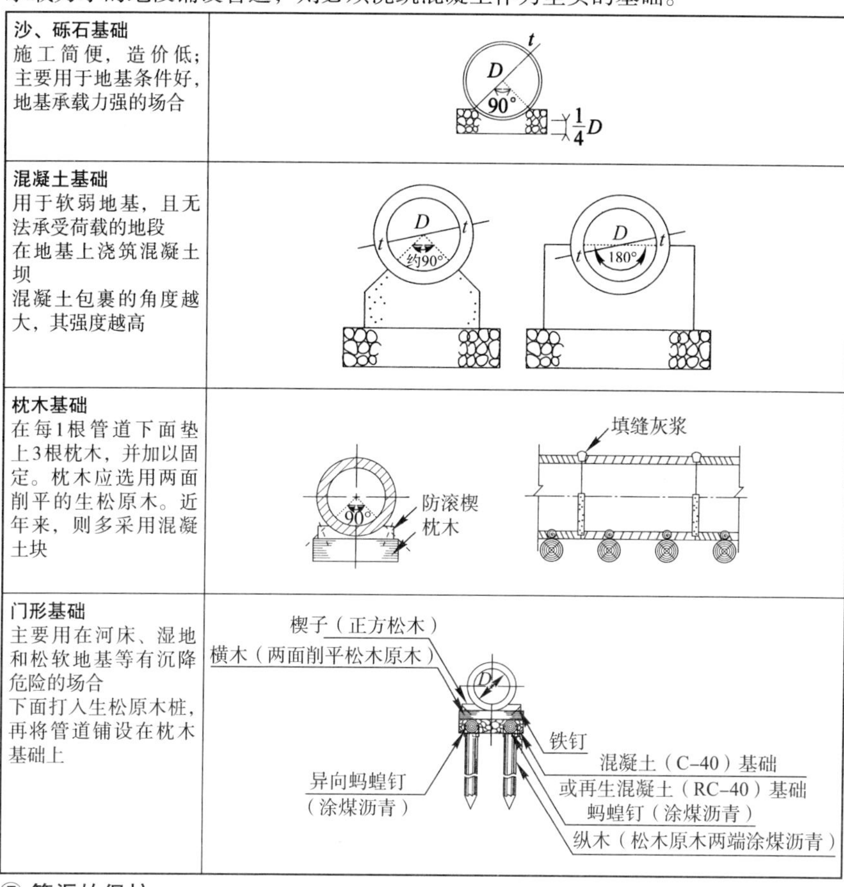

基础类型	图示
沙、砾石基础 施工简便，造价低；主要用于地基条件好，地基承载力强的场合	
混凝土基础 用于软弱地基，且无法承受荷载的地段 在地基上浇筑混凝土坝 混凝土包裹的角度越大，其强度越高	
枕木基础 在每1根管道下面垫上3根枕木，并加以固定。枕木应选用两面削平的生松原木。近年来，则多采用混凝土块	
门形基础 主要用在河床、湿地和松软地基等有沉降危险的场合 下面打入生松原木桩，再将管道铺设在枕木基础上	

⑤ 管渠的保护

如果埋设在园路和广场处的管渠较浅，而且又要承受车辆通行时的荷载，则必须采用混凝土被覆的方法对管道进行保护。

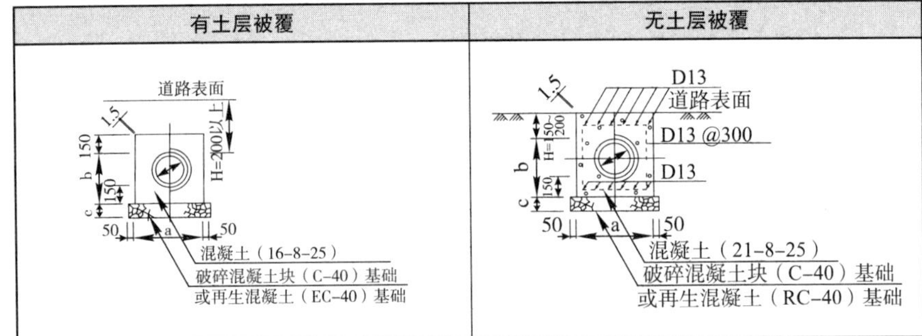

（5）渗透式排水设施

所谓渗透式排水，顾名思义系指让雨水渗入地下。自然界中的广袤的大地，都可以被称为渗透式排水的设施。类似运动场和广场那样排水顺畅的地方，几乎不必采取任何措施，便可以自然地进行渗透式排水。即便个别地方有些积水，也完全能够利用渗透井、渗透槽和渗透侧沟等提高其排水能力，使之尽可能早一天变得干燥起来。

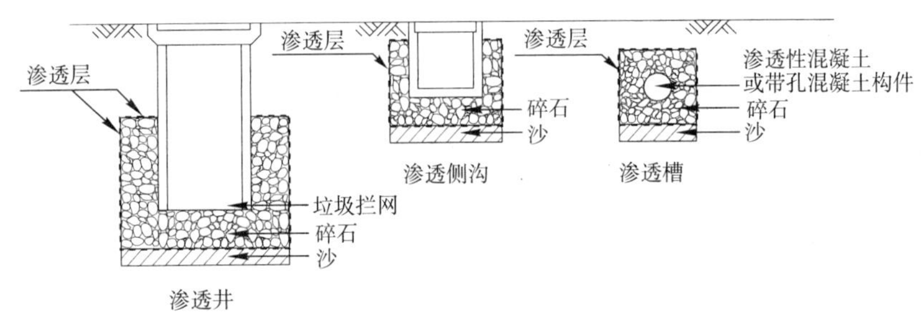

◆渗透式排水设施例

① 渗透式暗渠种类

种类		带孔休谟管	带孔塑料管	渗透性混凝土管	合成纤维	合成树脂
内径 ϕ 100 mm	透水面积〔cm^3/m〕	57	113	5 027	3 280	942
	空隙率〔%〕	0.45	—	15~25	80	30
	过滤材料	碎石、毛沙	碎石、毛沙	粗沙	粗沙	粗沙
	糙度系数	0.015	0.011	0.02	0.018	0.014
	允许应力〔N/mm^2〕	160	69	180	0.62	0.15
	1根长度〔m〕	2	4	0.6	25	100

② 渗透式暗渠的断面

	带孔休谟管・带孔塑料管	渗透管・化学纤维类
有铺装场合的埋设	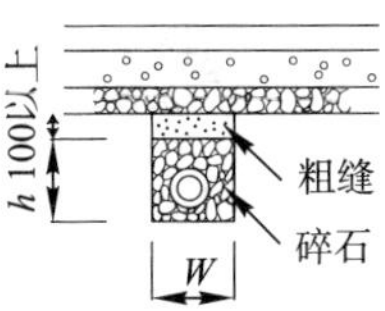 100以上 h 100 粗缝 碎石 W	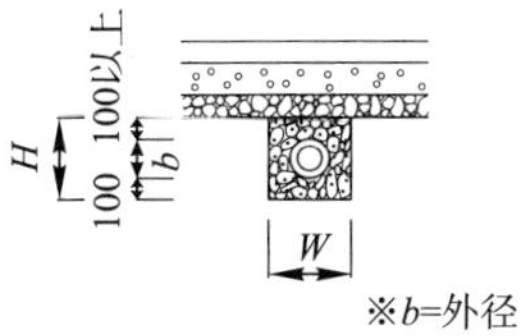 100以上 H 100 b W ※b=外径
无铺装场合的埋设	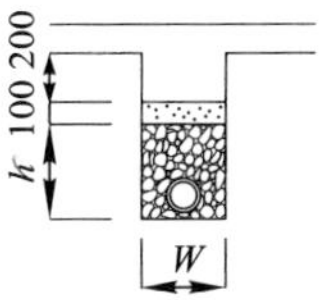 200 100 h W	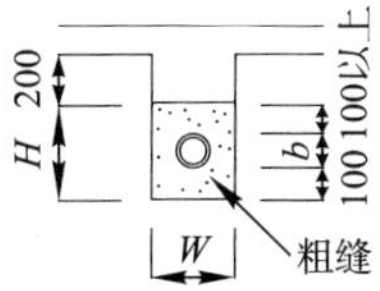 200 H 100以上 100 b 粗缝 W

《城市公园技术标准说明书》，日本公园绿地协会

3 雨水流出计算

在设计排水设施时，应该根据降雨量来考虑设施的排水能力。

(1) 雨水流出量计算（正常情况下）

所谓雨水流出计算，系指对降落在规划用地上的雨水流入下水管总量的计算。

然而，由于规划用地的状况可分为山林、田园和市区等，因此其集水的量亦各不相同。而且，降雨量亦因地域会有很大差异，如台风的通道处便经常出现强降雨。地方政府必须对这些条件进行通盘考虑后才能做出最终的决断。将相关的数值代入以下公式，则可得出流入的雨量。

$$Q=\frac{1}{360}\cdot c\cdot i\cdot A$$

Q = 雨水流出量〔m^3/s〕

c = 流出系数（因降雨场所而不同。参看下表）

A = 排水面积〔hm^2〕

i：降雨强度〔mm/hr〕：即各地域不同的降雨量。$i=a/(t+b)$

t：降雨持续时间〔min〕：即降在上游处的雨水到达计算地点所需的时间

a，b：系随地域和概率年份而不同的系数…在对过去年份的降雨资料进行统计分析之后得出的数据概率年份，一般可用3~5年。

◆不同部位基础流出系数标准值

部位	流出系数	部位	流出系数
屋顶	0.85~0.95	草坪	0.05~0.35
道路	0.80~0.90	缓坡山林	0.20~0.40
水面	1.00	陡坡山林	0.40~0.60
废地	0.10~0.30	其他	0.75~0.85

练习

试试看！ 雨水流量计算

试计算15分钟降在东京1.8hm^{2}草坪上的雨量。

· 日本各地降雨强度：所谓降雨强度，系指以当前正在降落的雨水强度持续1小时的雨量〔mm/hr〕

◆降雨强度表m

地区名	a	b
青森	2 500	23
秋田	2 760	18.8
熊谷	4 600	26
东京	5 000	40
川崎	7 800	90
金泽	5 000	40
福冈	5 100	50
长崎	5 000	40
鹿儿岛	6 600	50

降雨强度的常数a、b会因地区而不同，通常以3至5年的一场大雨作为标准。

因东京的降雨强度常数为 a = 5 000、b = 40，故

$$i=\frac{5\,000}{t+40}=\frac{5\,000}{15+40}$$

由于规划用地覆盖着草皮，因此取上表的中间值，设流出系数= 0.2。即，

$$Q=\frac{1}{360}\cdot c\cdot i\cdot A=\frac{1}{360}\cdot 0.2\cdot\frac{5\,000}{15+40}\cdot 1.8$$
$$=0.09\text{m}^3/\text{s}$$

亦即1秒钟流入下水管的雨水为0.09m^3/s,因此在广场周围应该配置纳水量0.09m^3/s以上的排水设施。

如果沿着广场周围3个方向配置U字形沟渠的话，为了知道能否吞吐这些水量，可以将本书第4章4-3节“水景工程（2）”中的“试试看！ 水流量计算”的相关内容作为参照来进行计算。

(2) 雨水流出控制计算

所谓雨水流出控制，系指为了使此前排放到下水的雨水尽可能地渗入地下，防止因降雨时的短时间集水造成的浸水灾害和涌水的枯竭，而采取的维持河流稳定水量的措施。

具体说来，其中包括将雨水渗入地下的设施（雨水渗透井和渗透槽等）以及雨水贮存设施，或将这些组合起来的设施。利用以上的设施，便能够使各个地区不同的雨水量自然地渗入地下。该设计的渗透雨水量，则由各地方政府作为流域对策量决定之。

练习

试试看！ 雨水流出控制计算

在面积500m^{2}的规划用地内，其中配置了草坪庭园100m^2、以渗透性沥青混凝土铺装的出入口、4口渗透井（内径350）和渗透槽（400×450方形），以使其满足对策量的需要。那么，渗透槽的总长度应为多少合适？

对策量：300m^3/hm^2（其数据因地域而不同）

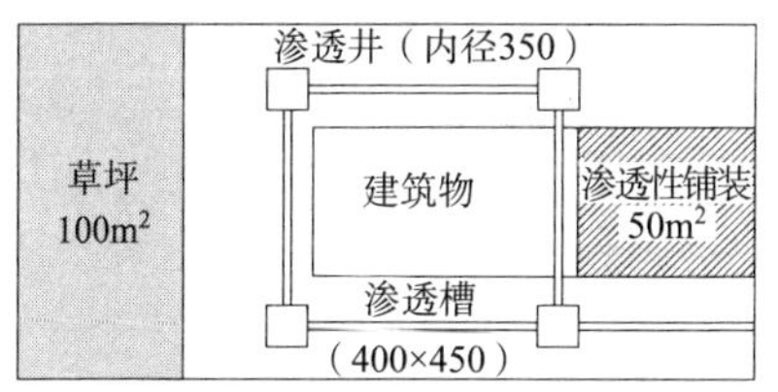

地块内被渗入地下的雨量＝用地面积×对策量－渗透设施能力合计

$$= 0.05\text{hm}^2 \times 300\text{m}^3/\text{hm}^2 - (100\text{m}^2 \times \underset{\text{草坪贮存能力}}{\underline{0.05}}\ \text{m}^3/\text{m}^2 + 50\text{m}^2 \times \underset{\text{渗透铺装的渗透能力}}{\underline{0.0265}}\ \text{m}^3/\text{m}^2 + 4\text{口} \times \underset{\text{渗透槽渗透能力}}{\underline{0.43}}\ \text{m}^3/\text{口}\cdot\text{hm}^2)$$

$$= 6.955\text{m}^3$$

则可知应该以渗透槽渗透的雨水量在6.955m^{3}以上。

再以渗透槽的能力去除应该渗透的雨水量，则可算出渗透槽所需长度。

$$6.955\text{m}^3 \div \underset{\text{渗透槽的渗透能力}}{\underline{0.31}}\ \text{m}^3/\text{m} = 22.4\text{m}$$

据此可知，只要渗透槽的总长度不短于22.4m便能够满足需要。

◆铺装的贮存能力 （单位：m^3/m^2）

铺装种类	贮存量
沥青混凝土铺装（35型）	0.0425
步道用沥青混凝土铺装	0.0265
锁结式块料铺装（步道用）	0.0255
锁结式块料铺装（机动车道用）	0.0405

6章 施工

◆自然状态的贮存能力 （单位：m^3/m^2）

状态	贮存量
草地、栽植地	0.05
农田	0.13
林地	0.06

◆渗透井的渗透能力 （单位：m^3/口）

井的大小	渗透能力	贮存能力	合计能力
内径300	0.269	0.104	0.37
内径350	0.296	0.129	0.43
内径400	0.567	0.193	0.76

◆渗透槽的渗透能力 （单位：m^3/m）

渗透槽的尺寸	渗透能力	贮存能力	合计能力
400×450	0.246	0.060	0.31
550×600	0.441	0.112	0.55
750×750	0.709	0.182	0.89

※管径均为ϕ150

※：应注意到各设施的渗透能力，因其结构而存在差异。而且，各个市、町和村彼此的数据也不尽相同，因此在实际设计作业前，要事先了解规划地区的相关标准。

6-7 给水工程

1 给水方式

直结式

这是一种与公共水道管路直接连结，并利用配水管的压力供水的方法。

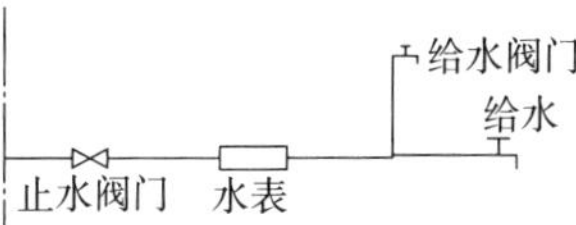

储槽式

该方法适用于同一时间大量使用水的场合。先将来自主管的水临时贮存在水槽内，然后再向各个设施供水。

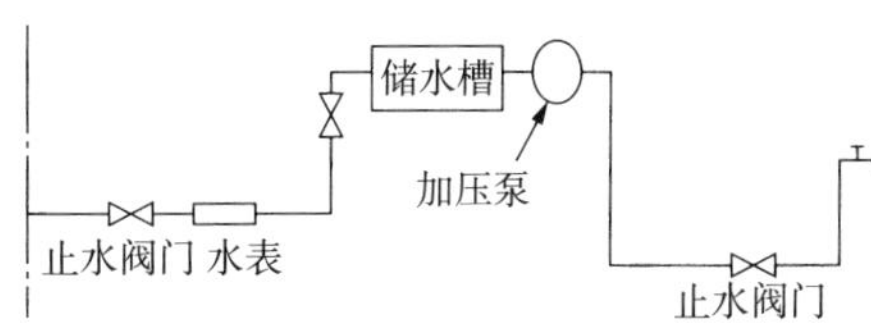

直结式的机器设置

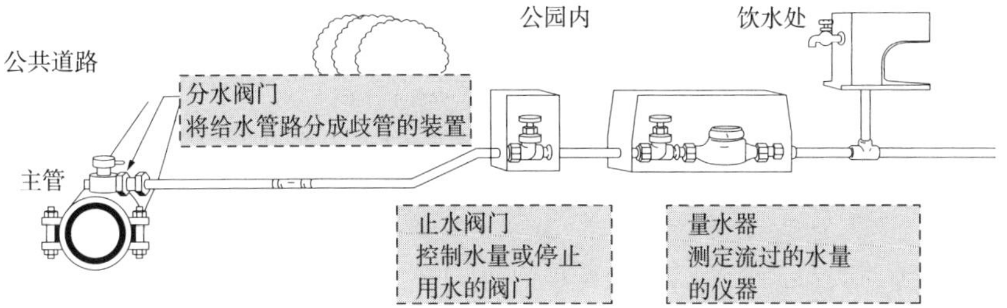

2 配管工程

(1) 埋设

依据道路施工的有关法令，**埋设的配管如系位于机动车道部分的地下，则埋设深度不得小于1.2m（在万不得已的情况下，深度0.6m以上）**；而埋在步道下面的配管，其深度亦必须超过1.0m。但是，如果条件不允许，无法取土覆盖的话，则应以混凝土包裹配管进行保护。

此外，**如原来地下尚有其他埋设物，应将彼此离开30cm以上；在与排水管交叉或平行埋设时，**配水管要埋在其上方。

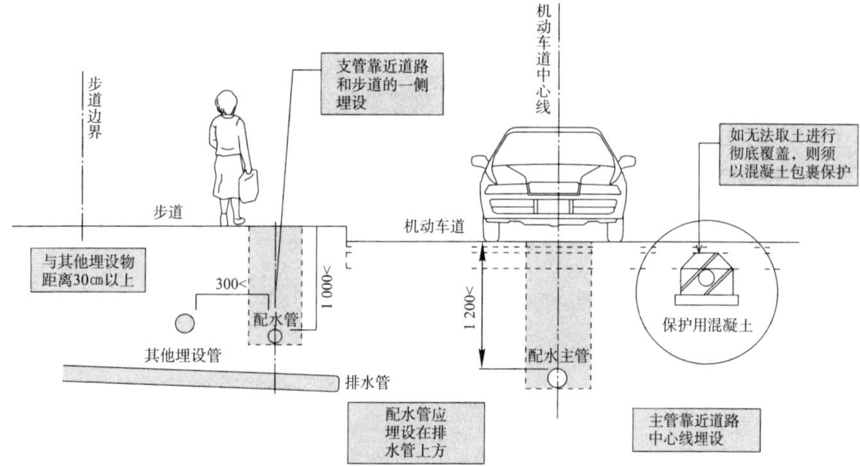

◆配管敷设的位置关系

※ **埋设位置的标识**：自公共水道引入的给水管，应在其上方30cm处埋设片状标识。

(2) 配管的材质及其特点

◆材质及特点

种类	优点	缺点
水道用硬质聚氯乙烯管	· 耐腐蚀性和耐电蚀性强 · 质轻，施工性好 · 接合容易 · 内面糙度不变化	· 低温下的抗冲击性差 · 易受有机溶剂、热和紫外线影响 · 须注意粘接剂易燃的问题
水道用不锈钢管	· 耐腐蚀性强 · 质轻，抗拉强度高	· 接头种类过于繁杂
水道用硬质聚氯乙烯衬管	· 抗拉强度高 · 外表坚固 · 耐腐蚀性强	· 实际内径较小，仅限于塑料内衬部分
水道用聚乙烯双层管	· 富于柔性，质轻 · 耐寒性和抗冲击性强 · 易修补	· 抗拉强度低 · 易破损 · 易受有机溶剂、热和紫外线影响
可锻铸铁管	· 耐腐蚀性强，寿命长 · 抗拉强度高	· 体重
水道用聚乙烯复合铅管	· 柔韧性、耐腐蚀性和抗冲击性均很强 · 较柔软，加工维修方便	· 受冻后易产生外伤 · 耐碱性弱

(3) 配管的相关注意事项

- **裸露配管**：如果裸露配管**直线延长30m以上**时，则应采用**伸缩接头**
- **隐蔽配管**：如系将硬质聚氯乙烯管埋设在墙内等处作为**隐蔽配管**，应该以棉布或麻布缠裹进行**保护**
- **放水装置**：平时能够使用的放水装置应设在配管的末端部分
- **空气阀**：在配管内有可能混入空气的情况下，应在**配管的最高处或突出部分**

设置空气阀

· **排泥阀**：在配管内有可能混入泥浆的情况下，应在**配管的最低处设置排泥阀**

· **弯曲部**：受到配管内水压平行方向作用的**弯曲部和异径管等处**，应利用混凝土板作为**防护设施**，并**采用防脱接头**

· **配管间隔**：埋设在靠近电车轨道处的金属给水管道，与电车轨道之间的距离不得小于1m

(4) 接续管径

一般地说，给水管的内径大小取决于设施的用水量。

器具名称	给水量〔l/min〕	接续管径
厨房水槽	15	15A
清扫用水槽	40	20A
洗面盆	15	15A
洗手盆	10	15A
小便器（带冲洗开关）	30~60	20A
小便器（水箱冲洗式）	8	15A
大便器（带冲洗开关）	110~180	25A
大便器（水箱冲洗式）	15	15A
洒水栓	20~50	15A，20A

6-8 电气工程

1 配线工程

(1) 地下埋设

① 地下埋设的各种方式

引入式（管路式）

这是一种将电缆穿入管路中的方式。管路可选用钢管、硬质塑料管和柔性电线管等。这一方式适用于有多条电缆的场合以及因交通事故等靠重新挖掘施工增设困难的场所

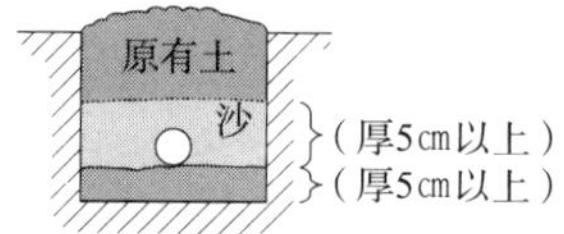

暗渠式

系一种将电缆等敷设在混凝土制暗渠中的方式

适用于有多条电缆的场合以及电缆增设位置可预见到的场所。作为一种较大规模的工程，可以将电气、通信、煤气和水道等管线都布设在同一条沟内，也是一种多用途沟布设方式

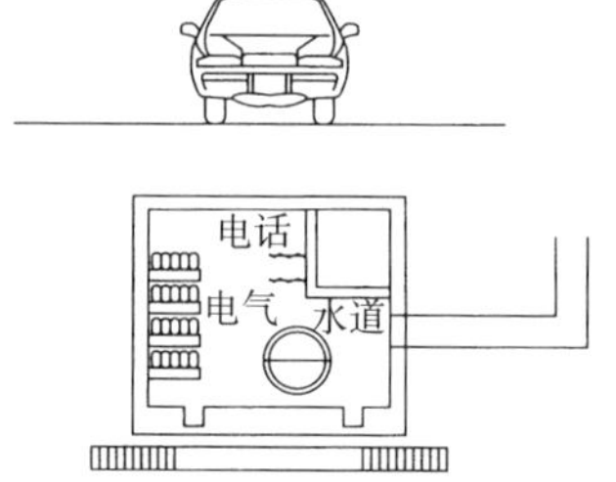

直接埋设式

这是一种先将槽形物或半圆陶器开口朝上铺设在地面挖开的沟中，然后再将电缆敷设在槽形物或半圆陶器内，最后回填沙土将其完全覆盖的方式

至于埋设的深度，在受到车辆等的压力的场所应不小于1.2m；其他场所不小于0.6m。这一方式较适于电缆条数不多，并在可预见的将来不会增设或更换电缆的场所

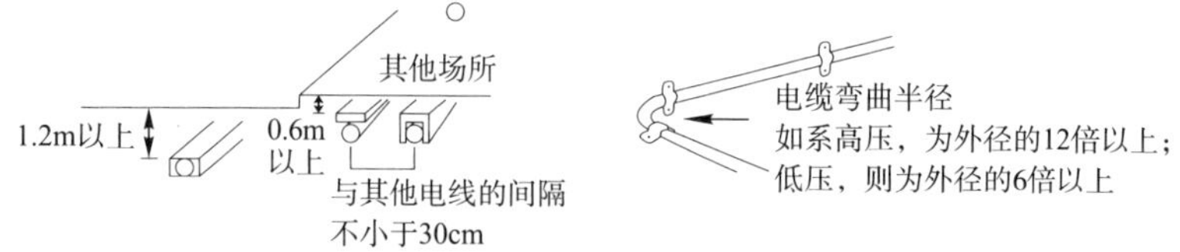

※一般情况下，100V的单相双股配线原则上采用地下埋设方式；配线使用电缆。

(2) 引入线

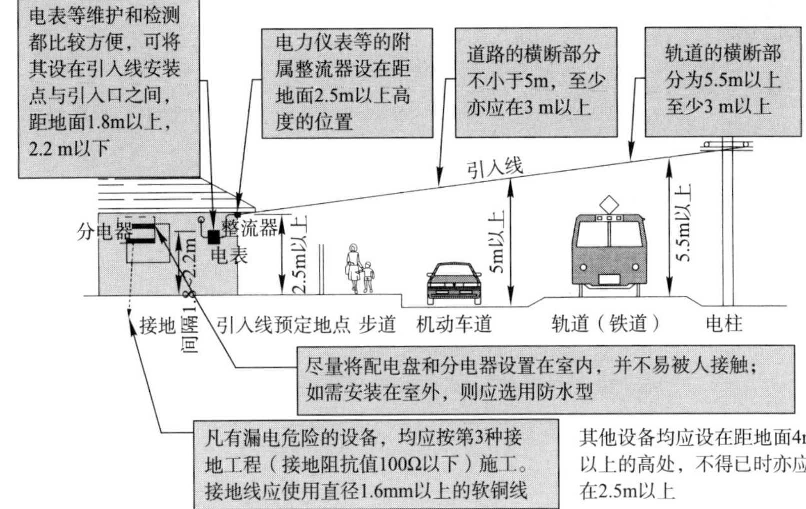

2 照明工程

照度与照明的种类

公园的照度，如系主要场所则应在5勒克斯至30勒克斯之间；其他场所以1勒克斯到10勒克斯较为适宜（参看本书第9章“资料”）。

光源的种类及其特点

水银灯（透明型） · 开灯后至灯亮约需数分钟 · 效率高，寿命长 · 光色为泛绿的蓝色，故可将树木和草坪辉映得更加美丽，适于公园照明 · 显色性较差
荧光型水银灯 · 显色性好，近似日光的自然照明 · 适于花坛和建筑物的照明 · 价格高
荧光灯 · 无热放射，效率高，显色性好 · 适于庭园、花坛和公共厕所等处 · 光色分为白色、昼光色和温白色等多种，可根据用途选择 · 价格便宜
钠灯 · 发出明亮的橙色光 · 效率高 · 因显色性较差，故被用于隧道等处
金属卤灯 · 效率高，显色性好 · 适于广场、园地、园路和花坛等处 · 寿命短，价格高

6-9 施工机械

1 施工机械的种类

作业类别	施工机械的种类
清理除根	推土机、刮板推土机、反向铲
挖掘	反向铲、拉铲挖掘机、抓斗式挖土机、拖拉机式铲土机、推土机、松土机、破碎机
挖掘·堆积	反向铲、拉铲挖土机、抓斗式挖土机、拖拉机式铲土机
挖掘·搬运	推土机、铲运推土机、刮土机
搬运	推土机、倾卸运货车、轮式推土机
摊铺·平整	推土机、自动平地机、轮式推土机
调节含水量	路犁、路耙、自动平地机、洒水车
夯实	轮胎压路机、夯式压路机、振动碾压机、钢轮碾压机、振动压实机、打夯机、推土机
补修砾石路	自动平地机
挖沟	挖沟机、反向铲
构筑坡面	反向铲、自动平地机
凿岩	支柱式钻机、架式凿岩机、破碎机、履带式钻机

《道路土工·施工方针》，日本道路协会

(1) 挖掘和搬运机械

① 铲土机类挖掘机械

反向铲

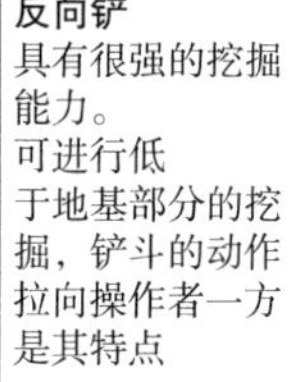

具有很强的挖掘能力。可进行低于地基部分的挖掘，铲斗的动作拉向操作者一方是其特点

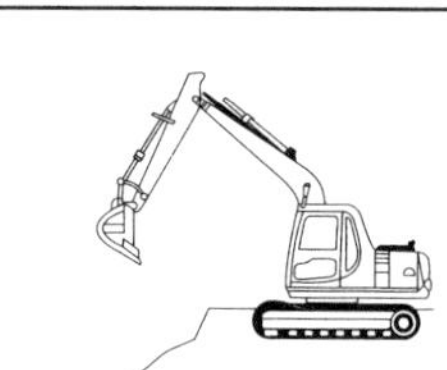

铲土机

可进行高于地基部分的挖掘

其特点是铲斗的动作向前推

抓斗式挖土机

抓斗靠自重垂直下降，深深地挖掘指定地点。亦适用于水中挖掘

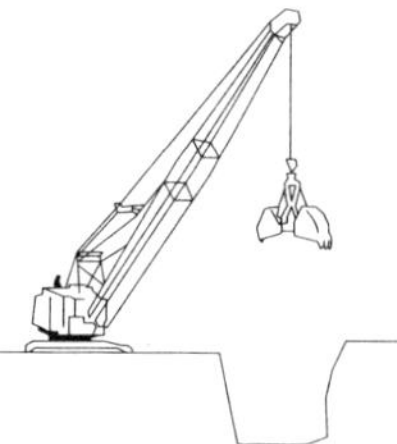

拉铲挖掘机

是一种挖掘较停放面更低处的机械。先让抓斗落下，再转动钢缆向上提起。适用于对宽敞地段进行较浅的挖掘作业。亦适于水中挖掘

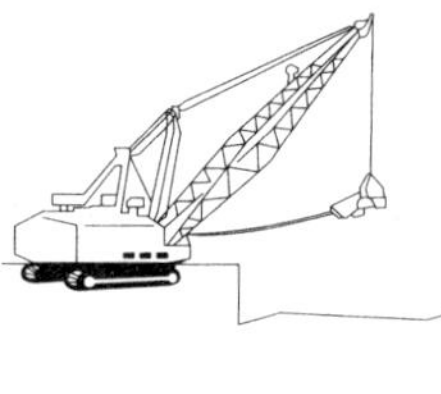

② 挖掘搬运机械

土工机械中使用最多的种类，而且对建筑施工来说是不可或缺的。

其主要功能是：

挖掘、搬运和填土等的作业

摊铺和回填作业

开垦和采伐作业

等等。

直刮推土机 带固定式土工刮板，可进行重负荷挖掘作业 	**刮板推土机** 由于以多齿耙代替了土工刮板，被用于挖掘岩石和拔出树根 
可松土推土机 机械后方装有齿爪，可用于软岩的挖掘 	**铲运推土机** 利用安装在推土机前方下部的刃板刮削路面。可在1个循环内完成挖掘、堆积、搬运、摊铺和耙匀作业。又能够前后作业，较适于狭小场所 

※：通常，碾压距离为30~50m，最长不超过100m

③ 堆积机械

在以倾卸运货车搬运时用于挖掘和装车的机械。

履带拖拉机式铲土机 将抓斗装在履带拖拉机上使用。 因接地面积大，故适于松软地盘；但挖掘能力稍差 	**轮胎拖拉机式铲土机** 将抓斗装在轮式拖拉机上使用。因装橡胶轮胎，故其走行性和机动性俱佳 

◆施工机械可搬运距离

搬运距离	施工机械
短距离（70m以下，最大100m）	推土机、铲运推土机、拖拉机式铲土机、抓斗推土机
中距离（70~500m）	被牵引式刮土机、铲运推土机、自动平地机 铲土类挖掘机+倾卸运货车 拖拉机式铲土机+倾卸运货车
长距离（500m以上）	自动平地机 铲土类挖掘机+倾卸运货车 拖拉机式铲土机+倾卸运货车

④ 打桩机械

柴油机打桩锤
依靠桩锤落下的重力和汽缸内柴油燃烧产生的压力将桩打入地下

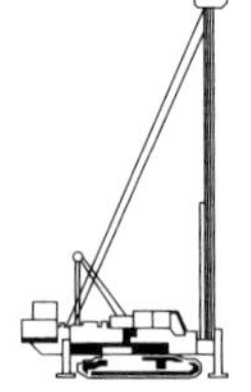

螺旋钻机
这是一种一边让带钻头的螺杆旋转，一边在地面打洞的机械。
主要用于就地浇注混凝土桩

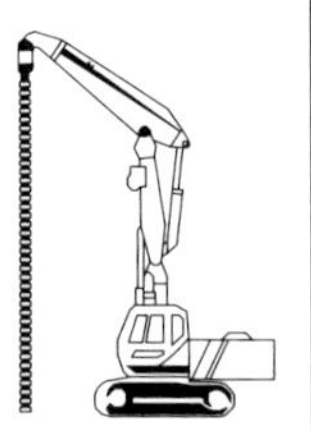

⑤ 夯实机械

钢轮压路机
依靠荷载轮的碾压，压实路床和路基。适于培土表面的处理。但不适合粒径均匀的沙质土和高含水比的黏性土

轮胎压路机
通过调节轮胎内气压来改变接地压力。如果提高接地压力，则可压实碎石；反之，接地压力变低，则能够压实黏性土

振动碾压机
通过振动夯实作业面。适于培土表面的处理，尤其是砾石和沙质土

冲击式夯实机
重量约为50~100 kg。系一种小型的夯实机械，亦可在施工困难的铺大卵石处或狭窄场所使用

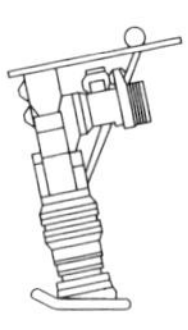

振动压实机
利用振动夯实。较适于沙质土的压实

⑥ 铺装施工车

沥青铺路机
系一种摊铺沥青混合物的机械。其上装有料斗、送料器、摊铺机和捣固机等设备。分为轮式和履带式2种

⑦ 混凝土浇筑设备

混凝土搅拌车
车体上装有可回转的圆筒形容器（Drum），可预先在输送中搅拌生混凝土等材料，并边输送边搅拌

混凝土泵
系在施工现场压送混凝土的机械。主要是利用安装在汽车上的油压泵将混凝土搅拌车运来的生混凝土压送到模板框中去

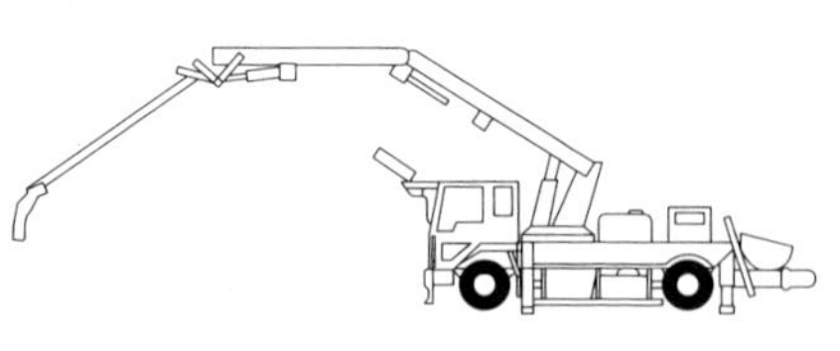

（2）作业能力计算

$$Q = q \cdot n \cdot f \cdot E \text{或} Q = 60 \cdot q \cdot f \cdot E/Cm$$

Q：每1小时作业量

q：每1个作业循环的标准作业量

N：每1小时的作业循环数

Cm：循环时间〔min〕

F：土量换算系数

E：作业效率

(3) 土质条件与施工机械

施工机械种类	圆锥贯入指数 q_c〔kg/cm^2〕
超湿地推土机	2以上
湿地推土机	3以上
中型普通推土机	5以上
大型普通推土机	7以上
铲运推土机	6以上（湿地型4以上）
被牵引式刮土机	7以上
自动平地机	10以上
倾卸运货车	12以上

《道路土工・土质调查方针》，日本道路协会

▶趣闻杂谈⑤ 拥挤不堪的东京地下

为了有效利用东京狭窄的土地，建筑物的高层化自然是必然的选择之一。然而，你却不一定知道，还有一个令人感到意外的举措，那就是向地下的深层化。如下图所示，东京市中心区地下的拥挤状况，简直就像沙丁鱼罐头一样。

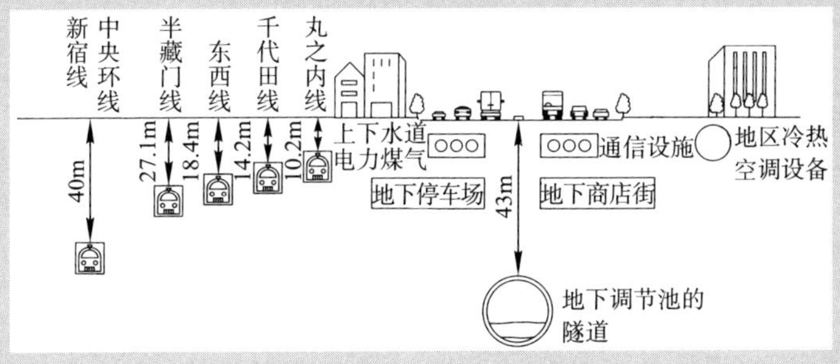

7章 • 施工管理

从前无论如何不能理解……

7-1 承包合同

1 承包合同

① 从合同到工程的流程

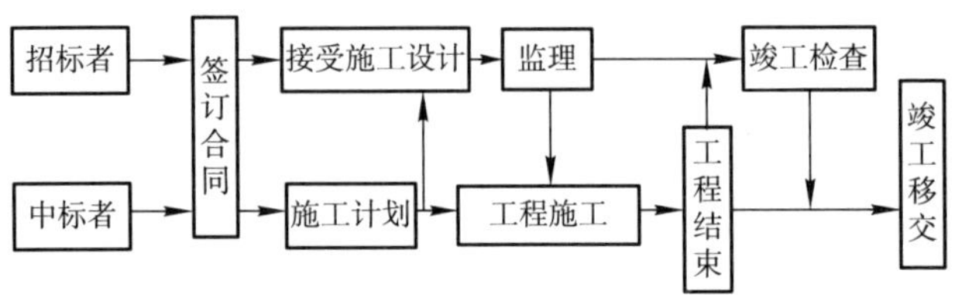

② 签约时所需文件图纸

一般地说，但凡公共事业项目，临签约之前，首先应准备好合同书和设计图纸及相关文件。

合同书	合同书	系标示工程名称、工程周期和承包工程费用等主要约定内容的文件。明确规定了招标者和中标者双方的权利及义务等
	合同条款	事先将合同的解除、承包费用的变更和违约责任等契约事项定型化，并以文字明示
设计图纸文件	设计图	系基于规则和契约体现设计者意图的图纸。设计图分为初步设计图、平面图、断面图、详图、结构图、设备图和土工图等
	说明书	与设计图具有同等效力，系以文字形式阐释设计图中无法用图纸表现的内容 对施工方法、材料品质、外观处理、试验方法和精度等级等做出具体指示
	通用（标准）说明书	全面阐述施工方法、材料品质、外观处理、试验方法和精度等级等基本内容 总则类内容：记载一般事项、开工、安全管理和竣工等 细则类内容：按各部工程类别记载（钢筋工程、铺装工程、栽植工程、排水工程和植物管理工程等）
	特别说明书	系指在需要对某项工程的内容做出特殊说明（如特殊材料或特殊工法等）时，确定其相关细节或工程指定的技术要求的文件
	现场说明书	系指对参加投标者进行现场说明用的文件。其中对设计图及所附文件难以标示的有关概算条件做了明确阐释
	答复质询书	系招标者以文件形式对投标者有关现场说明书及现场口头说明所提问题的回答

③ 签约后所需文件

合同成立之后，承包者首先要绘制施工所需的图纸。施工过程中如有变更，招标者亦必须绘制变更图纸，并及时转交给承包者。合同成立后，根据需要所进行的图纸绘制过程，就是这样产生的。

施工图	仅凭设计图尚无法弄清细节或现场又出现未预料到的新情况时，出于施工上的需要所绘制的详图
变更图	工程开工后，为向承包者传达变更内容而绘制的图纸
竣工图	系工程结束时绘制的图纸，其中表现了施工过程中的变更内容及建成的结构物自身的状态

2 承包工程费用

(1) 概算

所谓概算，即指计算出“实际完成设计所需要的各项费用”。通常，大多认为应由材料费+劳务费构成；但实际上，还应包括从安全考虑雇用交通管理人员所花的钱、施工现场所需的水费和电费等一些不可预见的开支。亦即，必须将下列各项费用合计起来，才能得出“业主应该花费的最终金额”。

工程总费用 = 直接工程费 + 间接工程费 + 一般管理费 + 消费税

① 承包工程费构成

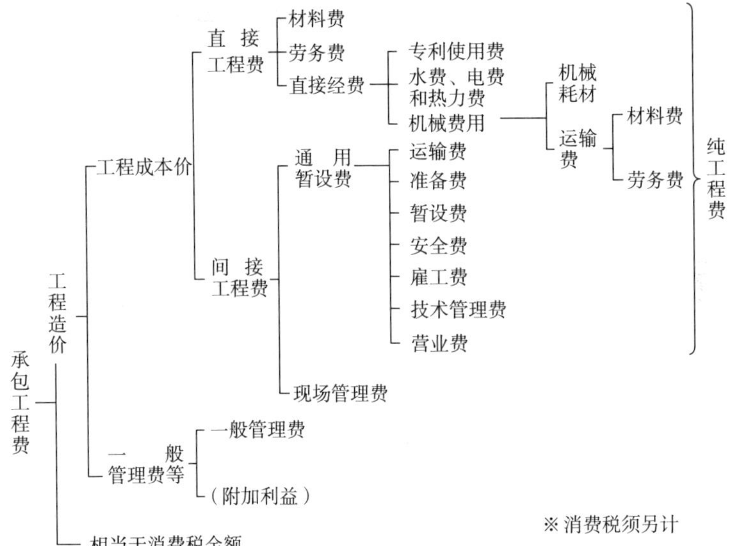

② 各种工程费的内容

工程成本价	**直接工程费** 为建设项目直接支出的费用	**材料费**	运动器材费、铺装材料费、树木费、碎石费、草坪费等
		劳务费 被建设项目直接雇用的工人费用	土工、架子工、轻操作人员、造园工、斜斧工、钢筋工、瓦工、石工等
		直接经费 进行施工直接需要的经费	水电费、机械维护及其配件费用、专利使用费等
	间接工程费 虽非直接用于项目建设，但被共同使用的费用	**通用暂设费** 全部工程共同使用的临时设施所需要的费用 **直接工程费 × 现场管理费率※** ※：3.73%~4.14%	暂设费、现场堆放及仓存等的损耗、搬运费、机械设备、临时道路、安全费用、临时设施消耗的水电费用、技术管理费等
		现场管理费 **纯工程费 × 现场管理费率※** ※：7.15%~10.65%	现场从业人员的补贴、土地房屋租金、保险费、办公用品、外出采购费用、交际费等
一般管理费等 企业运营所需费用 **工程成本价 × 一般管理费率※** ※：8.41%~11.26%		**一般管理费**	工资、劳保费用、办公用品、通讯交通费用等
		附加利益	承包公司的赢利

※：因数据系依工程内容变化，故仅记载通常情况下的标准

(2) 直接工程费

用于计算直接工程费的各个项目如下。

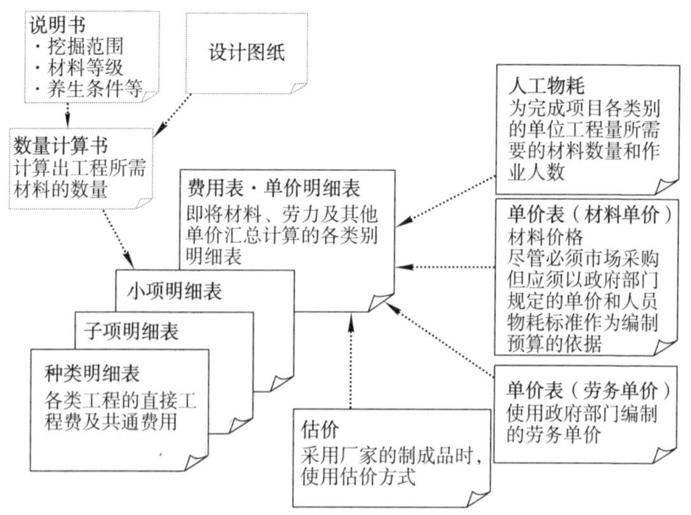

数量计算书

通常情况下，数量的计算系按照工程的施工顺序，将工种分类后依次进行计算。由于计算的内容相当繁杂详尽，编制成的计算书又很厚，因此必须要采用任何人都容易看懂的表现方法。而且，因为计算书离开设计者之后，仍然会在业主与承包商之间传递，并对其中的数据经常进行修改，所以更须做到一目了然。

重要

◆数量计算书例

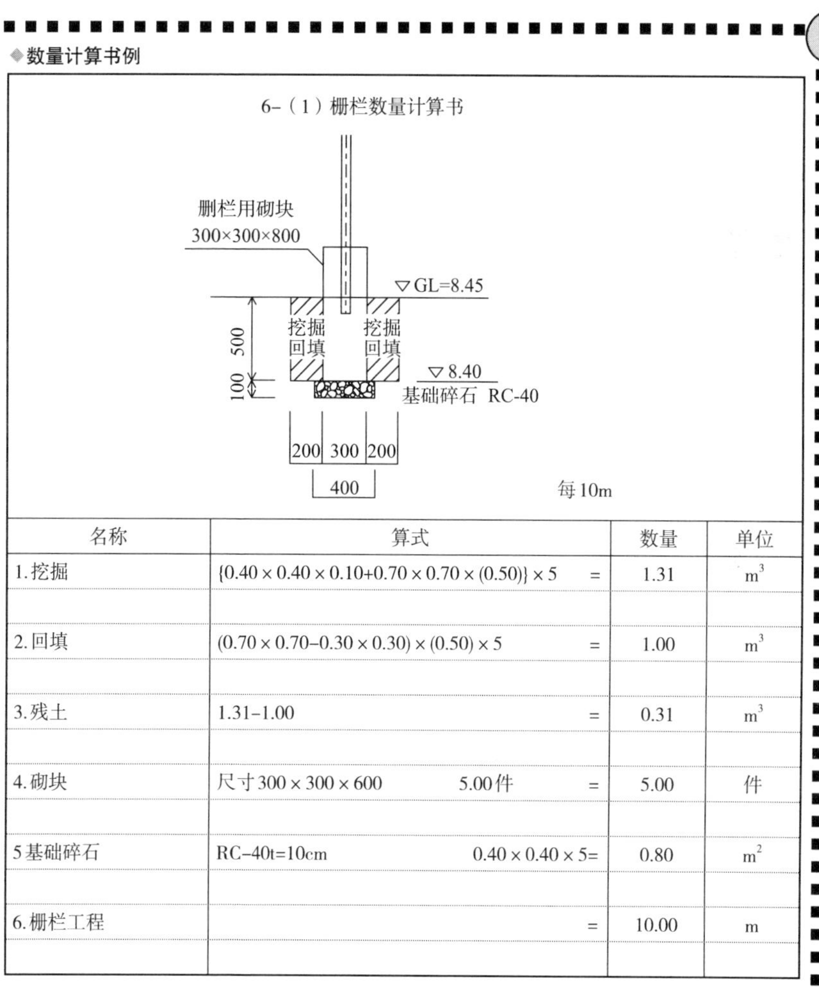

名称	算式	数量	单位
1.挖掘	{0.40 × 0.40 × 0.10+0.70 × 0.70 × (0.50)} × 5 =	1.31	m^3
2.回填	(0.70 × 0.70–0.30 × 0.30) × (0.50) × 5 =	1.00	m^3
3.残土	1.31–1.00 =	0.31	m^3
4.砌块	尺寸300 × 300 × 600 5.00件 =	5.00	件
5基础碎石	RC–40t=10cm 0.40 × 0.40 × 5=	0.80	m^2
6.栅栏工程	=	10.00	m

种类明细表

下面的表是预算的最终结论，即总工程费的汇总页。将共同暂设费和一般管理费都加在直接工程费项上，使金额变得相当庞大。现在，让我们再看看表中的外部工程是经由怎样的路径才完成最终的目标的。

重要

年 月 日编制

金额 日元

（工程造价 金额 34 439 000日元）

（种类明细表）

名称	摘要	数量	单位	金额	备注
直接工程费					
外部工程		1	项	12 550 000	
建筑工程	RC结构	1	项	8 885 500	121.59m^2
小计				21 435 500	
外部设备	新装	1	项	834 500	
建筑设备	新装	1	项	1 215 840	
小计				2 050 340	
直接经费		12	%	2 818 300	23 485 840 × 0.12
小计				26 304 000	←直接工程费
间接工程费					
共同暂设费	26 304 000 × 4%	1	项	1 052 160	
现场管理费	（26 304 000+1 052 160）× 9%	1	项	2 462 054	
小计				3 514 200	←间接工程费
计	26 304 000+3 514 200	1	项	29 818 200	←工程成本价
一般管理费等	工程成本价 × 10%	1	项	2 981 000	
合计	直接工程费+间接工程费+一般管理费	1	项	32 799 200	←工程造价
消费税		0.05	%	1 639 960	
总工程费	直接工程费+间接工程费+一般管理费+消费税	1	项	34 439 000	←承包工程费

※上述计算中共同暂设费中的各项比例，根据工程的种类、规模变化。

子项明细表

本项目的外部工程共由以下的9个子项工程组成。这里，我们重点着眼于栅栏工程，看看其预算是怎样形成的。

重要

（子项明细表）

名称	摘要	数量	单位	金额	备注
Ⅰ 外部工程					
1. 拆迁工程		1	项	691 149	
2. 土工		1	项	803 874	
3. 设施工程		1	项	1 684 953	
4. 游戏设施工程		1	项	1 857 143	
5. 栽植工程		1	项	1 003 840	
6. 管理设施工程		1	项	2 988 628	
7. 铺装工程		1	项	1 141 085	
8. 修景设施工程		1	项	1 843 403	
9. 杂项工程		1	项	535 925	
计				12 550 000	

次子项明细表

在管理设施工程子项中有以下3类工程。

至此，有关栅栏工程项下的金额终于出现了。进而，我们再将栅栏工程的金额填入小项明细表中。

（次子项明细表）

子项名称	次子项名称	数量	单位	金额	备注
6. 管理设施工程					
苗圃外围工程	（1）栅栏工程	1	项	1 918 728	
	（2）围墙工程			744 150	
	（3）大门工程			325 750	
计				2 988 628	
7. 铺装工程	（1）沥青铺装工程	1	项	449 645	
	（2）混凝土铺装工程	1	项	691 440	
计				1 141 085	

7章 施工管理

小项明细表

在这里，我们填入栅栏工程一项的金额。再将详细内容填入价格表内。

（小项明细表）

6. 管理设施工程						
子项名称	摘要	数量	单位	单价	金额	备注
（1）栅栏工程						
栅栏工程		216.0	m	8 883	1 918 728	（另页明细）价格32
计					1 918 728	
（2）围墙工程						
围墙工程		270.6	m	2 750	744 150	
计					744 150	

另页明细：价格表

据此，我们已经可以知道修建栅栏所需要的劳动和材料的总费用。如果要想了解其中各小项的构成及各自的金额是多少，则须分别计入单价○○（见另页明细）。通过这一明细，我们就能够知道其中如挖掘一项是如何构成的。

另页明细

价格-32	栅栏工程					每1m
名称	摘要	数量	单位	单价	金额	备注
挖掘	反向铲=0.2m^3	1.3	m^3	742	964	（另页明细）单价6
回填		1.0	m^3	1 020	1 020	（另页明细）单价4
残土处理		0.3	m^3	800	240	（另页明细）单价10
基础砌块	300×300×600	5	件	5 600	28 000	根据估算
基础碎石	RC-40 t=10cm	0.8	m^2	839	671	（另页明细）单价8
栅栏工程		10.0	m	5 794	57 940	根据估算
					88 835	
				每1m	8 883	

另页明细：单价表

有关挖掘的小项内容及其数量系依据政府部门每年公布的预算标准得出。假如相应的项目缺失或使用工厂的制成品时，可采取估算方式，参照业界物价和预算资料等求得相关数据。

另页明细						
单价-6	反向铲挖掘装运（履带式、单次挖掘量0.2m^3）					
名称	摘要	数量	单位	单价	金额	备注
司机（特种）		1	人		15 600	据预算标准○○页
燃料		38	公升	89	3 382	据业界物价07.8○○页
机械维修	履带式、单次0.6m^3	1.5	日	6 150	9 225	据预算资料07.8○○页
计					28 207	
		28 207	日元/日	38	742	1天施工量38m^3

7-2 施工计划

施工监理的作用在于，对项目施工是否按照设计图纸和预定工期进行加以管理，并且监督工程的安全作业，最大限度地抑制施工费用。为此，就必须事先做充分的准备，对项目情况了然于胸，并与招标者进行反复的协商。即使在工程实施阶段，亦应确保按照计划作业，并建立起可应对各种意外变故的工程管理体制。以上这些，我们即称之为施工计划。

1 施工计划的顺序

①事先调查	图纸・说明书	事先充分理解设计图纸及相关文件的内容
	合同条件	研究合同内容和确认必要的合同文件
	现场调查	调查现场的各种条件并制作成图表

↓

②施工技术计划	施工方法与施工顺序	根据工期及作业量决定基本方针，选定施工流程和工法
	工艺计划	设定各工种工期和休息日，对全部工艺方法和工艺管理等从经济性角度进行充分研讨
	施工机械的选择及搭配	以工艺计划作为基础，制定机械种类及其性能等方面的使用计划
	临时设备计划	通常，临时设备均以合同中的单项计入，几乎都是委托施工者自行决定。临时设备计划，不仅是设置问题，还应包括维护、拆除和后期清理等内容。而且，要使制定的计划相对于工程规模来说既不过大又不过小。此外，尚应根据情况对运输路途中的桥梁部分做结构计算
	质量管理计划	各种试验方法、质量管理和已完工部分的管理方法、内部检查管理方法等

↓

③调度计划	外购（外包）计划	选择在技术、成本和可靠性等方面都具有优势的厂家和施工者
	劳务计划	依据工艺表制定各工种所需工期及人数。由于在实施过程中避免不了有因病缺员延误工期的现象发生，因此制定的计划必须留出一定的余裕
	机械种类、台数及要求的工期	在对消耗的人力、材料和工具等进行调度时，将数量在合理的范围内压缩到最低程度；并通过反复利用提高其使用效率
	材料调度及运输计划	栽植工程的实施，应选择适当的施工周期和栽植时机，并选择合适的树种，以确保较高的成活率

↓

④工程管理计划	现场机构组成	应该明确现场指挥系统以及相应的业务分工
	施工技术计划	不仅要充分利用过去的实践经验，而且还应考虑引进新理论和新工艺，要对采用的工艺方法是否符合现场施工要求做出总体上的判断
	编制实施预算书	根据资金状况和收支安排制定确保工期内按预算完成项目的计划
	安全管理计划	防止灾害计划、安全卫生教育、交通管理和紧急预案等
	环保计划	考虑到噪声、震动和粉尘等对周边环境的影响，并据此制定采取相应措施的计划
	施工废弃物处理计划	将需要处理的废弃物与可再利用资源分开，并确定适当的处理方法
	其他	提交政府相关部门的申请、协议和报告

↓

制定施工计划书

2 施工管理计划

施工管理计划可大体上分为进度管理、质量管理和成本管理等3个部分。

① 成本管理

当提高施工速度，加大施工量时，将会使成本降低。但假如采取突击作业方式，反而会让成本上升（图中的A曲线）。

② 质量管理

如果提高质量，则成本亦会随着提高（图中的B曲线）。

③ 进度管理

如果为加快施工进度而进行突击作业时，质量亦相应降低（图中C曲线）。

必须把握好这3者之间的关系，在施工管理上使3者取得平衡。

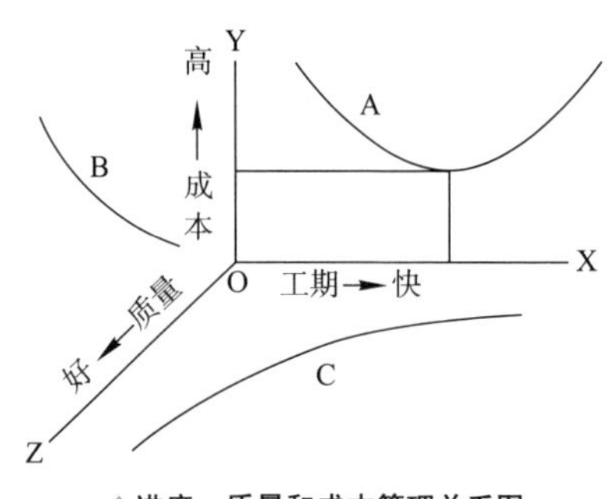

◆进度、质量和成本管理关系图

7-3 施工进度管理

1 施工进度计划

施工进度管理，**不仅要制定出能够满足工期、质量和经济性等3个条件的合理的施工进度计划**，而且还是包括安全质量和成本管理在内的综合管理手段。

① 施工计划

施工计划如右图那样，是一个**计划→实施→研讨→处置**的循环过程，主要是为了提高管理的效率。

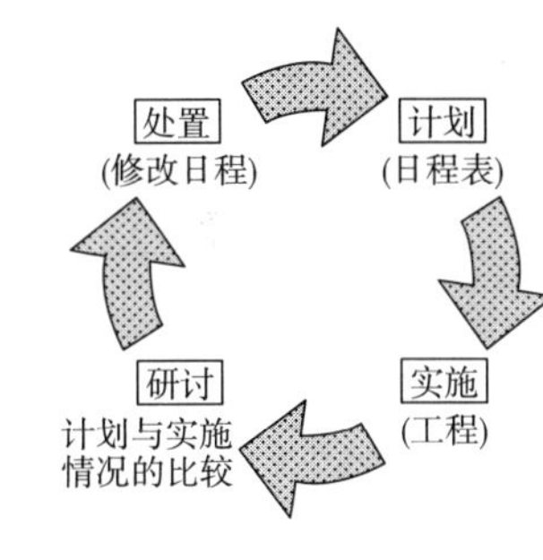

施工进度管理的目的在于，

承包者一方：以最小的费用，获得最高的施工效率

招标者一方：使工期得到保证

施工进度管理，不仅仅是时间概念上的管理，还应对整个工程的进展情况做全盘考虑，以做到高效率地使用机械设备、劳动力和资材等。类似图中那样对施工计划的反复研讨，是施工计划管理不可或缺的作业。

② 制订计划的步骤

确定施工步骤	在一定程度上，顺序是由工程的性质决定的；但应该尽可能让施工周期较长的作业早些开始
计算各工种的施工周期	·掌握施工量状况，根据机械作业量、作业环境和人力物资消耗等因素，算出1日平均施工量 ·以1日平均施工量去除不同工种的工程总量，便得到所需要的工期日数
工种间相互调整	·由于施工计划的间歇和机械等待将会增加工人和机械的机会成本，因此应设法进行调整，使之在作业程序中不出现空挡，最大限度地减少时间的浪费 ·凡同类工程尽可能一起作业，并为此制定出有效率的计划
劳动量的平衡	·制定的计划应尽量将紧张忙碌的程度覆盖整个工程 ·制定的计划要保证具有经济性的施工速度，不搞那种不经济的突击式施工
编制进度表要确保竣工日	确定的施工速度(最佳工期)，既要使其具有经济性，又要确保各个工程都能按照施工顺序和指定的工期完成。但应该考虑到由季节和天气的原因造成的延误，因此计划亦应留有余地

③ 计算天数和时间

· 可作业天数≧所用作业天数$=\frac{\text{总工程量}}{\text{1天平均施工量}}$

· 1天平均施工量≧$\frac{\text{总工程量}}{\text{可作业天数}}$

· 1天平均施工量＝1小时平均施工量 ×1天平均作业时间

※ 需要注意的是，1小时平均施工量会受到以往实践经验、作业条件和季节等的影响

· 建筑机械每1天的运转时间

＝机械操作者的规定时间－机械休息时间和日常维护修理时间

· 运转时间率

$=\frac{\text{1天中的运转时间}}{\text{1天中的操作者规定时间}}$

④ 成本与工期的关系

如果加快施工速度缩短工期的话，建设费用亦随之减少。

→当施工速度被提高到一定程度（突击施工）时，建设费用反而会增加。

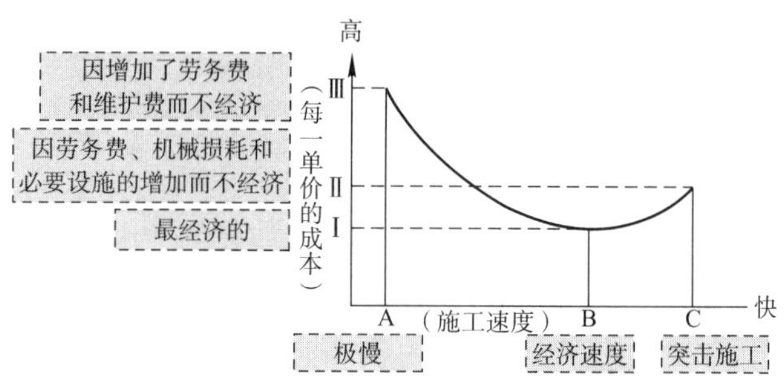

◆建设费用与工期的关系

⑤ 施工费与工程总成本的关系

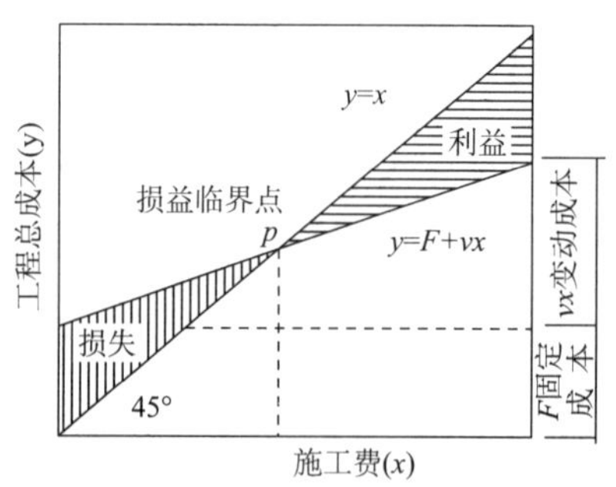

◆利益图

工程总成本原本是随着施工量变动的；尽管如此，在实践中这个总成本仍然由施工量即使变化也不增减的固定成本和影响施工量增减的变动成本构成。

具体地说是这样的，当1天中工作的时间越长，其消耗的材料和燃料等也越多，即被称为变动成本；反之，假如1天中工作的时间无论增加还是减少，工人1天的劳务费用和建筑机械的损耗等一点儿都不变化，我们则称其为固定成本。

工程总成本为固定成本（F）+变动成本（vx）。

当工程总成本与施工费用处于常等状态时，便成为一条$y = x$的直线。这两条线相交的点p即损益临界点，如果速度超过这一点，将进入获利区域。这样的施工速度被称为核算速度。

在施工进度管理方面，应该将施工速度维持在最低核算速度以上。

⑥ 最佳工期

应该怎样做才能制定出最适合某一工程的计划呢？

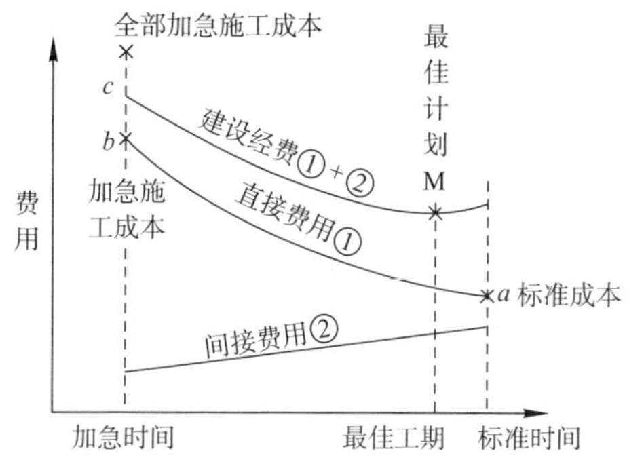

◆工期·建设费用曲线

最佳计划的制订方法

将直接费用与间接费用合计起来，可统称为总建设费用；如果它是那个能够成为**最小值的点**，即为最佳计划和**最佳工期**。

- **直接费用**：如劳务费、材料费、直接暂设费和机械运转费等，**工期缩短便会增加的费用**
- **间接费用**：如现场经费、共同暂设费和折旧费等，**工期延长便会增加的费用**
- **标准成本**：直接费用变为最小的点（a），亦称标准费用。这时的工期被称为标准时间（Normal Time）
- **加急时间**：因比标准时间的作业速度快，故可缩短工期；然而直接费用增加，最终直至达到无论再增加多少直接费用也无法将工期进一步缩短的极限为止。因此，亦将这一时间称为Crush Time（加急时间）。

2 施工进度表的种类

<table>
<tr><th></th><th>模式图</th><th>特点</th><th>优点○・缺点×</th></tr>
<tr><td rowspan="2">横线式进度表</td><td>柱状图表 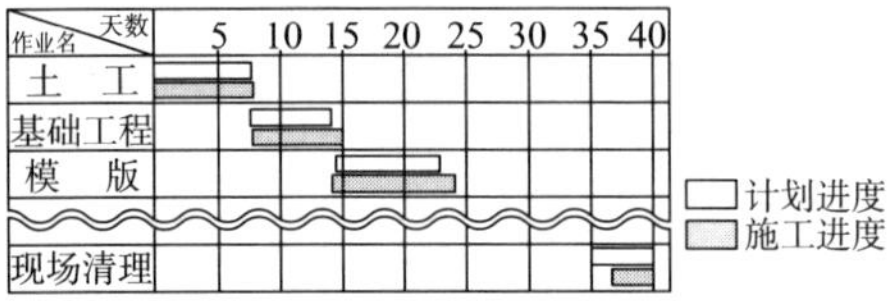
作业名 天数 5 10 15 20 25 30 35 40
土工
基础工程
模版
现场清理
计划进度
施工进度</td><td>是一种应用最广泛的进度表。纵轴表示工种；横轴系代表施工周期的柱状图</td><td>○制表简单
○直观
○易修改
× 各工种关联不明确
× 影响工期的作业不明确</td></tr>
<tr><td>进度日程表 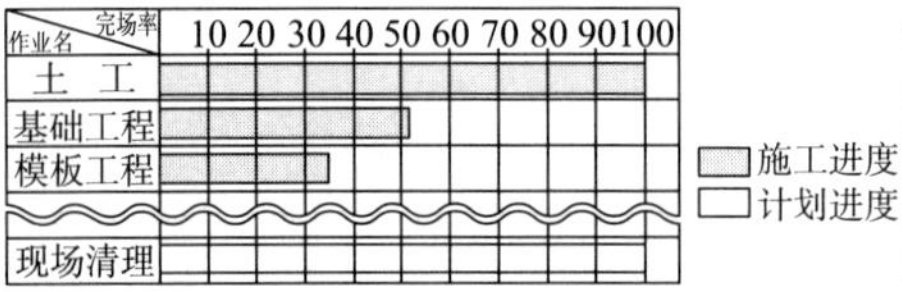
作业名 完场率 10 20 30 40 50 60 70 80 90 100
土工
基础工程
模板工程
现场清理
施工进度
计划进度</td><td>纵轴为工种，横轴表示各工种完成率的柱状图</td><td>○制表简单
○进展状况清晰
× 各工种关联不明确
× 各个作业的开始日、结束日和所需天数都不明确</td></tr>
<tr><td rowspan="2">累积曲线式进度表</td><td>图表式 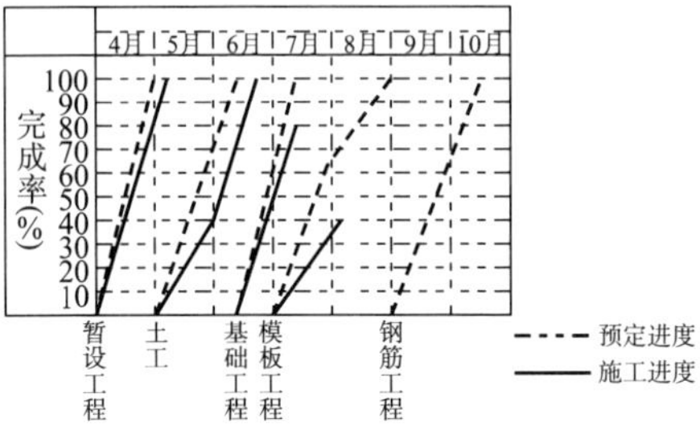
4月 5月 6月 7月 8月 9月 10月
完成率(%) 10 20 30 40 50 60 70 80 90 100
暂设工程 土工 基础工程 模板工程 钢筋工程
预定进度
施工进度</td><td>以横轴表示工期；将施工量合计数及完成率放在纵轴上。系一种工程进展情况的图表化形式</td><td>○工期明确
○制表简单
○所需天数明确
× 重点管理作业不明确
× 作业的相互关联不明确</td></tr>
<tr><td>完成作业量累计曲线 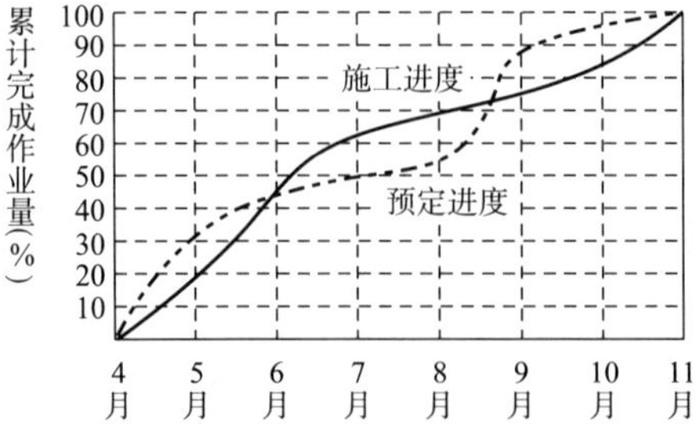
累计完成作业量(%) 10 20 30 40 50 60 70 80 90 100
施工进度
预定进度
4月 5月 6月 7月 8月 9月 10月 11月</td><td>横轴为工期；纵轴表示完成作业量占总工程量的比率(%)。将该时点完成的作业量预先填入图表中
完成作业量曲线如成S形弯曲最为理想</td><td>○可以判断工程进展是否正常
○易于比较计划与实施的情况
× 除完成好坏外，有关作业量的其他情况均不清楚</td></tr>
</table>

累积曲线式进度表	**香蕉曲线** 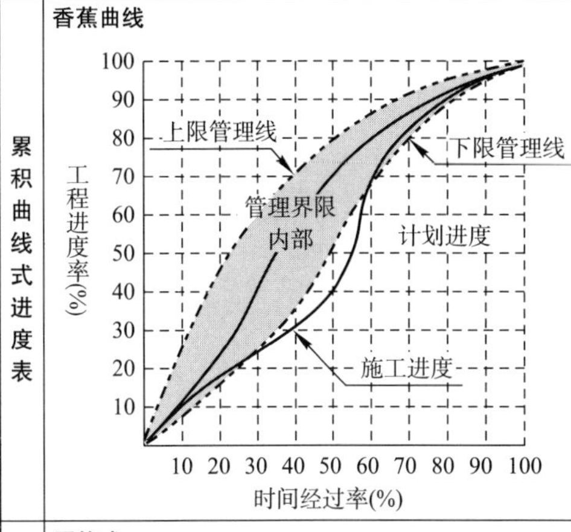	横轴用以表示工期，设为100%经过时间；纵轴为完成作业量(%)。作为进度，表示安全的时间完成率的范围。斜线部分为允许范围；但如超过管理上限，便会显得勉强或造成浪费；反之如超过管理下限，则必然要突击施工，从而对进度做出调整	○管理界限明确 ○可以提前发现工期延误和及早采取应对措施；管理目标明确 ×除管理外，对作业量完成的其他情况一无所知
网络式进度表	**网络式** 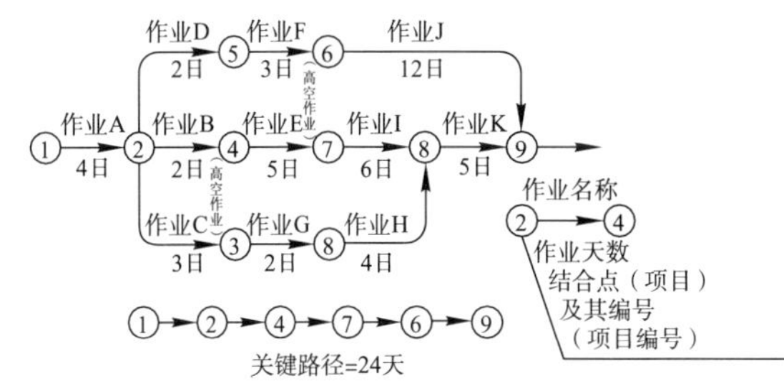 将工程整体按各个作业类别进行分解，以箭头表示这些作业的实施顺序。据此，便可使各个作业间的关联变得清晰起来，也易于抓住作业流程各个步骤 箭头(Arrow)的两端被称为结合点(Event),表示作业的开始及结束（箭头长度与时间维度无关） 在网络中，从作业开始到作业结束，所需时间最长的路径被称为Critical Path（最长路径） [关键路径的性质] · 因这一路径所需的天数即为工期，故须重点管理 · 根据工程情况的不同，或许会有多条关键路径 · 在关键路径上，留给相关类别的作业余地(Total Float)为零 · 即使是关键路径以往的作业，一旦用上了余裕时间，也会成为关键路径		○适合于复杂工程 ○作业的相互关联明确 ○可以通过关键路径进行重点管理 ○可以对材料、人员和成本进行综合的、体系化的管理 ○能够利用计算机进行管理 ×难以一眼就看清楚作业完成情况 ×编制较难 ×修改困难

7-4 质量管理 · 安全管理

1 质量管理的目的

质量管理的目的在于，充分满足设计书和说明书提出的标准要求，提供符合这些标准的产品，并在此基础上使其成本降至最低。

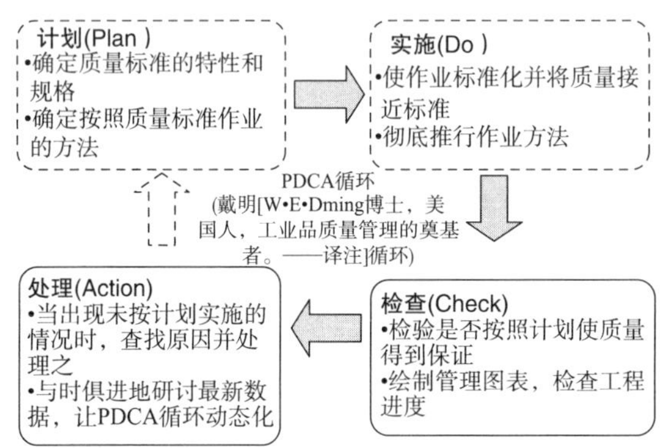

2 质量特性

所谓质量特性，系指关于为满足设计上的质量要求而确定管理对象项目的特性。即必须选定材料，验证穷极各种特性的条件或进行相关试验，以确保达到更好的设计质量。

① 选定条件

· 能够综合反映工程状况
· 给予最终质量以重要影响
· 被选定的特性给予最终质量的影响显而易见
· 因系易测定的特性，故可在施工初期做测定，以更容易进行处置

② 质量标准

· 明确施工中要实现的质量目标
· 考虑到最终的质量难保不出现一点儿瑕疵，因此确定的质量目标亦应留有余地
· 在施工过程中应对质量目标不断进行试错，并根据试错结果对标准进行修改

③ 作业标准

· 不仅依据实验结果，还应参照以往的实践经验做决定
· 制定的作业标准应该能够做到管理先行
· 事先确定该怎样控制给予最终结果以很大影响的因素

· 事先便应明确规定，一旦工程发生意外，该怎样追究责任并由谁到哪里去处理什么问题

· 为了积累经验和提高技术，应使作业标准形成文字

④ 质量特性试验

工种		质量特性	试验方法
土工	材料	粒度 液态界限 塑性界限	粒度试验 液态界限试验 塑性界限试验
	施工	现场含水量 夯实程度 贯入指数 现场CBR 支持力系数	含水率试验 干燥密度试验 各种贯入试验 CBR试验 平板荷载试验
混凝土工程	骨材	粗骨材粒度	筛分试验
		破碎值	破碎试验
		磨耗量	磨耗试验
		表面含水量	表面含水率试验
		密度·吸水率	密度及吸水率试验
	混凝土	坍落度	坍落度试验
		空气量	空气量试验
		抗压强度	抗压强度试验
		抗弯强度	抗弯强度试验
		配合比例	冲洗分析试验
		单位容积质量	单位容积质量试验
沥青铺装工程	材料	贯入度	贯入度试验
		软化点	软化点试验
		磨耗量	磨耗试验
		延度	延度试验
		粒度	筛分试验
	工厂制品	合成颗粒土	沥青抽提试验
	铺装现场	稳定度	马歇尔试验
		厚度	取心试验
		平坦性	平坦性试验
		配合比例	通过取心测定
		密度	密度试验

◆具有代表性的质量试验方法（摘要）

钻探勘察

旋转前端带刃的钢管进行挖掘，采取地质试样做地层判定

○优点

- 能够亲眼观察地层状况，并据此对土质做出判断
- 可对所有地层进行挖掘，并能够确认硬质地层的层厚和分布在硬质地层下面的软弱地基

×缺点

- 勘察费用高
- 作业所需时间长
- 需要5m左右见方的作业区
- 地层的固结程度及硬度难以了解，必须辅之以各种试验手段

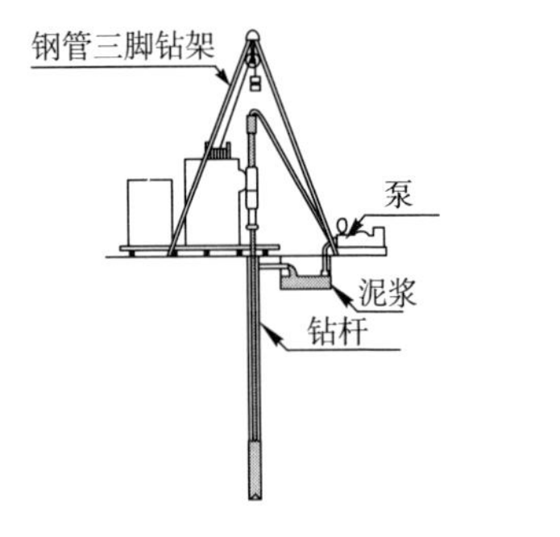

瑞典式测探

通常，用于对软弱地基的勘察。

单纯依靠配重的荷载或利用旋转，将螺旋状的尖端贯入地下，测定贯入时的阻力值，以判定地基的软硬程度和固结状况。通过与钻探勘察手段相结合来对地层进行确认，进而可得到更详细的勘察结果

○优点

- 作业方便，所需时间短
- 即使狭小的地段亦可进行勘察
- 根据测定值即可判别土的状态
- 勘察费用低

×缺点

- 不适于较硬的地基
- 无法做较深地层的勘察
- 不能确认良好的承载层在哪里
- 如果有沙砾填土，无法了解下面的软弱土层分布状况
- 仅能做出概略的土质判定

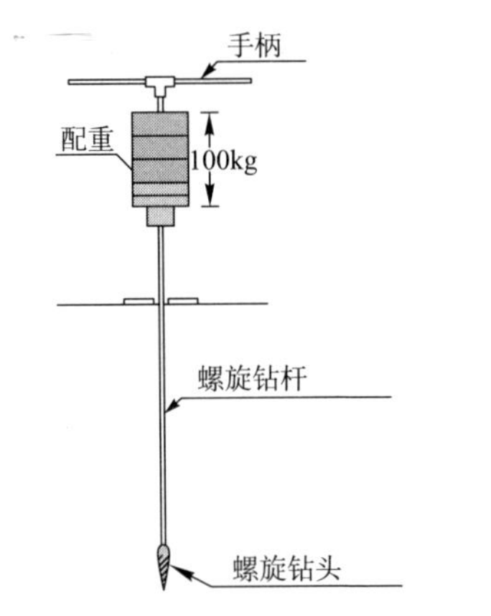

CBR试验

系一种求得土层承载力数据的试验。将直径50mm的贯入活塞贯入试样路基土或路床土0.25cm时的载荷与标准荷载的比，以百分比表示即为CBR

- 修正CBR：对以最佳含水率状态固结、如最大干燥密度95%那样的试样进行测定，并判断其是否适于作为路基材料使用
- 设计CBR:铺装厚度是根据路床土的CBR改变的，因此有必要对路床的CBR进行测定估计到路床土可能会由于含水量的变化而使其承载力变得低下，因此应该根据室内CBR或现场CBR来求出设计CBR

标准贯入试验

将带杆的标准贯入试验器（取样器）贯入钻孔内一定深度（配重63.5kg）

从75cm高度向下敲击，测定钉入30cm深所需要的敲击次数（N值）

据此，便可测定地基的软硬和固结状况

○优点

· N值作为强度指标被利用得最多

· 可采取地质试样，详细了解土质状况

· 因与钻探手段同时应用，故可取得地层深处的数据

× 缺点

· 由于同时采用了钻探手段，因此作业时间较长

· 无法在含有大块砾石的地层测出准确的数据

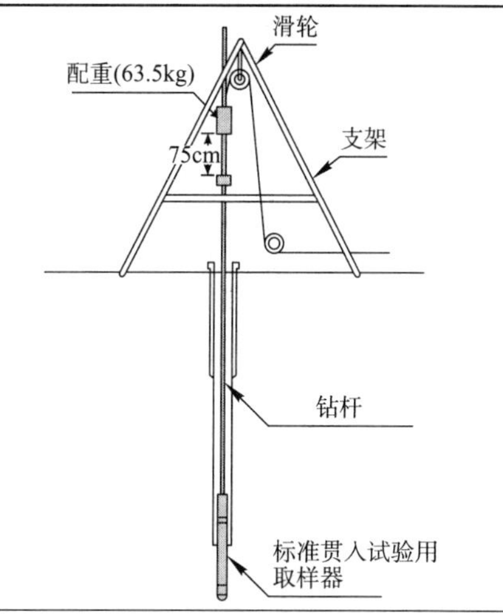

平板荷载试验

将荷重放在直径30 cm（或40.75 cm）的荷载板上，测定其沉降到规定值所需要的荷重的重量，并求出以沉降量去除所得到的值。该值即被称为地基系数或承载力系数，据此可知地基的弹簧常数

规定沉降量，如系以沥青铺装的路基，其厚度应为0.25cm

混凝土铺装的路基，其厚度则为0.125cm

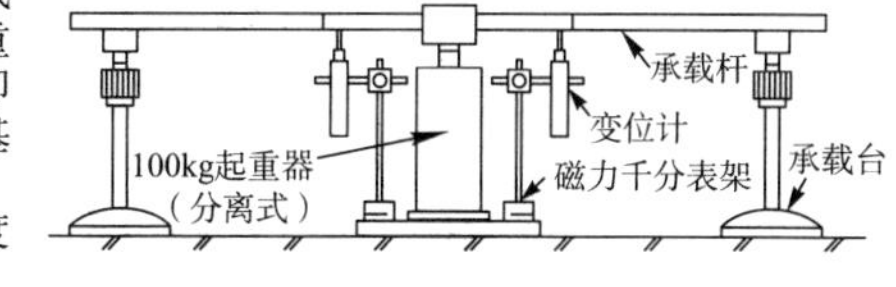

沥青针入度试验

将施加一定重力的针插入具有一定温度的沥青中根据其插入深度测定沥青的软度

其计量单位以每插入0.01mm称为针入度100来表示

这是确定沥青标准的一项重要试验

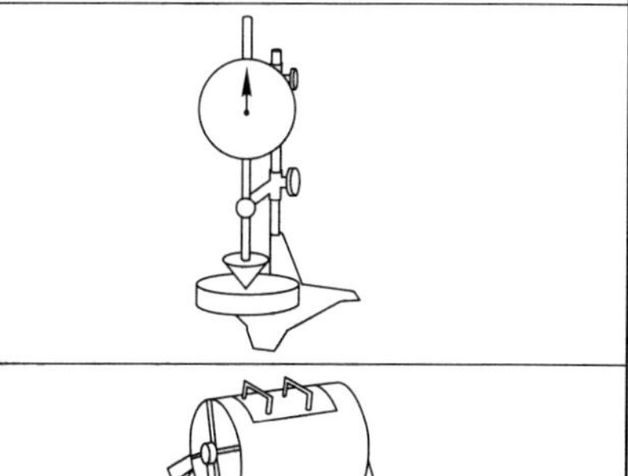

洛杉矶式磨耗试验

可以测定骨材对磨耗和冲击的抗力值。将骨材和钢球一起放入滚筒内，使其旋转一定次数，求得磨耗值

3 质量管理方法

(1) 管理的图式化

① 直方图

系将测定值的分布状况以图式化进行表现的方法。利用这种形式，可以在本来紊乱模糊的状态中，清晰地了解测定的数值到底偏离标准值多少，并据此判断出质量的优劣。

练习

试试看！ 绘制直方图表

A）收集数据：尽可能多地收集数据，以使其更加接近正确值（50~100个以上）。

NO	X1	X2	X3	X4	X5	X6
1	39	43	48	45	33	35
2	51	39	38	41	42	52
3	44	49	28	35	24	41
4	35	42	40	50	36	27
5	28	36	34	37	46	37
6	41	31	46	32	38	45

B）从全部数据中找出最大值（Xmax）和最小值（Xmin）。

各列的最大值和最小值	X1	X2	X3	X4	X5	X6
Xmax	51	49	48	50	46	52
Xmin	28	31	28	32	24	27

C）从最大值与最小值的差（R）求出上限值和下限值。

Xmax−Xmin =52−24 = 28 = R

D）绘制频度分布表

根据数据分类来决定等级幅度的划分，并取其等级幅度的中间值作为等级代表值。然后再将全部数据汇总填入图表内（频度分布表）。

频度分布的计数形式是，[//] = 2, [//////] = 5。

等级	代表值	X1	X2	X3	X4	X5	X6	合计
22.5~26.5	24.5					/		1
26.5~30.5	28.5	/		/			/	3
30.5~34.5	32.5		/	/	/	/		4
34.5~38.5	34.5	/	/	/	//	//	//	9
38.5~42.5	40.5	//	//		/	/	//	8
42.5~46.5	44.5	/	/	/	/	/	/	6
46.5~50.5	48.5		/	//	/			4
50.5~54.5	52.5	/					/	2
							合计*n*	36

E）绘制直方图表

以纵轴为频度，横轴表示质量特性，绘制成直方图表。

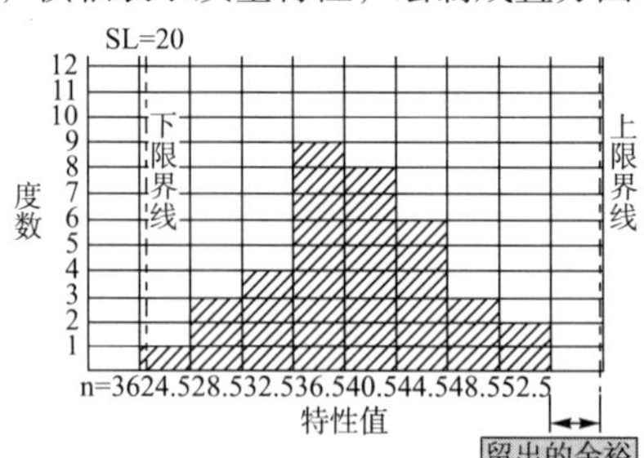

F）直方图表分析

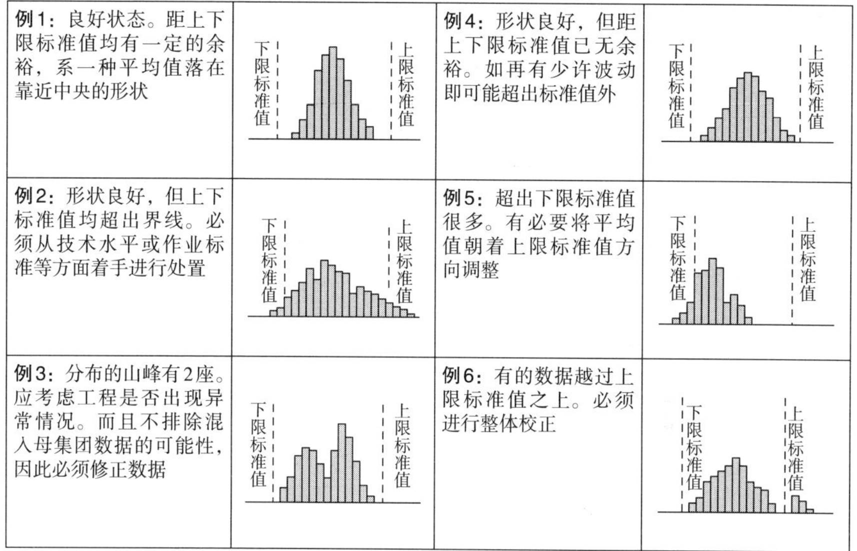

例1	良好状态。距上下限标准值均有一定的余裕，系一种平均值落在靠近中央的形状	例4	形状良好，但距上下限标准值已无余裕。如再有少许波动即可能超出标准值外
例2	形状良好，但上下标准值均超出界线。必须从技术水平或作业标准等方面着手进行处置	例5	超出下限标准值很多。有必要将平均值朝着上限标准值方向调整
例3	分布的山峰有2座。应考虑工程是否出现异常情况。而且不排除混入母集团数据的可能性，因此必须修正数据	例6	有的数据越过上限标准值之上。必须进行整体校正

② **工程实施能力图**

工程实施能力图，系采用另外一种形式来表现直方图无法表现的、与工程进度同步的管理状况的重要图表。

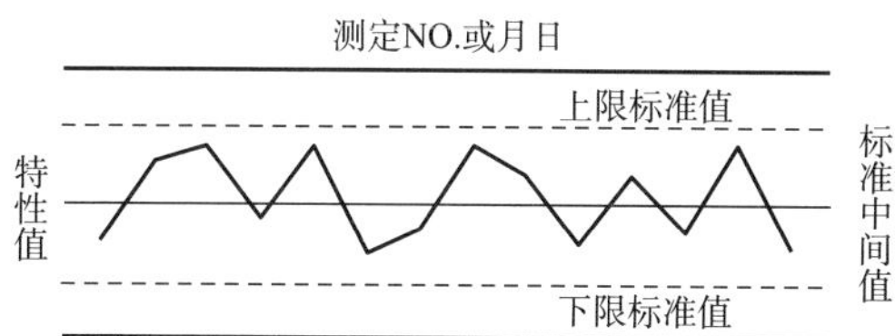

工程实施能力图的绘制方法

A）将调查对象组合排列

B）按时间先后顺序将数据填入不同的组合中

C）对实施能力图进行分析

□ **逐渐上升**：可看做机械精度正在变差

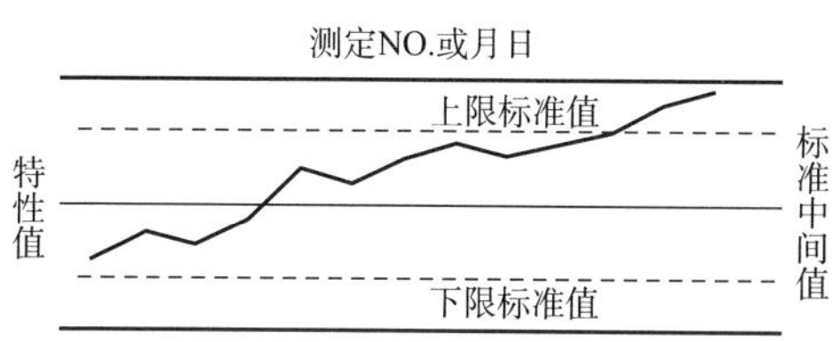

□ **上下偏差变大：**因熟悉作业标准，故仍可进行粗略的作业。或可看做仪器的精度变差

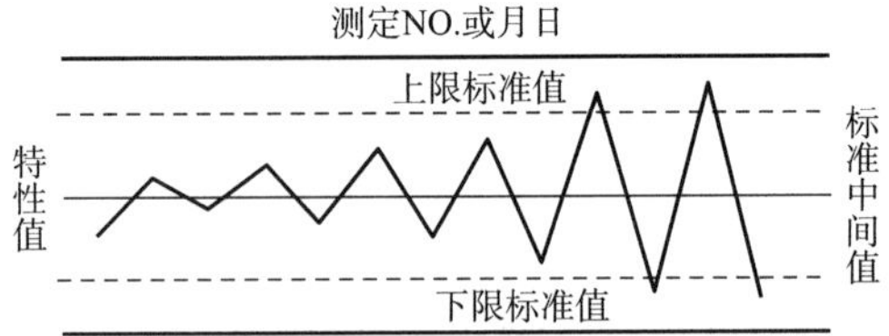

□ **数据上下剧烈波动：**往往出现在调整机械或改换材料时

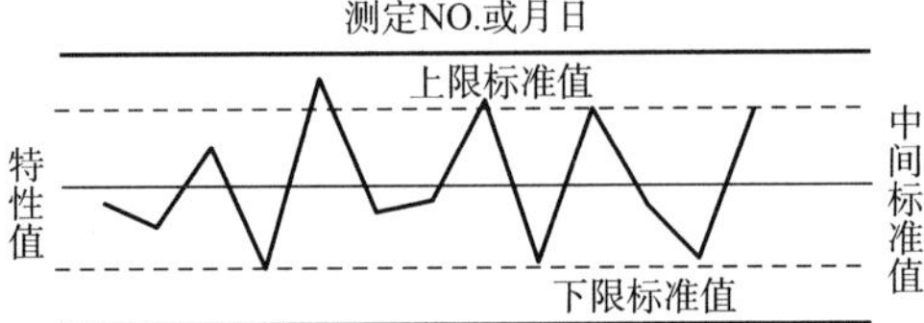

□ **周期性变化：**在受气温等影响的情况下容易发生

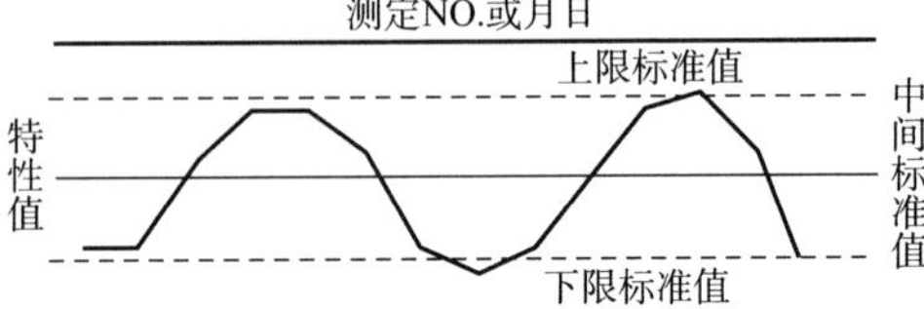

7-5 工程废弃物处理及其循环再利用

1 工程的副产物

(1) 认定的工程副产物

所谓工程副产物，系指建设工程施工过程中产生的一些物品。可以将其全部或一部分作为再生资源得到有效利用的有以下4类，并成为认定的工程副产物。

认定工程副产物	再生资源	
工程残土	第1种工程残土 （沙、砾石）	构筑物回填材料、土木结构物背填材料、道路填土、宅地造成材料
	第2种工程残土 （沙质土、沙砾质土）	土木结构物背填材料、道路填土、宅地造成材料、河流堤堰材料
	第3种工程残土 （黏性土）	土木结构物背填材料、道路填土、宅地造成材料、河流堤堰材料、填埋水面材料
	第4种工程残土 （第3种以外的黏性土）	填埋水面材料
混凝土块	再生骨材、结构物基础材料、道路路基材料	
沥青混凝土块	再生骨材、结构物基础材料、道路路基材料	
工程木材下脚料	造纸材料、轧制刨花板	

(2) 再生资源利用计划及再生资源利用促进计划

凡某一工程项目的建设者，当要使用下表中列出的建筑材料时，都应事先制订再生资源利用计划；反之，在项目完工撤出时，亦必须制订再生资源利用促进计划。

	再生资源利用计划	再生资源利用促进计划
必须制订计划书的工程	将下列建筑材料**运入**施工现场的工程 1）土沙：1 000m³以上 2）碎石：500t以上 3）加热沥青混合物：200t以上	将下列建筑材料**运出**施工现场的工程 1）工程残土：1 000m³以上 2）混凝土块、沥青混凝土块及工程木材下脚料： 合计重量200t以上
须将有关内容填入计划书的工程	1）各种建筑材料的消耗量 2）上述消耗材料中的各种再生资源利用量 3）其他与再生资源利用有关的事项	1）各种认定副产物的运出量 2）各种认定副产物的再资源化设施以及运往其他建设施工现场的数量 3）与其他认定副产物再生资源利用促进有关的事项

※：两种计划均应保存到工程结束后1年

7章 施工管理

(3) 废弃物的种类

一般废弃物	工业废弃物以外的废弃物，由市、町和村处理
工业废弃物	系伴随生产和建设活动产生的废弃物，被指定20种 （燃渣、污泥、废油、废酸、废碱、废塑料类、金属屑、碎玻璃及碎瓷片、矿渣、枯木类、粉尘、纸屑、木屑、纤维屑、动植物性残骸、动植物类遗弃物、动物粪尿等）
特别管理废弃物	一般废弃物及工业废弃物中可能危及他人健康或影响生活环境的具有爆炸性、毒性和感染性的物品

(4) 废弃物处理场所

处理场所的形式及特点	废弃物种类
稳定型处理场 仅将不会对环境造成负面影响的废弃物做填埋处理。为此，须做防止渗透到地下水去的遮水工程和修建浸出水处理设施。并且，要承担监控地下水的义务	处理稳定型的5种（废塑料类、金属屑、碎玻璃和陶瓷碎片、橡胶屑、枯木类）中的工业废弃物
管理型处理场 对低浓度的有害物质和生活中排放的污浊物质进行处理。对于其中的大部分废弃物来说，处理的主要目的在于使其保持稳定	处理填埋后可逐渐分解的废弃物（废油、纸屑、木屑、纤维屑、污泥、废石膏板等） 有些种类的废弃物渗出的水中含有重金属、BOD成分、COD成分、氮、酸和碱等。遇此情况，应修建橡胶密封设施和渗出水处理设施，并通过对水质的检验和监控进行管理
遮断型处理场 为了处理所含重金属和有害物质等超标的废弃物，应该对其进行不间断的监控和管理，使其与公共水域和地下水保持永久性的隔离	处理不符合填埋标准的燃渣、粉尘、污泥和矿渣等

2 工业废弃物管理单（Manifest）

工业废弃物管理单被通称为Manifest制度，是以促进对工业废弃物做妥善处理为目的而建立的一种制度。这一制度通过使用被称为Manifest传票的工业废弃物管理单，不仅能够确认废弃物处理的流程，而且还可以预先防止非法排放废弃物之类的事件发生。

(1) Manifest制度的结构

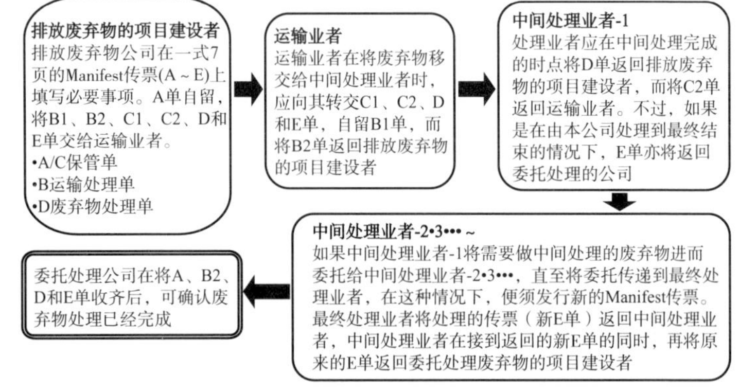

▶**趣闻杂谈⑥** 工程废弃物是个什么状况?

废弃物可分为一般废弃物和工业废弃物。一般废弃物每年的排放量约为5千万t，工业废弃物则是其8倍左右，即排放约4亿t。

即使在工业废弃物中，也有约2成，即8千万吨为工程废弃物；然而，这些废弃物的循环再利用情况又如何呢?

看看下面的图表，便可以大致地了解废弃物循环再利用的真实情形。

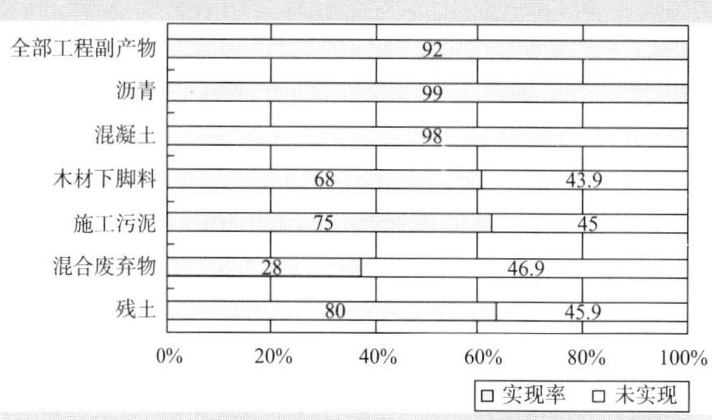

8章 · 法　　规

不留神便会落入圈套！

※ 本章所载的有关法律法规，仅就本书内容需要部分摘要进行编纂

8-1 与公园相关的法规

1 城市规划法

城市规划法系指关于对指定的城市规划区域进行整体综合性开发、改造和维护的法律。这些指定的城市规划区域主要包括城市及相当于城市规模的町村的地区中心部分（街区）（该法第1条）。

(1) 城市规划的内容

① **指定所有的城市规划区域：**都道府县知事首先听取相关市町村及城市规划地方审议会的意见，得到国土交通大臣的批准后即可予以指定。

② **公告与告示：**规划区域确定后，即应公告。如果在这一区域内的有关城市已实际制定出城市规划，则应发布告示，并自告示公布之日起发生法律效力。

③ **城市规划的决策人：**由都道府县知事或市町村对城市规划做出最终决策。

(2) 区域划分

为了防止出现城市无序发展的倾向，实现有计划发展街区的目标，城市规划法对规划区域做了划分，分成街区化区域和街区化调整区域。

① **街区化区域：**系已经形成街区的区域，以及预计10年以内应该优先列入计划发展成街区的区域（该法第7条2款）。

② **街区化调整区域：**应该对其街区化进行控制的区域（该法第7条3款）。

具体地说，在街区化区域，对该区域的每个地段都应根据其功能划分来规划建筑物的用途；与此不同的是，在街区化调整区域，只对建筑物的营造等做出一般的限制。规划土地是属于街区化区域，还是街区化调整区域，抑或建筑物用途是否受到限制，这些都是设计时必须考虑的重要条件。

(3) 功能分区

系在区域划分的基础上，根据利用的目的不同对城市规划区域进行的划分，并据此对区域内的建筑物等加以必要的限制，使土地得到合理的利用，实现城市规划的目标（该法第8条）。

① 主要功能分区

<table>
<tr><td rowspan="12">功能区</td><td>第1种低层住宅专用区</td><td>为了保护低层住宅的良好环境的地区。建有小规模的店铺、写字间兼住宅和中小学校等设施</td></tr>
<tr><td>第2种低层住宅专用区</td><td>以保护低层住宅良好环境为主的地区。除中小学校外，还建有一定数量的面积150m²以下的商店</td></tr>
<tr><td>第1种中高层住宅专用区</td><td>为了保护中高层住宅良好环境的地区。建有医院、大学和一定数量的面积500m²以下的商店</td></tr>
<tr><td>第2种中高层住宅专用区</td><td>以保护中高层住宅良好环境为主的地区。除医院和大学之类的设施之外，还建有一定数量的面积1 500m²以下的商店和写字楼等</td></tr>
<tr><td>第1种住宅区</td><td>为了保护居住环境的地区。建有面积3 000m²以下的店铺、写字楼和旅馆等</td></tr>
<tr><td>第2种住宅区</td><td>以保护居住环境为主的地区。建有店铺、写字楼、旅馆、游戏厅和卡拉OK歌厅</td></tr>
<tr><td>准住宅区</td><td>沿道路两侧建有机动车相关设施的地区，以及作为缓冲保护居住环境的地区</td></tr>
<tr><td>住宅区附近商业区</td><td>为了方便附近居民购买日用品而设定的功能区。除住宅和店铺外，还建有小规模的工厂</td></tr>
<tr><td>商业区</td><td>为了促进银行、电影院、饮食店、百货店和写字楼等业务发展而划定的地区。也建有住宅和小规模的工厂</td></tr>
<tr><td>准工业区</td><td>以便于轻工业工厂等对环境影响较小的工业发展为主的地区。几乎可以建设除具有危险性和恶化环境以外的所有工厂</td></tr>
<tr><td>工业区</td><td>以促进工业发展为主的地区。可建设任何性质的工厂；但不得建设学校、医院和旅馆等</td></tr>
<tr><td>工业专用区等</td><td>专门为促进工业发展而划定的地区。可建设任何门类的工厂；但不得建设住宅、商店、学校、医院和旅馆等</td></tr>
<tr><td>高度控制区</td><td colspan="2">对建筑物高度限制做出规定的地区</td></tr>
<tr><td>高度利用区</td><td colspan="2">以合理和健全的方式利用土地高度的地区</td></tr>
<tr><td>特定街区</td><td colspan="2">以某个街区为单位，对其中建筑物的容积率、高度和立面位置做出规定的地区</td></tr>
<tr><td>景观区</td><td colspan="2">保持街区美观和建筑物景观效果的地区</td></tr>
<tr><td>风景区</td><td colspan="2">维持城市的特有风光或保护自然的景致的地区。并对该地区的建筑、土木工程和树木竹林的伐采行为进行规范</td></tr>
<tr><td>历史风貌特别保护区</td><td colspan="2">除做出风景区那样的规范外，还应该在进行土石类挖取作业等可能对历史风貌的保护造成不利影响的一些活动时，事先递交申请</td></tr>
<tr><td colspan="3">其他，尚有特别用途区、绿地保护区、防火区、准防火区、生产绿地区、闲置土地转换利用区、濒临海港区、停车场设置区、观光区、物流区、传统建筑保护区、防止飞机噪声干扰区、防止飞机噪声干扰特别区等</td></tr>
</table>

② 风景区

尤其是在风景区，一般都以《关于风景区建筑等规范条例》等法令，对建筑等行为采用许可制度进行规范。

风景区规范内容例

1. 新建或改建的建筑物的位置、形态及创意等应该与当地和周边地区的景观不存在明显的不和谐现象。

2. 建筑物的高度，在第1种风景区应不超过10m；在第2种风景区则不超过15m。

3. 建筑面积与建筑用地面积之比，在第1种风景区应为20%以下；在第2种风景区，不超过40%。

4. 自建筑物的外墙或代替外墙的柱面至用地边界线的距离，如系与道路相接的部分，第1种3m以上，第2种2m以上；其他部分亦不应小于1.5m。

5. 如果与宅地造成等有关的土地面积达到300m^{2}以上时，其绿地率不得小于20%（不足300m^{2}的，绿地率亦应在10%以上）。

(4) 开发行为

凡在城市规划区内进行的一切开发活动，都必须事先得到都道府县知事颁发的开发许可（该法第29条1款）。

① 开发许可对象

· 以营造建筑物为目的的土地整理

· 以第1种特定结构物的建设为目的的土地整理

所谓第1种特定结构物，系指混凝土搅拌站、沥青加工厂、石材加工厂、储存危险物和处理结构物等可能造成周边地区环境恶化的结构物。

· 以第2种特定结构物的建设为目的的土地整理

例如大于1hm^{2}的棒球场、网球场、田径场、游乐场所、动物园、其他运动设施、旅游观光设施和墓园等处的土地整理。而用于修建高尔夫球场的土地整理，则无论面积大小，均必须持有开发许可。

② 无需开发许可的行为（该法第29条2款）

· 在街区化地区，以及没有为区域划分所确定的城市规划区和准城市规划区内，项目规模未达到政令规定标准者

· 在街区化调整地区内，以营造农林渔业用建筑物及其从业者居住用建筑物的开发行为

· 以营造铁路设施、社会福利设施、医疗设施和学校等为公益事业所不可缺少的建筑物的开发行为

· 国家、都道府县和指定城市等的开发行为

· 作为城市规划项目、土地区划整理项目、街区再开发项目、住宅街区改造项目和防灾街区改造项目的施工所进行的开发活动等

③ 与造园有关的开发许可标准（该法第33条）

· 凡是以营造自住住宅以外的建筑物为目的的开发行为，均应配置道路、公园和广场等及其他公共空地

· 凡1hm^{2}以上的开发行为，均应采取必要措施，以妥善保存和维护开发项目所需要的树木和地面表土

· 但凡挖土深度超过1m或填土高度在1m以上的作业，其面积如果大于1 000m^{2}时，原则上都必须进行表土的复原或引入客土对土壤加以改良

◆**依据开发区域面积设置公园的标准**

开发区域面积	设置标准
0.3~5hm^{2}以下	要将开发区域面积的3%设为公园、绿地或广场
5hm^{2}以上	设置1座面积300m^{2}以上的公园，或将其面积的3%设置为公园
~不足20hm^2	设置1 000m^{2}以上的公园
20hm^{2}以上	设置2座1 000m^{2}以上的公园

2 城市公园法

城市公园法规定了**城市公园的设置及其管理的标准**，目的在于城市公园的健康发展和增进公共福利。

（1）城市公园的定义

所谓城市公园，系指以下的公园、绿地及布置其中的公园设施。其内容则因设置的团体不同而各异（该法第2条）。

■ 由地方公共团体设置

· 作为城市规划设施的公园和绿地、设置在城市规划区域内的公园和绿地

■ 由国家设置（国营公园）

· 作为城市规划设施的公园和绿地、设置在城市规划区域内的公园和绿地

· 占地超出某一都道府县管辖范围的、作为城市规划设施的公园和绿地

· 作为国家纪念工程项目，或为了保存和利用日本固有的优秀文化而设置的、作为城市规划设施的公园和绿地

① 城市公园的种类

A）城市公园的占地

市町村内居民的人均城市公园面积不少于10m^2

中心区的城市公园面积，为该区域内居民人均5m^{2}以上

根据不同的对象面积，还可以将其种类做进一步的细分。

B）城市公园的种类

		类别	内容摘要
基干公园	居住区基干公园	街区（儿童）公园	对象：本街区居民 辐射距离：每250m设置1座，标准面积：$0.25hm^2$
		居民小区公园	对象：附近居住者 辐射距离：每500m设置1座，标准面积：$2hm^2$
		地区公园	对象：居住在徒步圈内者 辐射距离：每1km设置1座 标准面积：$4hm^2$
城市基干公园	综合公园	目的：为全体市民提供休闲、观赏、散步和游玩等综合服务 标准面积：$10\sim50hm^2$	
	体育公园	目的：以全体市民利用其运动健身作为基本目标 标准面积：$15\sim75hm^2$	
大型公园	区域公园	目标：对跨市町村区域的观光休闲需要提供补充 标准面积：$50hm^2$以上	
	风景城市	目标：对以大城市为中心的区域观光休闲需要提供补充 标准面积：$1\,000hm^2$	
国营公园		目标：为跨都府县的广阔区域提供服务，多数系作为国家级纪念项目而设置 标准面积：$300hm^2$	
特殊公园		风景公园、动植物公园、历史公园、墓园等	
缓冲绿地		用于防止大气污染之类的公害及工业地带等处的其他灾害	
城市绿地		目的在于保护自然环境和烘托城市的景观	

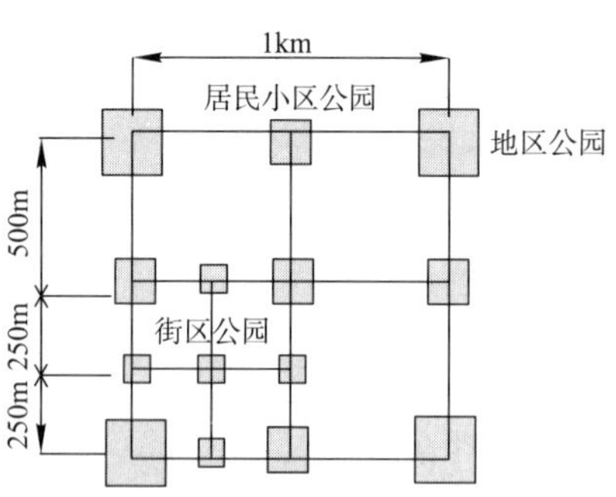

◆基干公园利用范围简图

(2) 公园设施

① 公园设施的种类(该法第2条2款)

园路、广场	园路及广场等
景观设施	栽植、花坛、喷泉、水池、山石、假山、草坪、雕塑、棚架等
休闲设施	休息处、长椅、户外桌、野餐场所、露营场地等
游乐设施	秋千、滑梯、沙坑、跷跷板、攀爬器具、垂钓场、戏水池等
运动设施	足球场、门球场、游泳池、棒球场、田径场等
教育设施	植物园、野鸟观察所、动物园、露天剧场、温室、体验实习设施、遗址等
服务设施	卖店、饮食店、停车场、住宿设施、厕所、户外钟、饮水处、洗手间等
管理设施	门卫、管理办公室、公告牌、上下水管道系统、仓库、栅栏照明设施、暗渠等

② 公园设施的设置标准及其限制(该法第4、5条,法令第6、8条)

· 凡公园管理者以外的人或单位要设置公园设施时,均须向公园管理者提出公园设施设置申请书,经允许后方可设置之

· 在1座城市公园内作为公园设施设置的建筑物总面积,不得超过该公园总占地面积的2%

· 运动设施的占地面积总和,不得超过公园面积的50%

· 以下设施,若非达到一定面积标准的公园,则不可设置之

旋转木马和游乐用电车等收费游乐设施:$5hm^2$以上

高尔夫球场:$50hm^2$以上

· 设置的园内园,每处不得超过$50m^2$

· 如需设置公园设施以外的结构物等,应得到公园管理者的允许

· 结构物占用的空间不得对公众利用公园构成妨碍;只有那种被确认必需、且万不得已的情况下,才能够允许设置结构物(如以下的代表性设施)

电柱类、上下水管道类、通道、公共停车场、公用电话等

(3) 占用许可(该法第6、7条)

① 允许占用的

A)占用必须得到公园管理者的允许

B)占用时间最长不得超过10年

C)公园管理者可以允许的占用设施

电柱、电线、给水管、排水管、煤气管等

通道、铁路和公共停车场等设施设在地下的部分

邮箱、公用电话

收容意外灾害受害者的临时结构物

因举行运动会、集会、展览会和博览会等而临时设置的结构物

其他法令规定允许的设施

8章 法规

② **对占用做出的限制**

A）电线应埋设地下

B）给水管、排水管和煤气管的主管道埋设，自其顶部至地面的距离不得小于1.5m；如系宽度5m以下的园路和承受重物压力的场所，其埋设的深度不得小于3.0m

C）给水设施和排水设施，自其顶部至地面的距离不得小于1.5m

D）如将防火储水槽设在地下时，自其顶部至地面的距离不得小于1.0m

E）如将河流管理设施和变电所设在地下时，自其顶部至地面的距离不得小于3.0m

F）如需将桥梁、道路、铁路和轨道设在园路上面时，其最低处与园路路面的距离不得小于4.5m

G）警察署派出所的建筑面积应在30m^{2}以内；天文、气象和土地等设施的建筑面积应在10m^{2}以内

H）变压器塔架只允许设在占地面积5hm^{2}以上的城市公园内

8-2　有关的劳动法规

1　劳动基本法

（1）工作条件的基本原则（该法第1条）

这部法律适用于即使只雇用1名员工的建设项目和公司。但不适用于仅使用共同生活的亲属的建设项目或雇用帮工做家务者。

① **工作条件的确定：**工作条件应由劳动者与雇佣者以对等的立场确定之（该法第2条）。

② **待遇平等：**雇佣者不得依据劳动者的国籍、信仰和身份，在工作条件上给予差别对待（该法第3条）。

③ **男女同工同酬：**雇佣者不得以劳动者是女性作为理由而支付不同的薪酬（该法第4条）。

④ **禁止强制劳动：**雇佣者不得违背劳动者的意志，采取暴力、胁迫和监禁等不正当手段强行驱使劳动者进行劳动（该法第5条）。

⑤ **取缔中间盘剥：**除法律允许以外，任何人不得以介绍他人就业作为谋取利益的手段（该法第6条）。

⑥ **保障公民行使权利：**劳动者与其他公民一样，享有在工作时间参与选举，行使公民权利的自由，任何人不得剥夺这一自由（该法第7条）。

（2）劳动合同

① **合同期限：**除了期限不定的合同，以及按照项目完成所需时间确定期限的合同外，一般不得超过3年（该法第14条）。

② **工作条件的明示：**雇佣者在签订劳动合同时，应将工作条件以书面形式明示（该法第15条1款）。

- 就业场所、要从事的工作
- 上下班时间、中间休息时间、休息日、休假、加薪
- 确定的薪酬、薪酬的计算及支付方式、薪酬的截止期限、支付薪酬的日期、奖金
- 有关辞职事项

③ **合同的解除：**在雇佣者实际上违背了明示的工作条件的情况下，劳动者可以解除合同（该法第15条2款）。

④ **解雇的限制：**在劳动者因工负伤或患病休养期间以及其后的30天之内不得予以解雇（该法第19条）。

休养时间过去3年仍未痊愈、而抚恤补偿已经停止支付时，或因天灾及其

他不可抗拒的原因使得项目无法继续进行时，经劳动标准监督署长批准后，方可予以解雇。

⑤ **解雇的预告：**雇佣者至少应提前30天给予劳动者关于解雇的预告。凡没有于30天前发出预告的雇佣者，应该向劳动者另外支付不少于30天的平均工资（该法第20条1款）。

⑥ **与本法律相悖的合同：**凡规定的工作条件达不到本法标准的劳动合同，不符合标准的部分应视为无效。

⑦ **其他：**禁止雇佣者向劳动者收取赔偿保障金；雇佣者不得直接从劳动者工资中扣除借款；不允许雇佣者强制劳动者将储蓄作为劳动合同的附加条件。

(3) 工资

① **工资支付：**工资作为劳动的报酬，是雇佣者必须支付的。工资支付的原则是，应该以货币形式，由雇佣者在指定日期每月至少支付1次（该法第24条）。

② **工资支付的5个原则**

· 货币支付（应以现金支付。不得以票据或支票形式支付）
· 直接支付（不能通过第三人向劳动者支付工资）
· 全额支付（可以自工资中扣除所得税和雇用保险金等）
· 每月最低支付1次
· 按指定日期支付（设工资支付日为特定日期）

但是，像那些临时发放的工资、奖金，以及诸如此类的薪酬，则不在此限。

③ **紧急支付：**劳动者为负担分娩、患病和受灾等的费用而提出申请时，即使尚未到指定的工资发放日，雇佣者亦应该向其支付薪酬。

④ **未成年者的工资请求及禁止代为领取：**未成年者可以单独提出受领工资的请求。而且，如下表所示，不能由其父母或监护人代为领取工资。如要解雇未成年者（因劳动者本人责任除外）时，雇佣者有义务向其支付返乡路费（自解雇之日起14天以内返乡者）。

◈未成年者与劳动合同

劳动合同的签订	○（本人）←→（雇佣者）
	×（监护人）←→（雇佣者）
工资支付	○（本人）←（雇佣者）
	×（监护人）←（雇佣者）
劳动合同的解除	○（监护人）→（雇佣者）

(4) 工作时间、工间小休和休息日等

① 工作时间

· 法定工作时间为每天8小时，不得让劳动者每周进行超过40小时的工作（工间休息除外）（该法第32条）

· 在以劳资协议等形式做出规定的情况下，其变形工作时间和自由工作时间制被予以认可（该法第32条2款）

· 如遇紧急灾害或经劳资双方协议提出申请，可以在规定的时间外加班工作，但其工作的报酬至少应超出正常工资的25%。但是，如系井下劳动或其他对健康特别有害的劳动，则延长的工作时间，每天不得超过2小时（该法第36条）

② 工间小休

· 工作时间每超过6小时，中间至少应休息45分钟；工作时间超过8小时，中间休息则不少于1小时（该法第34条1款）

· 每天的工间小休时间合并给予劳动者，并由劳动者自由支配（该法第34条2款）

③ 休息日

· 每周至少给予劳动者1天的休息时间（该法第35条1款）

· 在每4周给予劳动者4天以上休息时间情况下，则不再适用前项的规定（该法第35条2款）

④ 年度带薪休假

· 凡连续工作6个月、且每天8小时工作的出勤率不低于80%的劳动者，应该得到10天的带薪休假（该法第39条1款）

· 凡连续工作满1年6个月的劳动者，自连续工作满6个月之日算起，每连续工作1年，其带薪休假时间增加1天（以总计20天为限）（该法第39条2款）

(5) 对女性及劳动者就业年龄的限制

① 未成年者

A）最低年龄：原则上不得雇用未满15岁者（儿童）从事劳动（尤其是建筑业的从业人员，一律不得雇用儿童）

B）对夜间从业者的限制：凡未满18岁者，不得安排其从当日22时至次日5时期间工作。但进行倒班工作的16岁以上男性不受此限

C）未成年者限制从事与建筑业有关工作的主要范围

· 操纵起重机运转

· 操纵搬运机械或索道运行

· 操纵载重2 t以上的客货两用电梯、货用电梯或起重高度15m以上的混凝土用

提升机

· 动力卷扬机和起重机的挂钩作业
· 为岩石或矿物的破碎机械喂料作业
· 在有土砂坍落危险的场所或深度超过5m的地坑中作业
· 在高度超过5m的空中进行有坠落危险的作业
· 操纵土木建筑机械运行
· 脚手架的搭建及拆卸
· 在异常天气下作业
· 在土石的尘埃或粉末到处飞散场所的作业
· 操纵凿岩机或铆钉枪之类会对身体造成剧烈震动的作业等

② 女　性

· 原则上禁止在地坑内作业
· 遵守有关孕妇等从事危险有害工作的限制就业规定
· 遵守在产前6周及产后8周以内限制就业规定
· 遵守有关孕妇工作时间及休息日的规定

2 劳动安全卫生法

(1) 安全卫生管理体制

	职别	现场规模及作业内容
工程项目现场选任或配备	安全卫生综合管理者	如果项目施工现场的工人超过100名的话，即应选任安全卫生综合管理者，负责领导安全管理者和卫生管理者，对以下事项进行综合管理（该法第10条） · 防止事故危险和损害健康事件发生的措施 · 进行有关安全和卫生方面的教育 · 对工人进行体检和做早期诊察等健康管理 · 对人身事故的调查及防止再次发生的对策
	现场医生	在经常有50名以上工人作业的项目施工现场，则应从医师中选任现场医生，由其负责对工人进行健康管理等（该法第13条）
	安全管理者 卫生管理者	在经常有50名以上工人作业的项目施工现场，则应选任安全管理者和卫生管理者，由其对与安全卫生有关的技术性事务进行管理（该法第11、12条）
	安全卫生监督者	在平时有10~49名员工的公司选任，由其负责安全卫生事项（该法第12条2款）
	作业主任	作业主任应由具有一定资历的人充任，从如何防止发生人身事故方面进行管理（该法第14条） · 有必要选任作业主任的作业类别 模板组装及拆卸、气体焊接、土丘挖掘（高度2m以上）、钢筋等的拆装及改装、混凝土结构物的解体及爆破作业等
	其他	安全委员会、卫生委员会、救护技术管理者等

现场选任	安全卫生总负责人	在同一场所有**50名以上工人的总承包方以及混有一定分包方工人的作业现场**，应选任安全卫生总负责人，由其从防止发生人身事故方面进行综合管理（该法第15条）
	总承包方安全卫生管理者	在已选任安全卫生总负责人的项目施工现场，还应选任总承包方安全卫生管理者，由其辅助安全卫生总负责人对技术性事务进行管理（该法第15条2款）
	安全卫生负责人	应该选任安全卫生总负责人的项目建设方以外的承包者，应选任安全卫生负责人，由其负责与安全卫生总负责人的联络以及对管理进行调整（该法第16条）
	其他	公司安全卫生管理者、协商组织等

(2) 委员会的设置

在建筑业，如果施工现场的工人在50名以上，即应设置安全委员会和卫生委员会，或者统称安全卫生委员会，负责调查和审议以下事项。

① 安全委员会（该法第17条）

· 关于防止工人发生危险的基本对策

· 关于发生施工人身事故的原因和防止再次发生的措施，以及与安全有关的其他事项

· 其他关于防止工人发生危险的重要事项

② 卫生委员会（该法第18条）

· 关于防止危害工人健康的基本对策

· 关于维护和增进工人健康的基本对策

· 关于劳动灾害发生的原因和防止再次发生的措施，以及其他与卫生有关的事项

· 其他关于防止危害工人健康以及维护和增进健康的重要事项

(3) 安全卫生教育

在项目建设者招募工人时和工人的作业内容发生变化时，应该对工人进行有关安全及卫生方面的教育（该法第59条）。

项目建设者在委派工人从事危险或有害健康的工作时，必须进行特殊的教育。

· 操纵起重荷载1t以下的移动式吊车

· 起重荷载1t以下的吊车、移动式吊车和桅杆转臂式起重机的挂钩作业

· 操纵重量3t以下、可依靠动力在不特定场所自行移动的建筑机械

· 使用链锯伐采树木

· 病树处理和制材作业

· 伐采超过一定尺寸的树木等

(4) 健康管理

① 健康诊断

· 招募时的健康诊断

· 定期健康诊断

· 健康诊断结果记载汇总

② 维护作业环境

为了提高施工现场的卫生水准，通过维护和管理使作业环境让人感到舒适。

③ 进行有害健康作业的施工现场

依据相关法律和法规被定为进行有害健康作业的施工现场，必须进行作业环境测评，并将其测评结果记录在案。

(5) 必须递交申请报告工程（该法第88、89、90条规定摘要）

■ 需要在施工开始前30天向劳动标准监督署长递交申请的工程

· 临时道路和脚手架（自搭建至拆卸不满60天的除外）

· 模板支架的设置工程等

■ 需要在施工开始前14天向劳动标准监督署长递交申请的工程

· 利用气压工艺进行的作业

· 作为废弃物焚毁设施设置的、未达到一定规模的废弃物焚烧炉和集尘机一类设备的解体

· 深度或高度超过10m、为采集土石而进行的挖掘作业

· 为采集土石而在坑内进行的挖掘作业

· 高度或深度超过10m的天然地基的挖掘（在使用挖掘机进行作业时，下面无人的除外）

· 高度超过31m的建筑物或结构物的修建、改造、解体和爆破等

(6) 必须选任作业主任的作业种类（法令第6条摘要）

· 模板支架的组装和拆卸作业

· 高度5m以上，并达到一定规模的建设项目施工作业

· 挖掘面高度2m以上的天然地基挖掘作业

· 挡土墙支架立柱和横撑的安装及拆卸作业

· 悬挂脚手架、探出脚手架或高度5m以上的结构脚手架的搭建及拆卸作业或变更作业

· 使用混凝土破碎机进行的破碎作业

(7) 就业资格限制（该法第61条，第20条法令摘要）

作业内容	作业限制	作业者资格
走行式建筑机械的操作（土地整理、搬运、装卸和挖掘等）	机械自重3t以上（道路上的走行运输除外）	走行式建筑机械（土地整理、搬运、装卸和挖掘等）操作技能培训结业者及其他具有与此相当资格者
走行式建筑机械的操作（解体用）	机械自重3t以上（道路上的走行运输除外）	走行式建筑机械（解体用）操作技能培训结业者及其他具有与此相当资格者
走行式建筑机械的操作（基础工程用）	机械自重3t以上（道路上的走行运输除外）	走行式建筑机械（基础工程用）操作技能培训结业者及其他具有与此相当资格者
吊车的操作	起重5t以上	吊车司机 地面操作式吊车操作技能培训结业者（只许在地面操作）
移动式吊车的操作	起重1t以上	移动式吊车司机 小型移动式吊车操作技能培训结业者（只许操作5t以下吊车）
桅杆转臂式起重机的操作	起重5t以上	桅杆转臂式起重机司机
高空作业的操作	作业面高度10m以上 （道路上的走行运输除外）	高空作业机械操作技能培训结业者及其他具有与此相当资格者
爆破作业	钻孔、装药、接线、点火、哑炮补装、残药检查及处理	爆破技师及其他具有与此相当资格者
挂钩作业	起重1t以上的吊车、移动式吊车或桅杆转臂式吊车	挂钩技能培训结业者及其他具有与此相当资格者
气体焊接等作业	使用可燃性气体或氧气进行的金属焊接、熔断和加热	气体焊接技能培训结业者

※上述机械中凡可行走的，如在道路上进行运输作业，均须遵守道路交通法的相关规定

3 劳动安全卫生规则等

(1) 各类工程的安全对策

① 架设通道（《劳动安全卫生规则》第552条）

- 结构牢固，坡度不超过30°（但如设有台阶或高度不足2m并安装栏杆的除外）
- 凡坡度超过15°的通道，均应设防滑条或采取其他防滑措施
- 在有坠落危险的场所，应设置牢固的、高度不低于75 cm的栏杆（但由于作业需要而不得已时，可将必需部分的栏杆暂时拆除）
- 凡施工现场使用的、高度8m以上的栈桥，应每隔7m长设置1处缓步台
- 如竖井中的架设通道总长度超过15m的话，每隔10m以内即应设1处缓步台

② 脚手架

· 高度2m以上的施工现场必须设置脚手架（规则第563条）

· 除悬挂脚手架外，其他脚手架的通行宽度不得小于40cm，跳板间缝隙不得大于3cm，并且安装2个以上的支撑物

· 凡脚手架有坠落危险的部分，应使用没有明显损伤和腐朽的材料，并安装牢固的栏杆。栏杆高度应在75cm以上

③ 挖掘作业

· 在明挖（户外的土木作业）作业中，如发现有因天然地基坍塌或土石滚落而危及工人的隐患时，应事先采取设置挡土墙支架，张挂防护网，或禁止非作业工人进入等预防事故的安全措施（规则第361条）

· 在明挖作业中，当搬运机械从作业工人身后接近施工现场，并且有滚落危险的情况下，应配备引导者，指挥机械进入现场（规则第365条）

· 凡高度2m以上的挖掘作业，均应选任技能培训结业者担当作业主任，负责对现场作业进行指导

脚手架：高度2m以上的施工现场必须设置脚手架（规则359条）

· 人工作业的挖掘面坡度标准如下图所示

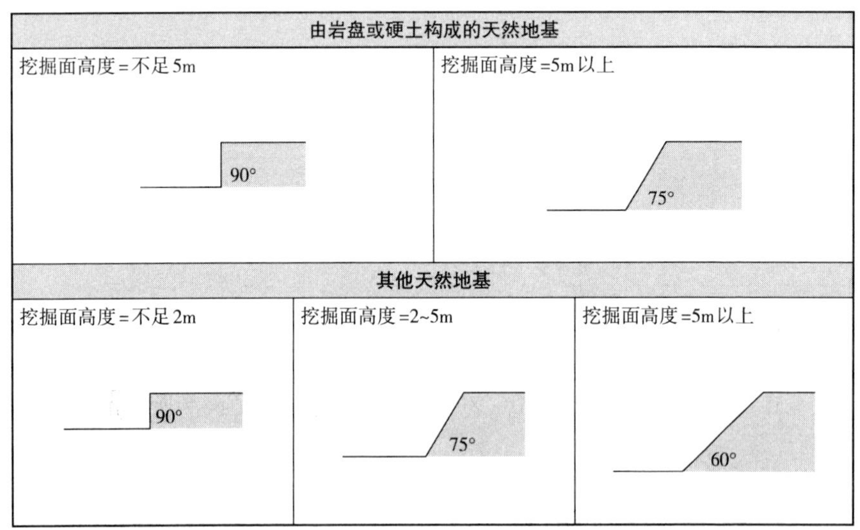

· 在因煤气管道破损而可能给工人带来危险的情况下，应采取更换配管或将其移往别处的防范措施

· 如使用机械进行挖掘作业可能造成地下煤气管道等结构物损坏，并给工人带来危险，则应停止使用这类机械

④ 高空作业

· 凡高度2m以上场所有坠落危险的施工现场，均应设置脚手架等作业平台。如果不设置作业平台，则必须张挂防护网和使用安全带（规则第518条）

· 在高度2m以上场所使用安全带时，应在作业处安装可牢固拴挂安全带的设备（规则第518条）

· 在高度2m以上场所进行作业时，如预测到将有强风、大雨和大雪等危险天气出现，则必须中止作业（规则第521条）

· 跳板结构牢固，使用的材料没有明显的损伤和腐朽。跳板与水平面角度不大于75°，如系折叠式的，则应以五金件将其角度固定（规则第528条）

⑤ 模板支架作业

组装模板支架应绘制装配图，并按图组装。

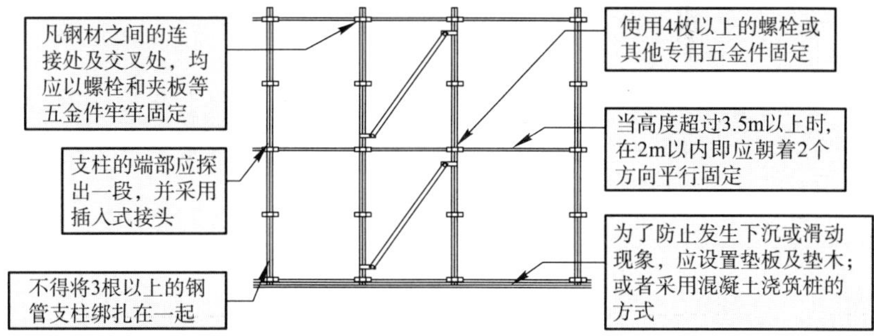

⑥ 走行式建筑机械

· 为防止通道的路缘损坏和造成路面沉降，机械走行的通道应具有足够的宽度，以避免发生走行式建筑机械倾倒和滚落事故

· 在路缘和倾斜处等易发生机械倾倒和滚落事故的地点，应配备引导员来指挥车辆

· 在走行式建筑机械有可能与工人发生接触的情况下，禁止工人进入机械作业圈内（但配备的机械引导者例外）

· 走行式建筑机械应设置前照灯，在可能有岩石落下的危险场所进行作业时，还应在机械的驾驶室上方安装防护板

· 当操作者要离开操作位置时，应先将机械的作业装置落到地面上

· 操作者每年至少1次对机械进行定期检查（发动机和走行装置等部位）

· 操作者每月对机械自行检查1次以上（刹车、离合器和作业装置等部位）

8-3 与建设开发有关的法规

1 建设业法

(1) 建设业的许可（该法第3条1款）

① 许可区分

国土交通大臣许可：在2个以上的都道府县设置营业场所营业者

都道府县知事许可：在1个都道府县内设置营业场所营业者

② 适用除外规定

· 仅以承包政令规定的零星建筑工程作为主要业务者，不必申请许可

· 承包总金额不足1 500万日元，总占地面积150m^{2}以下的零碎建筑工程，或者项目以外的建筑工程总造价不足500万日元者

③ 许可种类

· 一般建设业：签订不足3 000万日元（建筑4 500万日元）分包合同的建设业

· 特定建设业：签订3 000万日元以上（建筑4 500万日元）分包合同的建设业

④ 许可标准（该法第3条、第24条5款、第24条6款）

一般建设业	特定建设业
1. 凡要申请许可的建设业者，如系法人，雇用的固定员工中的1人，自然人经营者或决策者中的1人，应具备担任5年以上经营业务管理负责人的资历 2. 各分支机构应设置符合以下各项条件之一的专职技术人员 ·由国土交通省指定学科毕业者，高中毕业后具有5年以上、大学或大专毕业后具有3年以上实际经验者 ·具有10年以上实际经验者 ·具有专职技术人员同等以上知识、技术和技能、且经国土交通大臣认定者 3. 在签订承包合同时无不当和虚假行为者 4. 具备履行承包合同足够的经济实力和金融信用良好者	1. 同一般建设业许可标准项目1~3 2. 在各分支机构设置专职技术人员（具备资格者），并应符合下列条件之一 ·在规定的技术水平核查及其他测试中合格者（指定建设业：包括造园业） ·从招标者那里直接承包、其总造价4 500万日元以上的项目，须具有2年以上指导监督项目工程的实际经验，其资格经国土交通大臣认定的 3. 应具有承包总金额8 000万日元以上项目履约所需的充足资金

一般建设业和特定建设业均不受承包额的限制；但如果把从发包者那里直接承包的工程（总承包）再转包出去，其允许的金额则有不同。一般建设业者，假如分包合同的总金额含税3 000万日元以上（建筑工程单项4 500万日元以上），则不可以再将其转包；而对特定建设业者的分包合同总金额则没有做出限制。这一规定，仅适用于本公司为总承包方的情况。作为特定建设业者，应承担确定支付分包费用日期，并对分包者进行指导和编制施工台账的特别义务。

⑤ 业种许可及其有效期限

· 建设工程被分为28个业种，没有得到业种许可的建设业者，则不能承接工程项目（但可以承接主体工程的附属工程）

· 许可有效期为5年，5年期满后继续经营的建设业者必须更换新的许可

指定建设业	建设业业种		
土木工程业	玻璃工程业	钻井工程业	钢筋工程业
管道工程业	打桩·土木工程业	清洁设施工程业	屋顶工程业
建筑工程业	瓷砖·砖瓦·砌块工程业		砌石工程业
铺装工程业	瓦工工程业	疏浚工程业	钣金工程业
电气工程业	涂装工程业	铺装工程业	内装工程业
造园工程业	隔热工程业	电气通信工程业	木工工程业
钢结构工程业	门窗工程业	水道设施工程业	消防设施工程业
	机械工具设备工程业		

(2) 承包合同的内容

· 工程内容

· 承包金额

· 工程起止日期

· 承包费用支付日期及支付方式

· 设计变更后增加的承包费用如何计算

· 因自然灾害或其他不可抗拒力量造成损失的负担归属及其计算方法

· 因价格等波动和变化而对承包费用金额或工程内容做出的修改

· 验收的日期和方法以及竣工项目移交的时间

· 项目竣工后的承包费用支付日期及支付方式

· 因合同履行延期等而应支付的滞纳金、违约金及其他赔偿金

· 关于合同纠纷的解决方法

(3) 禁止整体转包

① 建设业者，无论采用何种形式，都不允许将承接的建设工程整体转包给他人

② 建设业的经营者，不得把从其他建设业者那里承接的该建设业者已承接的工程再整体转包出去（总承包人得到发包者书面允许的除外）

(4) 总承包人的义务

① 征求分包人的意见

总承包人在对与施工有关的进度细节和作业方法等做决定时，应当征求分包人的意见（该法第24条2款）

② **支付分包费用**

· 总承包人自收到承包费用之日起，应当在1个月内将分包费用支付给分包人（该法第24条3款1项）

· 总承包人在收到预付款时，应考虑向分包人支付开始施工所需要的前期费用（该法第24条3款2项）

③ **检查验收**

总承包人在收到分包人关于工程竣工的通知时，应当自收到通知之日起20天内，尽可能用最短时间进行工程检查验收（该法第24条4款1项）。

④ **项目移交**

总承包人在对工程进行检查并确认合格后，如分包人提出请求，可立即接受标的物的移交（但分包合同对移交日期另有约定的除外）（该法第24条4款2项）

⑤ **关于特定建设业者分包费用的支付日期等**

· 特定建设业者在成为工程项目承接者后，其分包合同的分包费用支付日期应当确定在工程竣工验收后、自分包人提出请求之日起的50天之内

· 当分包合同对于分包费用的支付日期未做约定、且又违反了上述规定时，过去50天后的那一天即被定做分包费用支付日期

(5) **主任技术员及监理技术员的设置**

① **主任技术员**

建设业者在对承接的建设项目进行施工时，应配备有一定实际经验的主任技术员。

② **监理技术员**

特定建设业者承接分包合同总金额在3 000万日元以上项目时，应配备监理技术员。

③ **指定建设业监理技术员**

在国家或地方公共团体等作为发包者时，应配备主任技术员或监理技术员。

2 建筑基本法

(1) 用语的定义

建筑物	附着在土地上的结构物中，设有屋顶、立柱或墙壁的 附属于上述结构物的门、围墙，进而包括设在地下或空中结构物内的写字间、店铺、演出场、设在仓库及其他地方的办公室
特殊建筑物	学校、体育馆、医院、剧院、观赏场馆、集会堂馆、展览馆、百货店、市场、舞厅、游乐场馆、公共浴池、旅馆、公寓、集体宿舍、家庭公寓、工厂、仓库、危险品贮存处、饲养场、火葬场、污物处理厂、其他类似建筑
建筑设备	布置在建筑物中的电气、煤气、供水、排水、通风、暖气、冷气、灭火、排烟、污物处理设备以及烟囱、升降机和避雷针等
房间	以居住、办公、作业、集会和娱乐等及其他类似用途为目的而连续使用的建筑内空间
主要结构部	系指墙壁、立柱、楼板、梁、屋顶和楼梯等（建筑物在结构上不太重要的间壁墙、间柱和挑檐等除外）
存在火灾蔓延危险的部分	·建筑物一层距邻地边界线或道路中心线不到3m的部分 ·建筑物二层距邻地边界线或道路中心线不到5m的部分 ·面向可有效防火的公园、广场和河流等处空地或水面及耐火结构墙等的部分除外
耐火结构	钢筋混凝土结构、砖瓦一类结构具有耐火性能的
耐火建筑物	主要结构部采用耐火结构的建筑物。按政令规定，其外墙开口部设有防止火灾蔓延的结构防火门及其他防火装置
准耐火结构	系耐火建筑物以外的建筑物。在其外墙开口部设有具备一定耐火性能的防止火灾蔓延的装置
防火结构	钢铁结构涂灰浆及抹灰罩面等结构，具备符合政令要求的防火性能
不燃材料	混凝土、砖、瓦、钢铁、玻璃、灰浆、灰泥及其他类似的建筑材料。具有符合政令要求的不燃性
营造	系指建筑物的新建、扩建、改建或移建等
施工者	系指有关建筑工程承包合同的承接者或未签订承包合同自行营造建筑者
指定行政部门	在设有建筑主管的市町村，系指市町村的首长；在其他市町村则指都道府县知事
建筑主管	在已经国土交通大臣进行资格认定的合格者中，又经都道府县知事或市町村首长任命者

※：适用除外规定：依据文化财产保护法的相关规定，已被指定（临时指定）为国宝、重要文化财产和特别历史遗迹名胜天然纪念物的建筑物等，不适用于建筑基本法及其相关条例等

(2) 建筑施工手续

① 建筑施工确认申请

建筑商或施工者，在营造一定类型及规模的建筑物、或将对原有建筑物进行较大规模的修缮并改变其外观形态时，应于工程开工前提出确认申请，经取得建筑主管等的确认后方可实施之。

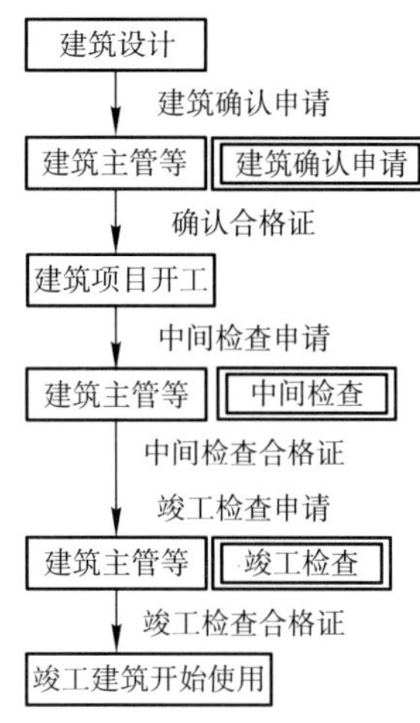

◈确认申请流程

◈需要递交确认申请的建筑物

建筑物・结构物	结构・面积	工程类别
特殊建筑物（该法第6条1项1号、另表1、法令第115条3款）剧院、医院、饭店、公寓、学校、体育设施、店铺、餐饮店、仓库、车库等	总占地面积100m^{2}以上	新建、大规模修缮、改变建筑物外观形态、改变建筑物用途
大型建筑物 木结构建筑物（该法第6条1项2号）	3层以上、总占地面积500m^{2}以上、高度13m以上、檐高9m以上	新建、大规模修缮、改变建筑物外观形态
木结构以外的建筑物（该法第6条1项3号）	2层以上、总占地面积200m^{2}以上	
小型建筑物（该法第6条1项4号）城市规划区域或准城市规划区域内的建筑物	上述以外的建筑物	新建（在防火或准防火地区以外，10m^{2}以下的扩建、改建和移建工程无需递交确认申请）

◈需要递交确认申请的特殊结构物

烟囱：高度超过6m的
木柱、铁柱、RC柱：高度超过15m的
广告塔、广告板、装饰塔、纪念塔等：高度超过4m的
高架水槽、筒仓、瞭望塔等：高度超过8m的
挡土墙：高度超过2m的
观光电梯、自动扶梯
滑橇板、滑行列车
使用机械动力的回转游戏设施

② 建筑主管的审查

建筑主管在受理建筑确认申请书后的7天以内，对申请书中的项目进行审查，对其是否符合法律和条例的有关规定做出结论，并将审查结果通知申请者。

③ 建筑施工报告

项目建设者在即将开始施工前，应将建筑施工报告递交都道府县知事。

④ 建筑竣工报告

项目建设者在得到建筑确认的建筑工程完成之后，应于4日内将竣工报告递交建筑主管。

⑤ 颁发检查合格证

建筑主管在受理竣工报告7日内，开始对已建成项目进行检查，看其是否符合法律在用地、结构和设备等方面的规定，如符合有关规定，则颁发检查合格证。颁发检查合格证后，竣工建筑物即可开始使用。

(3) 防火地区

① 防火地区内的建筑（该法第61条）

- 凡3层以上或总占地面积超过100m^{2}的建筑物，必须设计成耐火建筑物
- 即使2层以下且总占地面积不超过100m^{2}的建筑物，亦必须设计成准耐火建筑物

② 准防火地区内的建筑（该法第62条）

<table>
<tr><th>地上层数</th><th>总占地面积500m^{2}以下</th><th>500~1 500m^{2}以下</th><th>1 500m^{2}以上</th></tr>
<tr><td>4层以上</td><td colspan="3">限于耐火建筑物</td></tr>
<tr><td>3层</td><td colspan="2">耐火建筑物或准耐火建筑物</td><td rowspan="2"></td></tr>
<tr><td>2层以下</td><td>没有限制
但是，如系木质结构一类的建筑物，其外墙和檐的底部等火灾易蔓延到的部位，应设计成防火结构</td><td></td></tr>
</table>

(4) 工程现场的项目确认公示

凡超过一定规模的建筑工程，施工者都应在工程现场设置公示板。公示板上记载着建设者、设计者、施工者和监理者的姓名或公司名称，并以此表明该项目已得到建筑确认。

8-4 其他相关法规

1 城市绿地法

(1) 区域划分

① 绿地保护区

· 在城市规划区域内的绿地中，为了防止街区化无序发展或公害及自然灾害的蚕食而需要采取适当保护措施的绿地

· 为确保当地居民拥有健全的生活环境而需要采取适当保护措施的绿地

② 特别绿地保护区

· 在城市规划区域内的绿地中，为防止城市灾害作为隔离地带、缓冲地带或避难地带而必须设置的绿地

· 具有地区传统文化意义的绿地

· 风光和景致优美，作为动植物的栖息地及繁衍地，需要进行适当保护的绿地

◈ 区域划分及限制行为

区域划分	报告・批准	被限制行为
绿地保护区	须事先向都道府县知事递交报告	· 建筑物及其他结构物的新建、改建或扩建 · 宅地造成、土地开垦、挖取土沙、采矿及其他改变土地形态和性质的行为 · 伐采树木竹林 · 水面的填埋或竭干 · 在户外堆积土石、废弃物或再生资源
特别绿地保护区	须得到都道府县知事批准	

(2) 绿地协议

① 缔结绿地协议

凡位于城市规划区域内的下列土地所有者等，为确实维护良好的环境，依照区域内全体成员的意愿，均可缔结绿地协议。

· 相当规模的成片土地

· 邻接道路或河流等、跨越较大区间的土地

② 绿地协议内容

1	绿地协议区域范围
2	绿地协议的有效期
3	违反绿地协议时如何处置
4	绿地协议主要条款 · 维护及栽植树木的种类 · 维护及栽植树木等的场所 · 用于保护绿地的围墙或栅栏的结构 · 与维护和栽植树木等有关的管理事项 · 其他与绿地有关事项

③ 绿地协议的批准

市町村首长如认为缔结绿地协议的申请适当，即可予以批准。

2 文化资源保护法

(1) 文化资源的定义

· **有形文化资源**：建筑物、绘画、工艺品和书法作品等有形文化资源、且在历史上或艺术上的价值较高者

· **无形文化资源**：戏剧、音乐和工艺手段之类的无形文化资源、且在历史上或艺术上价值较高者

· **纪念物**：贝塚、古墓和古城址之类遗迹；庭园和桥梁等名胜；动植物及地质矿物等在历史上或艺术上价值较高者

· **民俗文化资源**：有关衣食住行、谋生手段、信仰和传统节日的风俗习惯及民间艺术等、随着社会的进步愈益为本国国民所理解和重视者

· **传统建筑群**：与周围环境结为一体、形成历史风貌的传统建筑群、且价值较高者

(2) 地下埋藏的文化资源

① 发掘报告

· 在因土木工程施工需要，必须对已知地下埋有文化资源的区域进行发掘时，应于开工**60日前**向文化厅长官递交署名报告

· 在为调查地下埋藏的文化资源而进行发掘时，应于实施前**30日前**向文化厅长官递交署名报告

② 有关发现地下埋藏文化资源的报告

土地所有者等人，如发现该地地下埋有文化资源，则**不得改变现状，并立即向文化厅长官递交署名报告**。根据报告内容，如判定发现物系重要文物须进行保护性调查时，可以向土地所有者发出停止或禁止其在文物发现地的一切行为的命令（以3个月为限）。

3 噪声限制法·振动限制法

(1) 噪声限制法

这是一部以对有关工厂、营业场所或施工现场产生的噪声以及机动车噪声做出必要限制为目的的法律。

① 特定施工作业

系指在各种施工作业中那种会产生明显噪声，且为政令所确定的作业。

· 使用打桩机或拔桩机的作业
· 使用铆钉枪的作业
· 使用凿岩机的作业
· 使用空气压缩机的作业
· 设置混凝土搅拌站或沥青加工厂所进行的作业

② 限制标准

■ 指定区域

· 第1号区域：距第1种低层住宅区、包括居住类和商业类在内的准工业地区以及工业地区内的学校和医院等占地的周边80m区域
· 第2号区域：第1号区域以外的指定区域

■ 限制标准

· 音量限制标准：在作业场所占地边界处，不应超过85 dB
· 作业时间起止的限制标准：第1号区域：下午7:00~上午7:00
　　第2号区域：下午10:00~上午7:00
· 作业时间长短的限制标准：第1号区域：不得超过10小时
　　第2号区域：不得超过14小时
· 连续作业天数的限制标准：不得连续超过6日
· 周日及假日作业限制标准：不得连续超过6日

③ 特定施工作业的限制

凡在指定区域内，要进行属于特定施工作业性质的工程项目的建设者，应于作业开始前7日内，向都道府县知事进行申报。

(2) 振动限制法

凡在指定区域内，要进行属于特定施工作业性质的工程项目的建设者，应于作业开始前7日内，向依据环境省令指定的部门递交报告（该法第14条1项）。

① 特定施工作业

· 使用打桩机的作业（打桩锤及压入式和油压式打桩机除外）
· 使用撞球的破坏作业

· 使用铺装板破碎机的作业
· 使用碎石机的作业

② **限制标准**

· 作业场所边界处的振动不得超过75 dB
· 其他限制标准同噪声限制法

4 自然公园法

自然公园法是一部以促进优美自然风光的保护和利用、为国民的保健休养及教化创造条件为目的的法律。

(1) 自然公园的种类及其指定条件

种类	指定者	管理者	指定条件
国立公园	环境大臣	国家	具备国家代表性风光特色的自然风景地
国家公园	环境大臣	都道府县	接近国立公园水准的优美自然风景地
都道府县立公园	都道府县知事	都道府县	具备都道府县地区代表性风光特色的场所

(2) 指定区域

为了维护国立公园及国家公园内的景观，可在自然公园内指定以下保护区。

指定区域	限制行为（摘要）
特别区域	· 结构物的新建、改建和扩建 · 树木竹林的伐采 · 矿物及土石的采掘 · 河流和湖泊的水位水量增减 · 向湖泊湿地排放污水 · 设置广告及其他招牌 · 填埋或竭干水面 · 开垦土地或改变其形态 · 对高山植物及其他指定物种的采集 · 改变屋顶、墙面或桥梁等的色彩
特别保护区	在特别区域以外，进而又做出以下限制 · 树竹的栽植 · 采集枯枝落叶 · 放牧家畜 · 捕获动物或收取其产下的卵 · 燃烧篝火
海上公园区	· 捕捞指定的热带鱼、珊瑚和海藻等 · 填埋或竭干海面，改变海底形状 · 设置锚桩 · 通过排水设施排放污水或排水
普通区域	· 超过一定标准的结构物 · 设置广告或其他招牌 · 填埋或竭干水面 · 采掘矿物或土石

5 自然环境保护法

(1) 指定区域的种类

① 原生自然环境保护区

该区域的自然环境没有受到人类活动的影响，始终维持一种原生状态，而且其面积达到了国家或地方公共团体现有政令规定的标准，系有必要对其自然环境采取保护措施的区域。

② 自然环境保护区

尽管不在原生自然保护区之内，但依据相关规定，从自然的以及社会的各方面条件着眼，有必要对其自然环境特别加以保护的区域，也可以被指定为自然环境保护区。

(2) 限制行为

在原生自然环境保护区内，原则上禁止以下各种行为。

· 建筑物及其他结构物的新建、改建或扩建
· 宅地造成或土地开垦，以及其他改变土地形态和性质的行为
· 填埋或竭干水面
· 增减河流及湖泊等的水位或水量的行为
· 栽植树竹
· 带入火种或燃烧篝火
· 在户外堆积或贮存物品
· 采掘矿物或挖取土石
· 伐采或损伤树木竹林或其他植物，采集枯枝落叶
· 捕获或杀伤动物，以及收取或损伤其产下的卵的行为
· 放牧家畜
· 使用马车和机动船只，飞机的起飞和降落
· 按照有关政令在原生自然保护区有可能对自然环境的保护造成不利影响的其他行为

6 森林法・生产绿地法

(1) 森林法

当计划在由农林水产大臣指定的防护林地区进行开发建设时，如果没有得到当地都道府县知事的批准，则不允许随意伐采正在生长着的树木（该法第34条1项）。

此外，如系由森林所有者等对防护林中生长的树木进行伐采，亦必须按照与该防护林有关的指定作业要件中规定的栽植方法、栽植时间和栽植的树种等

对已伐采过的地方进行补栽（该法第34条4项）。

（2）生产绿地法

① 生产绿地区域

所谓生产绿地区域，系指位于街区化区域内的农田等，且应为满足以下条件的成片土地（该法第3条1项）。

· 对于防止公害及自然灾害、维护与农林渔业和谐发展的城市环境以及确保良好的生活环境具有重要作用、并适于作为公共设施等使用的土地

· 土地面积在500m^2以上

· 通过对给排水及其他状况进行勘察的结果，具备农林渔业可继续发展的条件

② 限制行为

使用生产绿地、并对其收益拥有权利的自然人或法人，应该将生产绿地当做农田进行管理；但在生产绿地内的下列行为，则必须得到市町村首长的批准（该法第7条1项、该法第8条1项）。

· 建筑物及其他结构物的新建、改建或扩建

· 宅地造成、挖取土石及其他改变土地形态或性质的行为

· 填埋或竭干水面

7 景观法

（1）指定区域

景观规划（该法第8条）（该法第8条2项）	景观行政管理机构可制定景观规划 景观规划应对以下事项做出规定：景观规划区域、关于形成良好景观的方针以及为形成良好景观而对行为的规范等
景观重要结构物（该法第19条）	景观行政管理机构的负责人，可以把与对景观规划区域内的良好景观形成具有重要意义的建筑物和结构物一体化后又形成新的良好景观的土地及其他物件指定为景观重要建筑物或景观重要结构物
景观重要树木（该法第28条）	景观行政管理机构的负责人，可以把对景观规划区域内良好景观的形成具有意义的树木指定为景观重要树木
景观地区（该法第61条）	为了形成街区的良好景观，市町村可以依据城市规划，把城市规划区或准城市规划区内的土地确定为景观地区
准景观地区（该法第74条）	市町村如果在城市规划区或准城市规划区外的景观规划区域营造成片的建筑物，可以按照城市规划的要求，在现有已形成良好景观的一定区域内划定准景观地区
景观协议（该法第81条）	在景观规划区域内，除公共设施等用地的其他成片土地的所有者等，可以根据其全部土地所有者的意愿，缔结有关如何使当地形成良好景观的景观协议

■ 景观地区及准景观地区内的行为限制

· 凡景观重要树木，未经景观行政管理机构负责人批准，一律不得伐采或移植（但是，如系通常的管理行为、显著轻微的行为、根据政令规定所做出的行为以及为应对紧急灾害而采取的必要措施等，则不在此限）

· 在景观地区及准景观地区内，依据政令的相关标准，可以条例形式对各种建设行为做出限制规定（该法第61条~75条）

建筑物·结构物	· 形态创意的限制 · 高度的最高限度或最低限度 · 墙面位置的限制
建筑物	占地面积的最低限度
建筑物的形态创意，必须符合城市规划区内规定的有关建筑物形态创意的相关限制	

（2）景观协议区域的限制行为

为形成良好的景观，特对如下事项做出规定（该法第81条2项1·3·4号）

① 成为景观协议标的的土地范围
② 景观协议的有效期
③ 对违反景观协议行为的处置
另外，又对以下必要事项做出规定（该法第81条2项2号）
a) 有关建筑物形态创意的标准
b) 有关建筑物占地、位置、规模、结构、用途和建筑设备的标准
c) 有关结构物的位置、规模、用途和形态创意的标准
d) 有关树林和草地等的维护或绿化的事项
e) 有关户外广告或广告媒体的设置标准
f) 有关农田的维护或利用事项
g) 其他有关形成良好景观的事项

8 道路法·有关处理建设副产物的法令

（1）道路法·道路交通法

① 道路占用许可

· 道路法：凡在仍然继续使用的道路上设置以下结构物、物件和设施中的任何一种，均须事先得到道路管理者的许可（该法第32条1项）

a 电柱、电缆、变压器塔架、邮箱、公用电话和广告塔等结构物

b 水管、下水道管和煤气管等物件

c 步廊和防雪棚等设施

d 铁路和轨道等设施

e 地下街、地下室、通道和净化槽等设施

f 露天市场和商品存放地等设施

g 除上述各项外，凡由政令确定的、对道路结构或交通顺畅构成妨碍的一切结构物、物件和设施

· 道路交通法：凡计划在道路上进行施工作业时，该工程项目的施工负责人应事先得到管辖该地段的警察署长的许可。

② **车辆限制**

宽：2.5m

重量：总重量20t，轴重10t，轮荷载5t

高度：3.8m

长度：12m

最小回转半径：12m

③ **载货限制**

宽：不超过车辆宽度

长：车长1.1倍以下

高：3.8m

（2）有关处理建设副产物的法令

① 有关建设工程使用资材再资源化等方面的法律

■ 建设资材的再资源化

· 使由于对建筑物或各种设施拆卸解体产生的建设资材废弃物处于作为资材或原材料重新利用的状态

· 使可用于燃烧或有燃烧可能性的建设资材废弃物处于其热能得到充分利用的状态

② 有关规定应成为建设项目再生资源利用判定标准的相关事项的省（即中央政府的“部”。——译注）令

建设工程残土的利用（该令第4条1项）	混凝土块的利用（该令第5条1项）	沥青混凝土块的利用（该令第6条1项）
· 第1种建设残土：沙、砾石 · 第2种建设残土：沙质土、砾石质土 · 第3种建设残土：保证一般施工性的黏性土 · 第3种残土以外的黏性土 · 第4种建设残土：	· 再生混凝土块 · 再生混凝土沙 · 再生粒度调整碎石 · 再生水泥稳定处理路基材料 · 再生石灰稳定处理路基材料	· 再生混凝土块 · 再生粒度调整碎石 · 再生水泥稳定处理路基材料 · 再生石灰稳定处理路基材料 · 再生加热沥青稳定处理混合物 · 表层打底用精制加热沥青混合物

以上建设废弃物，被作为填埋物，道路回填材料使用

③ 有关规定应成为促进建设项目指定副产物作为再生资源利用的判定标准的相关事项的省令

■ 促进建设项目残土的利用

工程项目的建设者，在从施工现场运出建设残土时，应按规定进行相关信息的收集，并将其提交给有关部门，以供其他工程项目再利用时作为参考（该令第4条）。

■ 促进混凝土块、沥青混凝土块和项目用木材下脚料等的利用

工程项目的建设者，在从施工现场运出混凝土块、沥青混凝土块或施工用

木材下脚料时，应事先进行检查和鉴别看其是否符合再资源化的规定条件，然后在粉碎或切断的基础上，将其运进再资源化设施（该令第6条）。

▶趣闻杂谈⑦ 连这些东西都需要建筑确认申请！

所谓建筑确认申请，系指在要营造建筑物时对其设计是否符合建筑基本法进行确认；但亦有结构物须要递交确认申请的情况。

如在修建以下结构物时：

高度超过6m的烟囱

高度超过15m的钢筋混凝土结构的柱以及铁柱或木柱等

高度超过4m的广告塔、广告板、装饰塔和纪念塔等

高度超过8m的高架水槽、筒仓和瞭望塔等

高度超过2m的挡土墙

或在设置以下结构物时：

乘用电梯或自动扶梯等观光设施

滑行橇板或滑行列车等高架游乐设施

螺旋滑行车、大型观览车、旋转陀螺和飞行塔等做回转运动的游乐设施

以及在公园内建造类似规模的纪念性结构物、修建较高的挡土墙和在游园地设置设计上非同一般的游乐设施等，均须递交确认申请。

像“观猴电车”那样的游乐设施是否也要申请确认呢？

9章 • 资　　料

请立刻翻阅

9-1 植物一览表

1 树木特征一览表

树种名	常绿或落叶	高木或低木	树高	移植难易	生长	阴阳	土壤	耐公害	耐潮汐	干湿	用 途
桃叶珊瑚	常阔	中低	2	易	快	阴	沙殖	强	强	湿	
梧桐	落阔	高	15	易	快	阳	壤土	强	强	中	景观树、绿荫树
红松	常针	高	30	中	中	阳	沙壤	弱	弱	干	景观树
马醉木	落阔	高	15	易	中	阳	腐殖	强	强	湿	景观树、行道树、绿荫树
八仙花	落阔	中低	2	易	快	阴	腐殖	强	强	湿	景观树、公园、庭园
大花六道木	半常阔	低	2	易	快	半阴		强	强	皆可	
粗构	常阔	高	10~20	中	快	半阴	壤土	强	中	中	景观树、树篱
色木槭	落阔	高	20	易	快	半阴	壤土	弱	弱	中	景观树、观赏树
紫杉	常针	高	15	难	慢	阴	壤土	中	中	中	景观树、整形树、树篱
银杏	落阔	高	30	易	中	阳	壤土	强	中	中	高树、景观树、行道树、整形树
槲	落阔	高	12	易	快	半阴	壤土	中	弱	中	景观树（独立）
犬黄杨	常阔	高	10	易	慢	阴	壤土	强	强	中	景观树、低木、整形树、树篱
土松	常针	高	5~10	中	慢	阴	沙殖	中	强	湿	景观树、防灾树、树篱、海滨绿化
鸡爪枫	落阔	高	10	易	快	半阴	壤土	弱	弱	湿	观赏树、低木、树篱（鸡爪枫）
乌冈栎	常阔	高低皆有	15	难	慢	半阴	壤土	强	强	中	防灾林、树篱、整形树
梅	落阔	高	2~10	易	慢	阳	壤土	中	强	中	景观树、梅林、庭园树
野茉莉	落阔	高	7~8	中	中	阴	壤土	中	强	中	配景树、观赏树
朴树	落阔	高	20	易	慢	阳	壤土	中	强	中	宅地林、景观树
槐	落阔	高	10	中	快	阳	壤土	强	中	中	景观树、行道树、花木
大岛樱	落阔	高	10	易	快	阳	壤土	强	强	中	景观树、行道树、花木
蝴蝶戏珠花	落阔	中、低	3	易	慢	阳	腐殖			干	
紫杜鹃	常阔	低	2	易	快	半阴	腐殖	中	中	中	

续表

圆柏	常针	高	10	易	快	阳	沙质	强	强	干	配景树、用于工厂或学校
海棠	落阔	高	3~4	易	快	阳	殖壤	中	弱	中	庭园树、公园树、花木
枫	落阔	高	5~15			阳					景观树、庭园树、公园树
柿树	落阔	高	15~20	难	慢	阳	壤土	中	强	中	景观树、家庭果树
枸骨	常阔	高	10	难	慢	阴	腐殖	强	强	湿	低木、配景树
青冈栎	常阔	高		难		阴				湿	
桂树	落阔	高	25	易	快	半阴	壤土	中	中	湿	景观树
光叶石楠	常阔	高	10	中	中	半阴	壤土	中	中	中	整形树、篱笆树
榧子树	常针	高	30	中	慢	阴	腐殖	强	强	中	景观树、整形树、树篱
落叶松	落针	高	30	难	快	阳	沙壤	弱	弱	干	主树、观赏树、整形树
藤黄	常阔	中、低		易	慢		腐殖			湿	
小叶山茶	常阔	低		难	慢	阴	黏性	强	强	中	
夹竹桃	常阔	中	5	易	快	阴	沙殖	强	强	干	
石岩	常阔	低	3	易	慢	阳	沙殖	强	强	中	
木樨	常阔	高	10	中	慢	半阴	壤土	中	中	中	景观树、树篱、整形树
樟	常阔	高	35	难	快	半阴	壤土	强	强	中	景观树、行道树
柞	落阔	高	15	中	快	阳	壤土	中	中	湿	景观树
铁冬青	常阔	高	10~15	易	慢	半阴	壤土	强	强	中	景观树、实物
黑松	常针	高	35	中	慢	阳	沙殖	中	强	干	景观树、和式庭园、防潮林
月桂	常阔	高	10	难	快	阴	壤土	强	强	中	配景树、纪念树、整形树
榉	落阔	高	30	中	快	阳	壤土	弱	中	中	景观树、行道树
龙柏	常针	高	30~40	难	中	阴	沙质	中	中	湿	景观树
小栀子	常阔	低	0.4	易	慢	阴	腐殖	中	中	湿	花木、地被
麻叶绣球	落阔	低	2	易	快	阳	腐殖				
小橡子	落阔	高	15	中	中	阳	壤土	弱	弱	干	景观树
辛夷	落阔	高	10~15	中	快	半阴	壤土	中	中	湿	配景树、花木
山茶	常阔	高	10	易	慢	阴	壤土	中	强	中	低木、花木、树篱、配景树
紫杜鹃	常阔	低	1	易	中	阳	腐殖	强	中	干	树篱、整形树、花木、多色
山樱	落阔	高	5~10	中	快	阳	壤土	中	弱	中	景观树、行道树、花木
紫薇	落阔	高	6~7	易	中	阳	沙殖	中	强	干	高木、花木、配景树

续表

花柏	常针	高	30	易	快	半阴	壤土	中	中	中	景观树、树篱、整形树
珊瑚树	常阔	高	10	易	快	阴	壤土	强	强	湿	低木、树篱、防火树、整形树
东亚唐棣	落阔	高	3~5	中	中	半阴	壤土	强	强	中	庭园树、树篱
垂柳	落阔	中	15	易	快	阳	腐殖	强	强	湿	滨水景观树
绣线草	落阔	低	1.5	易	快	阳	沙殖			干	树篱、花木
石楠	常阔	中低	2.5	难	慢						
车轮梅	常阔	低	2	难	慢	阳	沙殖	强	强	干	整形树、花木
白柞	常阔	高	20	中	快	半阴	壤土	强	强	中	景观树、高树篱、防风用
白桦	落阔	高	20	中	快	阳	壤土	中	弱	干	观赏树
广玉兰	常阔	高	15	难	快	阴	壤土	强	中	湿	低木、配景树
瑞香	常阔	低	1	难	慢	阴	沙殖	强	中	湿	花木
悬铃木	落阔	高	20~30	易	快	阳	壤土	强	中	中	景观树、行道树（platanus）
弗吉尼亚栎树	常阔	高	25	易	快	半阴	壤土	强	强	中	景观树、防风树、高篱
染井吉野樱	落阔	高	10	中	快	阳	壤土	弱	弱	中	景观树、行道树、花木
玉兰	常阔	高	20	难	中	阳	壤土	中	强	中	景观树、纪念树
鳄梨树	常阔	高	20	难	快	阴	壤土	强	强	中	景观树、防潮树
大叶冬青	常阔	高	15	易	慢	阴	壤土	中	中	中	配景树、实物
黄杨	常阔	中低	5	易	慢	阴	沙殖	强	强	中	
海石榴	常阔	中	3	难	慢	阴阳	沙殖	强	强		
德国桧	常针	高	40	中	慢	阴	沙壤	中	中	各	景观树
冬槭	落阔	高	15	易	快	阳	壤土	强	中	中	景观树、整形树、树篱
吊钟花	落阔	低	5	易	慢	阳	腐殖	中	弱	湿	整形树、树篱、花木、红叶
女贞子	常阔	高	5~8	易	快	阴	壤土	强	强	中	公园树、用于遮蔽
七叶树	落阔	高	25	难	快	阴	壤土	弱	中	湿	景观树、花木
乌柏	落阔	高		难	快	阴阳					花木
七度灶	落阔	高	10	中	慢	半阴	壤土	强	中	中	景观树、行道树
黄栌	落阔	高	15	难	快	阳	腐殖	中	强	湿	景观树、行道树
南天竹	常阔	中低	4	易	慢	阴	腐殖	中	强	湿	实物、篱笆、食饵植物
美国崖柏	常针	高	15	易	中	阴	壤土	强	弱	中	庭园树、公园树、有香气
刺槐	落阔	高	25	易	快	阳	沙质	强	中	干	花木

续表

白茶花	常阔	高	3~4	易	快	阴	壤土	强	强	中	低木、防火树、防潮树、树篱
合欢	落阔	高		难	快	阳	沙殖		强	中	
矮松	常针	低	0.6	难	慢	阳	沙殖	强	强	干	地被、防风沙
胡枝子	落阔	中低	1~1.5	易	快	阳		中	弱	干	
白云木	落阔	高	10	易	快	阴	壤土	中	中	中	配景树、花木、行列树
白木莲	落阔	高	15	难	慢	半阴	壤土	中	中	中	景观树、花木
海仙花	落阔	中低	2~5	易	慢	阳	沙殖	强	强	中	花木
四照花	落阔	高	5~10	中	中	半阴	壤土	弱	弱	中	公园树、庭园树、花木
芦荻	常阔	低	5	易	慢	阴阳	沙质	强	强	干	树篱、整形树
赤杨	落阔	高			快	阳	腐殖			湿	
柊	常阔	高	4~8	易	慢	半阴	壤土	强	强	中	景观树、低木、整形树
刺叶桂花	常阔	高	5	易	快	阴	壤土	强	强	湿	低木、树篱、整形树
柃木	常阔	中	5	易	慢	阴	腐殖	强	强	干	树篱、整形树、食饵植物
扁柏	常针	高	30	易	快	阴	壤土	中	中	中	景观树、树篱
雪松	常针	高	40	易	快	阳	沙质	中	中	中	景观树、整形树
乌饭	落阔	高	15	难	快	阴	壤土	中	中	中	低木、花木、配景树
金丝桃	常阔	低	1	易	快	阴阳	沙质	中	中	干	
日本厚朴	落阔	高	20	中	快	阴	壤土	中	○	湿	配景树
橄榄	常阔	高	20	易	中	阴	壤土	中	强	中	庭园树、公园树、景观树
白杨	落阔	高		易	快	阳	腐殖	强	强	湿	
欧卫矛	常阔	中	3~5	易	快	阴	腐殖	强	强	中	树篱、食饵植物
松	常针	高								干	景观树、防沙树木
全手叶椎	常阔	高	10	中	快	阳	腐殖	强	强	中	景观树、行道树
卫矛	落阔	高	5	易	中	阳	腐殖	中	中	湿	低木、配景树、实物
木槿	落阔	中	2~5	易	快	阴阳	腐殖	强	中	皆可	树篱、花木、多色
糙叶树	落阔	高	15~20	易	快	阴阳	黏殖	中	强	湿	绿荫树、食饵植物
水杉	落针	高	30	易	快	阳	腐殖	中	强	湿	景观树（粉黄杉）
冬青	常阔	高	8	易	慢	阴	壤土	强	强	中	景观树、树篱、防火树
厚皮香	常阔	高	10~15	中	慢	阴	壤土	强	强	中	景观树、低木
冷杉	常针	高	30~50	难	快	半阴	沙壤	弱	中	干	高木、观赏树
桃树	落阔	高	3~5	易	快	阳	壤土	中	强	中	景观树、家庭果树

续表

野山茶	常阔	高	15	中	慢	半阴	壤土	强	强	中	景观树、防潮树
山樱	落阔	高	10	中	快	阳	壤土	弱	弱	中	景观树、行列树、花木
四照花	落阔	高	10	易	中	半阴	壤土	中	中	湿	配景树、观赏树、花木
山桃	常阔	高	15	中	慢	半阴	壤土	强	强	中	景观树、防潮树
珍珠花	落阔	低	1~1.5	易	快	阳	腐殖	强	中	中	花木
虎皮楠	常阔	高	15	难	慢	阳	腐殖	中	强	强	装饰树、配景树、低木
百合	落阔	高	30	难	快	阳	壤土	中	中	中	景观树、行道树
紫丁香	落阔	中	2~6	易	快	阳	腐殖	中	中	中	花木
罗汉松	常针	高	5~6	易	慢	半阴	壤土	中	强	中	防火树、树篱、景观树
落羽杉	落针	高	25	易	快	阴	腐殖	中	弱	湿	绿荫
栀子	落阔	高	3~5	易	中	阳	壤土	中	中	中	配景树、观赏树、花木
连翘	落阔	低	3	易	快	阳	腐殖	中	中	中	花木
腊梅	落阔	中	3	易	快	阳	腐殖	中	中	中	花木

2 地被植物特征一览表

种类名	高度〔cm〕	阴阳	花色	干湿	用途及特征	钵/m²
凹叶景天	10	阳~中	淡紫	中	叶面有黄、红和白色斑点。耐干性强	36
美洲鸢尾	10~25	阳~中			可常年利用	
有州川石菖蒲	15	阴~中		湿~中	别名小石菖蒲	64
呼吸铃子香	10	阴~中	紫红	中	系有匍匐茎常绿小高木，有香气	
翠野林鼠曲草	2.5~5	阳~中	红		密生，叶片繁茂呈灰绿色，似棕垫状伸展。适合于岩石较多的坡面	25
凤尾竹	60	阳~中		中	适于坡面	36
岩葵	10	阳~中		湿~中	生长缓慢	64
岩菅	10~40	阴~中		湿~中	常绿多年生草，耐大强度修剪	25
吉祥草	30	阴~中		湿~中	常绿多年生草，耐寒性强	36
仓间藓	3	阴~中		中	如用于墙面或室外，可在东京以南越冬	36
白三叶草	10	阳	白	湿~中	适用于坡面的多年生草，耐贫瘠土地	种子
毛竹	30	阳~中		中	适合于坡面生长	36
五色草	30	阳~中		中~湿	有类似蕺菜的斑点	36

续表

栒子属	30	阳~中	白	中	形态及其发育类型因品种而各不相同	25
草樱	15~20	阳~中	白红	中	开红色、白色或薰衣草色的花。生长十分繁茂	36
蝴蝶花	40	阴~中	淡紫	中~湿	叶、花均很美丽，适于坡面生长	25
沿阶草（书带草）	7~15	阴~中		湿~中	具有优异的耐寒性、耐热性和耐潮性，自古以来便一直作为地被植物的代表得到广泛应用	36
宿根马鞭草	10~20	阳~中	多色	中	具有耐潮性，花期长，花色多	25
白花鹅毛玉凤草	5	阳~中	白	中~湿	也有开紫色花的紫玉凤草	
杉藓	5	阴~中		湿	怕干燥，适于在含水率较高的土壤生长	密铺
铃兰	15~25	阴~中	白		自5月起一直到6月，开带有芳香的白色花朵。红色的果实不可食。具侵略性	25
西洋岩竹	10~20	阴~中	白	湿	新叶呈现美丽的红、粉、白和黄等颜色	
石菖蒲	30	阴~中		中~湿	适于滨水绿化	36
景天	2.5~40	阳~中	黄		耐干性极强，可用于屋顶绿化。其形状多种多样。与杂草竞争的能力弱	36
圆羊齿	30	阳~中		湿~中	可生长在石垣的填缝土上	25
稚竹	50	阳~中		中	坡面	36
茶蒲沿阶草		阴			喜阴湿环境，适应性强	81
长春蔓	20	阳~中	淡紫	中	因具匍匐性，故可下垂	25
大吴风草	30	阴~中	黄	湿~中	具耐干性和耐潮性	36
金盏菊	5	阳~中		湿~中	可进行播种，便于绿化用	种子
木贼	50	阴~中		湿~中	水边亦可生长	36
矮桧	15~150	阳~中		中	系常绿针叶树，具匍匐性，耐潮性强	
蜘蛛抱蛋	100	阴~中		湿~中	叶片美丽而有光泽	25
蚊母类	20~50	阴~中	黄	湿~中	其形态及性状因品种而各异	16
小长春蔓	匍匐	中	紫	湿~中	耐阴，阳性强	25
富贵草	20	阴~中	白	湿~干	耐寒性强	64
波斯顿蕨	3	阳~中	黄	干~中	伸展匍匐茎	36
紫金兰	30	阴~中	紫	中	花、叶美丽	36
虎耳草	10	阴~中	白	湿~中	墙面有些许土即可栽植成活	64
松叶草	10	阳	紫红	干~中	耐干性强；耐寒性差	36
鼠牙半支莲	5~10	中	黄	湿~中	匍匐伸展，成片开花	36

3 草皮种类及其特征一览表

分类	草种名	特点	用途					施工方法
			庭园	公园	运动场	高尔夫球场	坡面绿化	
暖地型草皮	日本芝草	日本原生草种，叶大且壮，表面稍显粗糙。生长慢，耐病虫害，耐寒、耐热和耐干性强。主要生长在日本东北地区南部	◎	◎	○	◎	○	因系匍匐型，故一般多用于满铺和条铺。其他尚有ZN工法、吹播和机播等
	高丽草	日本原生草种，叶幅较窄，但外观致密。北起北海道南至冲绳都有生长	◎	◎		◎		因系匍匐型，故一般多用于满铺和条铺。其他尚有ZN工法和机播等
	百慕达草	因其繁殖力极其旺盛，并具有很强的自我恢复力，故颇受青睐。但不能缺少阳光	○	○	◎	○	○	满铺、条铺、ZN工法和撒播等
	圣奥古斯丁草	不需要太多阳光，杂草难以混入。叶幅较宽，且比较坚硬，维护简单	○	○	○	○	○	满铺、条铺和ZN工法等
	马尼拉草	叶幅稍宽，且较粗糙；但杂草难以混入，耐寒性强。维护简单	◎	◎	○	○	◎	播种、满铺和吹播
	百喜草	耐盐害等反应的能力强，繁殖也旺盛	○	○	○	○	○	满铺、条铺和ZN工法
寒地型草皮	黑麦草	因其纤细和致密，故多用于高尔夫球场。管理比较麻烦				◎		播种、满铺、部分品种可撒播
	六月禾	寒地型草皮的代表性品种。叶虽纤细，却具很强的耐摩擦性，主要用于运动场	◎	◎	◎	◎	○	播种、满铺和吹播
	爱芬地毯草	叶子细长是其显著的特点。无需长时间的日照，耐寒性强，并可适应较恶劣的土壤条件					◎	播种、吹播
	高狐草	在寒地型草皮中最能够耐受暑热、病害和日阴的品种。叶面阔而粗糙	○	○	◎		◎	播种、吹播
	匹克威草	生长极快的应急绿化草皮，尤其被用于冬季大地的覆盖物						播种、满铺和吹播
	贝尼尔草	发芽和早期生长状况都具优势，亦多用于作为冬季大地覆盖物。不适合长期栽培					◎	播种、满铺和吹播

9-2 各种模数

1 人体动作模数

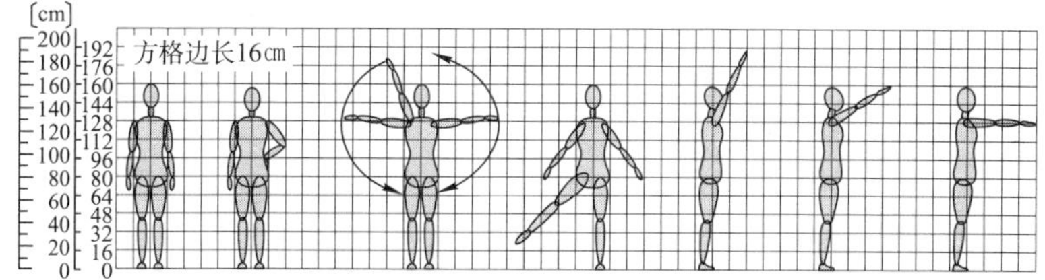

日本建筑学会编：《建筑设计资料集成1》，p34，丸善社（1960）

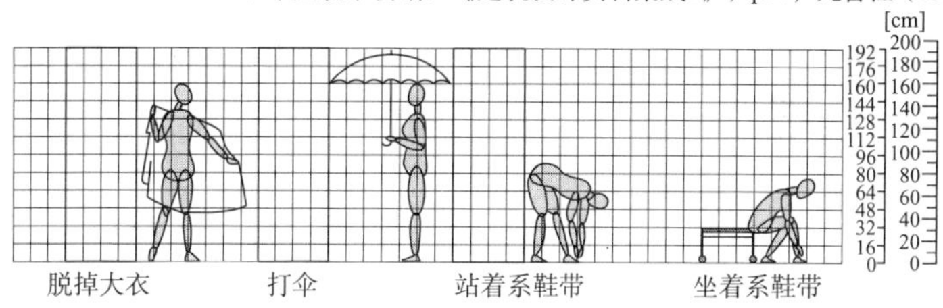

日本建筑学会编：《建筑设计资料集成1》，p35，丸善社（1960）

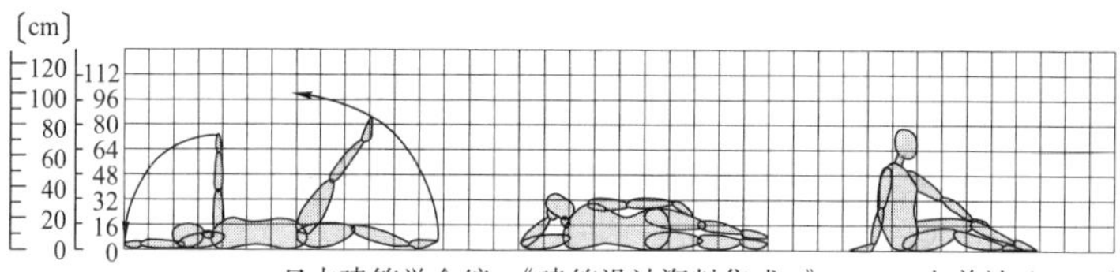

日本建筑学会编：《建筑设计资料集成1》，p38，丸善社（1960）

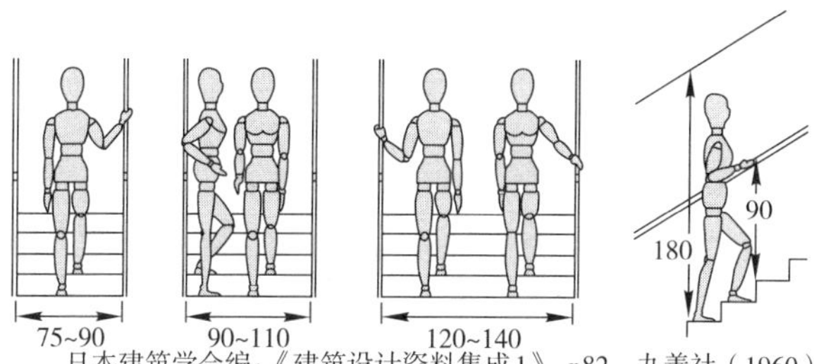

日本建筑学会编：《建筑设计资料集成1》，p82，丸善社（1960）

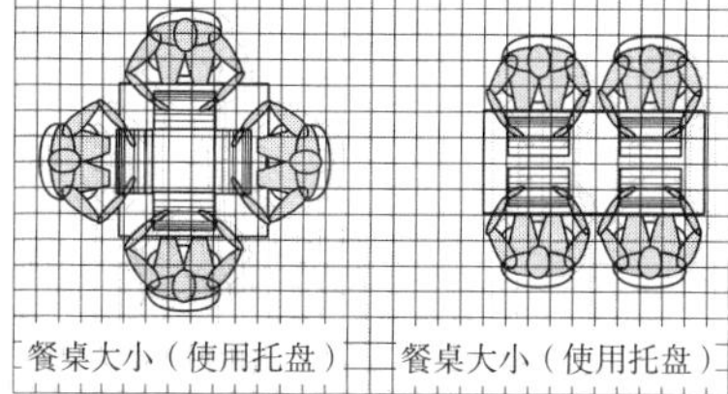

日本建筑学会编：《建筑设计资料集成1》，p41，丸善社（1960）

2 汽车尺寸与动线

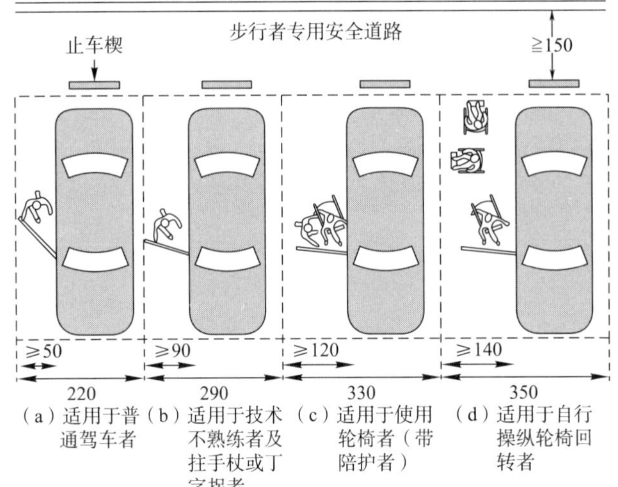

◆乘用车的车体间隔

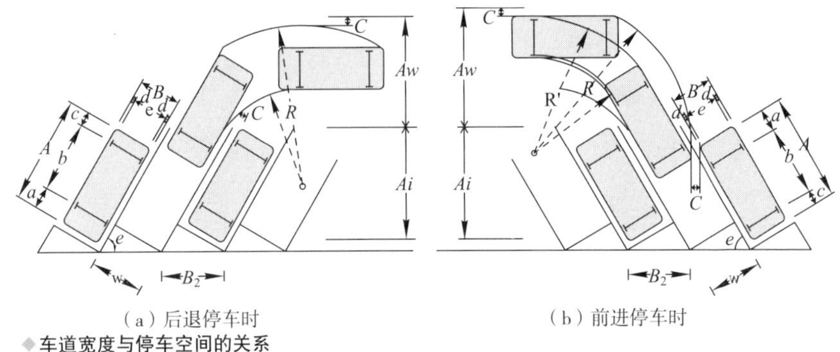

◆车道宽度与停车空间的关系

日本建筑学会编：《建筑设计资料集成5 单位空间Ⅲ》，p108，丸善社（1982）

3 自行车尺寸与停车方式

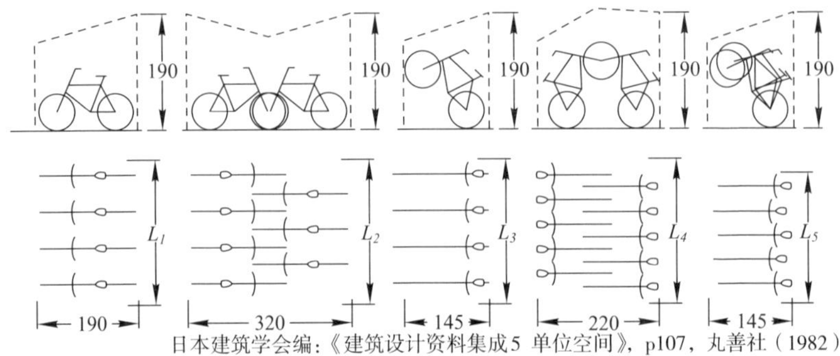

日本建筑学会编：《建筑设计资料集成5 单位空间》，p107，丸善社（1982）

9-3 规模计算资料

(1) 设施的标准单位规模及其利用率

公共设施名	单位	标准单位规模	备　注
停车场（乘用车） （公共汽车）	1台 1台	30~50m^2 70~100m^2	利用者每人1.7~2.5m^2（平均2.2m^2） 单位规模面积45m^2，每台车乘20人
园地	1人	15m^2	
休息室	1人	1.5m^2	利用率为园地利用者的13%
厕所	1人 1孔	3.3m^2	利用率为园地利用者的1.25%；如系宿舍，则相对于其可接纳人数的5%~10%
供水设施	1人	75~100l	单位为每名留宿客人；当天离开则为其1/3
运动广场	1人	60m^2	
野营场地	1人	30~50m^2	
海水浴场	1人	15~30m^2	沙滩面积
滑雪场（初、中级） （高级）	1人 1人	100~150m^2 150~200m^2	利用率为7%~35%
游客观光中心	1人	1.5~2.0m^2	利用率为30%~50%，平均停留时间30分钟，周转率为1/7~1/10
园地・园路	面积	2.0m^2	园地面积的15%
地区园路（车道） （步道）	面积	5.0~6.0m^2 2.0%	地区面积的1.5% 地区面积的0.5%

日本建筑学会:《造园手册》，p710

(2) 公共厕所便器数标准

场所	男用大便器	男用小便器	女用大便器
露营场地	80人1个	80人3个	20人1个
海水浴场	80人1个	80人1个	80人1个
旅店	15人1个以上	20人1个以上	10人1个以上

日本建筑学会:《造园手册》，p1048

(3) 各类设施的照度

<table>
<tr><th>照度〔lx〕</th><th colspan="4">道路</th><th colspan="3">广场</th><th>公园</th></tr>
<tr><td>500</td><td rowspan="3">地下商店街</td><td></td><td></td><td></td><td></td><td></td><td></td><td></td></tr>
<tr><td>200</td><td rowspan="3">商店街</td><td rowspan="4">地下道路</td><td></td><td></td><td></td><td></td><td></td></tr>
<tr><td>100</td><td rowspan="3">街区步道</td><td></td><td></td><td></td><td></td></tr>
<tr><td>50</td><td></td><td rowspan="3">与交通相关广场</td><td rowspan="4">停车广场</td><td></td><td></td></tr>
<tr><td>20</td><td></td><td></td><td rowspan="4">其他广场</td><td rowspan="4">主要场所</td></tr>
<tr><td>10</td><td></td><td></td><td></td><td rowspan="4">住宅区道路</td></tr>
<tr><td>5</td><td></td><td></td><td></td><td></td></tr>
<tr><td>2</td><td></td><td></td><td></td><td></td><td></td></tr>
<tr><td>1</td><td></td><td></td><td></td><td></td><td></td><td></td><td></td></tr>
</table>

日本建筑学会:《造园手册》，p1067

(4) 电压压降

电缆长度〔m〕	电压压降〔%〕	
	由设在场所内的变压器供给电力时	接收来自供电部门以低压供给的电力时
120以下	5以下	4以下
200以下	6以下	5以下
200以上	7以下	6以下

日本造园学会:《造园手册》，p1069

9-4 造园材料标准尺寸

界石											
种类	简称	代号	上面宽		底面宽		高度		r	长度	
			a	允差	b	允差	h	允差		l	允差
单面步车道界石	单	A	150	± 2	170	± 3	200	± 3	20	600	± 3
		B	180		205		250		30		
		C			210		300				
双面步车道界石	双	A	150	± 2	190	± 3	200	± 3	20	600	± 3
		B	180		230		250		30		
		C			240		300				
地端界石	地	A	120	± 2	120	± 2	120	± 3	–	600	± 3
		B	150		150						
		C					150				

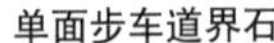
单面步车道界石　　双面步车道界石　　地端界石

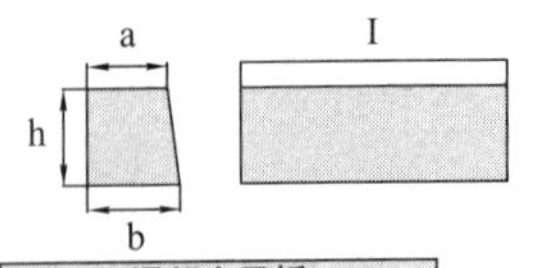
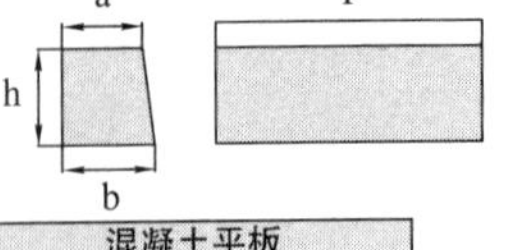

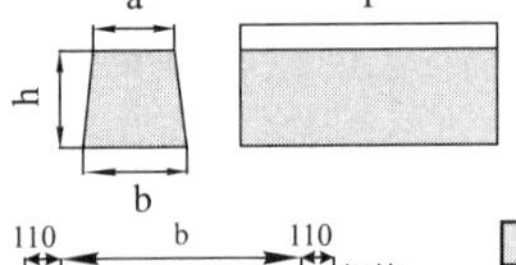

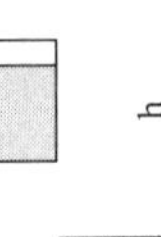

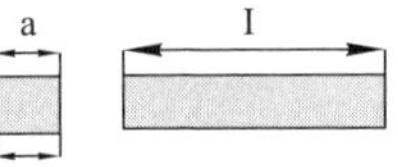

混凝土平板		
尺寸〔mm〕		
a	b	c
300	300	60
300	300	30
400	400	60
400	400	30
450	450	60
500	500	60

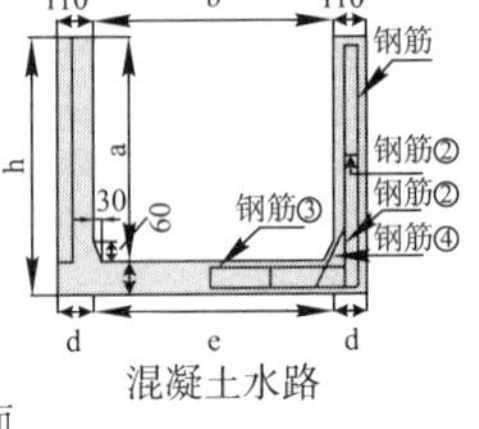

混凝土水路

盲文标识板			
类别	尺寸〔mm〕		
	a	b	t
引导	300	300	30
	300	300	60
	297	297	60
警示	300	300	30
	300	300	60
	297	297	60

标准管道断面　　引水管道断面

箱型涵洞

混凝土水路							
公称（B × H）	外宽（B'）	外高（H'）	长度（L）	顶板厚（T_1）	底板厚（T_2）	侧壁厚（T_3）	加腋（C）
400 × 400	560	560	2 000	80	80	80	60
500 × 500	680	680	2 000	90	90	90	90
600 × 400	800	620	2 000	110	110	100	100
× 450		670					
× 500		720					
× 600		820					
× 700		920					
× 800		1 020					
× 900		1 120					
× 1 000		1 220					
700 × 500~1 200	900	720~1 420	2 000	110	110	100	100
800 × 500~1 100	1 000	720~1 320	2 000	110	110	100	100
900 × 500~1 200	1 100	740~1 440	2 000	120	120	100	120
1 100 × 600~1 500	1 340	780~1 780	2 000	140	140	120	150
1 200 × 600~1 500	1 460	900~1 800	2 000	150	150	130	150
1 300 × 700~1 300	1 560	1 000~1 600	2 000	150	150	130	150
1 400 × 600~2 000	1 660	900~2 300	2 000	150	150	130	150
1 600 × 700~2 000	1 880	1 020~2 320	2 000	160	160	140	150
1 700 × 700~2 000	2 000	1 040~2 340	2 000	170	170	150	150
1 800 × 800~2 000	2 100	1 140~2 340	2 000	170	170	150	150
1 900 × 1 500~2 000	2 220	1 860~2 360	2 000	180	180	160	150
2 000 × 800~2 500	2 320	1 160~2 860	2 000	180	180	160	150
2 500 × 1 000~2 300	2 900	1 440~2 740	1 500	220	220	200	200
2 600 × 1 800~2 300	3 000	2 240~2 740	1 500	220	220	200	200
3 000 × 1 000~1 800	3 400	1 440~2 240	1 000	220	220	200	200

箱型涵洞					
内高H	内宽B	$T_1 \cdot T_2$	T_3	C	R
600	600	130	130	100	1 200
700	700				1 400
800	800				1 600
600	900				1 800
900	900				1 800
800	1 000			150	2 000
1 000	1 000				2 000
1 500	1 000				2 000
1 100	1 100				2 200
800	1 200				2 400
1 000	1 200				2 400
1 200	1 200				2 400
1 500	1 200				2 400
1 300	1 300	140			2 600
1 400	1 400	150	130		2 800

※表中仅列出其中极小一部分尺寸。此外尚有更多种类及其尺寸

9-5 工程参考造价

由于工程费用会因工程的规模、使用材料的种类、价格波动、运输距离及其他条件而有很大变化，因此下面的费用金额，只作为一般的标准被用于初步设计等。

土木工程		
平整土地（人力）	2 880日元/㎡	仅工时费
（机械）	340日元/㎡	仅工时费
挖土（人力）	3 400日元/m^2	仅工时费
挖根（人力）	6 750日元/m^3	仅工时费
（机械）	1 000日元/m^3	仅工时费
回填（人力）	3 130日元/m^3	仅工时费
填土（人力）	3 460日元/m^3	仅工时费
（机械）	770日元/m^3	仅工时费
碎石地基	7 850日元/m^3	含材料及夯实
铺沙	6 700日元/m^3	含材料

围墙·院门工程		
铝制栅栏H-0.9	5 180日元/m	基础材料工时
H-1.8	7 570日元/m	基础材料工时
H-2.5	10 520日元/m	基础材料工时
H-3.0	13 550日元/m	基础材料工时
栅栏门W-2.0H1.8	60 600日元/座	基础材料工时
砌块围墙H-1.1	27 745日元/m	基础材料工时
H-1.9	46 548日元/m	基础材料工时
篱笆(石楠+方框)H-1.2	17 600日元/m	基础材料工时
菱形篱笆(竹制)H-1.2	20 000日元/m	基础材料工时
人造木栅栏(栎)	12 500日元/m	基础材料工时
护栏	30 000日元/m	基础材料工时

园路·铺装工程（参照第6章6-3节“铺装工程”）

挡土墙工程（参照第6章6-5节“挡土墙工程”）

游乐设施工程		
秋千(2联)	315 100日元/座	含护栏及材料工时
(4联)	457 900日元/座	含护栏及材料工时
滑梯H-1.8	331 000日元/座	含材料工时
单杠(3联)	101 300日元/副	含材料工时
儿童攀爬器W-2.5H-2.5	460 000日元/副	含材料工时
跷跷板	274 000日元/座	含材料工时
云梯H-2.0L-4.5	210 000日元/架	含材料工时
沙坑3.0×6.0	550 000日元/座	含材料工时
幼儿用复合游戏器具	2 500 000日元/套	含材料工时
儿童用复合游戏器具	4 700 000日元/套	含材料工时
木制鹿砦	2 000 000日元/座	含材料工时
体育游乐器(箍筋台)	450 000日元/座	含材料工时
拱梯	720 000日元/座	含材料工时
靠背观众席	470 000日元/套	含材料工时
健身器材	2 700 000日元/套	含材料工时
蹦床	180 000日元/副	含材料工时

公园设施		
木制长椅 有靠背	150 000日元/副	含材料L-1.8
无靠背	110 000日元/副	含材料L-1.8
木制户外桌W-1.8×1.8	350 000日元/张	含椅子、材料
饮水器W-0.8H-550D-450材料	220 000日元/个	不含接管
木制标志		
大型h-1.8w-1.8	250 000日元/个	
小型h-1.2	80 000日元/个	
木制亭子3.0×3.0	2 800 000日元/座	不含接管
木制蔓亭3.6×3.0	800 000日元/座	不含接管
避难所 铝制W-2.0D-4.0H-3.0	750 000日元/座	不含接管
止车楔 人造石 φ250	36 000日元/个	H-450
不锈钢 φ102	125 000日元/个	H-800
不锈钢W-1.0H-0.65	55 000日元/个	组装式
厕所		
女3蹲位、男1蹲位3站位	5 000 000日元/座	仅含木材
女1蹲位、男1蹲位1站位	4 000 000日元/座	仅含材料
净化槽 5人槽	340 000日元/座	仅含材料
木制平台	14 200日元/㎡	材料

园林工程		
混凝土基底贴石水池	40 000日元/m^2	材料工时
天然砌石护岸	25 000日元/m	材料工时
游泳池(抹灰浆)	100 000日元/m^2	材料工时
3面混凝土水路W-1.0	44 000日元/m	材料工时
砌卵石水路W-1.5	100 000日元/m	材料工时
木桥W-1.5	80 000日元/m	材料工时
木桩护岸(L-2.0)	25 000日元/m	材料工时
庭园石W-1.0D-0.6H0.3	75 000日元/块	材料工时
石灯笼W-0.4D-0.4H1.0	100 000日元/座	材料工时
坡面绿化工程		
种子吹播	200日元/块	材料工时
带客土吹播	2 500日元/块	材料工时
栽植网	5 000日元左右/张	材料工时
草皮	800日元/m^2	材料工时
庭园主景石	38 000日元/t	仅材料
沙砾铺装	225 000日元/m^3	仅材料

树木保护工程		
树木护圈 铸铁制 φ1 200	47 200日元/个	材料
铸铁制 φ1 500	68 200日元/个	材料工时
		材料工时
支柱 扶架(刚竹)	1 200日元/个	材料工时
(杉原木)	1 700日元/个	材料工时
横担扶架	3 500日元/个	材料工时
人字扶架(刚竹)	4 500日元/个	材料工时
(杉原木)	9 000日元/个	材料工时
支架(1柱)	3 500日元/个	材料工时
(2柱)	6 000日元/个	材料工时
双脚门形扶架	5 500日元/个	材料工时
十字门形扶架	12 000日元/个	材料工时
围草 H-1.0	10 000日元/处	材料工时
遮雪棚 H-3.5	30 000日元/处	材料工时
围蒲包	700日元左右/处	材料工时
围草席	5 000日元左右/处	

9章 资料

树木价格（仅材料价格）

针叶高木(h–2.0m)	日元
红松	4 400
紫杉	1 700
土松	4 300
圆柏	3 400
黑松	4 600
樱	3 000
杉	3 800
罗汉柏	5 400
扁柏	3 200
雪松	4 100
落羽杉	5 000
罗汉松	3 500

常绿阔叶高木(h–2.0m)	日元
粗构	3 300
乌冈栎	4 400
枸骨	4 000
木樨	6 000
樟	3 800
铁冬青	4 500
山茶	4 800
白柞	3 300
弗吉尼亚栎	3 500
鳄梨	3 800
白茶花	3 600
全手叶椎	2 700
冬青	5 000
厚皮香	8 200
野山茶	8 200

落叶阔叶高木(h–3.0m)	日元
银杏	8 000
鸡爪枫	1 400
梅	1 000
野茉莉	8 700
朴树	8 400
槐	7 600
大岛樱	6 100
桂树	4 400
柞	8 000
榉	4 600
小橡子	8 000
辛夷	11 000
紫薇	22 000
佐然樱	18 000
白桦	7 200
染井吉野樱	6 000
玉兰	9 000
四照花	20 000
木槿H–2.0	2 900

常绿阔叶低木(h–0.5m)	日元
桃叶珊瑚	870
犬黄杨	610
紫杜鹃	950
小叶山茶	3 100
夹竹桃	500
石岩	950
栀子	570
杜鹃H–0.4	1 100
石楠	2 000
车轮梅	1 000
瑞香	1 600
桂竹	1 000
柃木	800
红光叶石楠	550
欧卫矛	470

落叶阔叶低木(h–0.5m)	日元
八仙花	600
金雀花	450
麻叶绣球	570
绣线草	620
吊钟花	850
海仙花	610
紫荆	600
灯台树	650
芙蓉(3株)	570
木瓜	730
胡枝子(3株)	450
棣棠	520
连翘	550
莲花杜鹃	1 200

竹(h–2.0m)	日元
黑竹	3 800
布袋竹	3 500
南竹H–3.5	8 100

球形植物(W–0.5m)	日元
铃子香	4 000
犬黄杨	3 500
红豆杉	4 300
杜鹃	4 000
吊钟花	4 200
小黄杨	3 400

草皮(m^2)	日元
日本芝草	410
高丽草	410
西洋草	700

地被类(1钵)	日元
吉祥草	230
络石	450
草樱	130
蝴蝶花	230
春兰	420
白芨	400
宿根马鞭草	220
水仙	220
圆柳	100
长叶子花	580
矮桧	800
蜘蛛抱蛋	440
紫花地丁	230
铺地柏	380
富贵草	180
芙蓉	360
麦冬	250
杜鹃	300
紫金牛	230
虎耳草	250
沿阶草	130
枸子属	230
夏地锦	200
换地锦	260
迎春花	250
佛肚竹	230
毛竹	400
稚竹	270

其他

项目	价格	备注
步车道界石		
150×170×200×600	810日元/块	仅材料
地端界石		
150×150×600	550日元/块	仅材料
L形侧沟600×500×155	1 260日元/件	仅材料
同上工程造价	9 400日元/m	材料工时
U字沟 内宽240	1 260日元/件	仅材料
同上工程造价	8 900日元/m	材料工时
内宽300A	1 400日元/件	仅材料
内宽600	4 730日元/m	仅材料
污水井ϕ500深1 050成品	7 390日元/座	材料工时
雨水井ϕ450深850成品	78 800日元/座	材料工时
集水井 内宽300方形 现场浇筑		材料工时
	72 000日元/座	材料工时
路灯 H-5.0	170 000日元/座	材料工时

劳务单价(8h/日)日元/人

工种	日元/人
特殊作业员	16 900
普通作业员	13 800
轻作业员	10 600
造园工	15 900
坡面工	18 600
架子工	17 400
石工	21 100
砌石工	21 400
电工	18 700
钢筋工	18 300
特殊车司机	17 200
普通司机	15 500
隧道特种工	17 900
土木普通工	19 800
模型工	17 700
木工	20 600
交通引导员	9 300
机械设备工	17 900

建设副产物受理费

受理类别	费用(日元/t)
废塑料类	40 950~
有机污泥	36 750~
木屑	29 400~
纸屑	29 400~
纤维屑	29 400~
动植物性残渣	36 750~
废油(固态)	31 500~
废油(液态)	31 500~
废油(泥状)	31 500~
施工混合废弃物	40 950~
泡沫聚乙烯	12 600日元/m^2~
医疗废弃物(感染性废弃物)	115 500~
医疗废弃物(非感染性废弃物)	63 000~

※表中“建设副产物受理费”的金额系以神奈川县为准，因地区不同，其金额亦有差异。

※参考资料：《建设物价》(财团法人)建设物价调查会，《预算资料》(财团法人)经济调查会，《预算手册(外部工程编)》建筑资料研究社，2007~2008

〈著者简历〉

木村 了

经历：1977年 武藏野美术大学造型学部建筑学专业毕业
曾做过建筑设计，目前则从事造园设计、环境规划设计和农村规划设计等工作

现在：株式会社荣设计一级建筑师事务所
东京农工大学兼职讲师(景观设计制图课程)
INWES japan(国际女性科技工作者网站）事务局长
NPO法人女工程师之友会会员

资格：工程师（农村环境专业）
一级注册建筑师
1级造园施工管理工程师

著作：《图解1级造园施工管理技术检定测验》(合著，诚文堂新光社）

水边断面详图

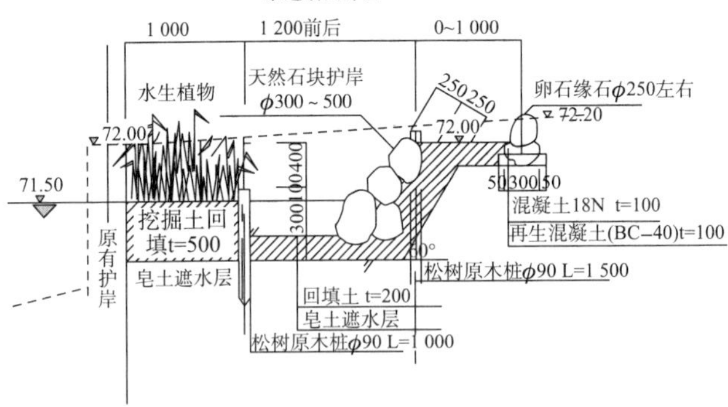

花岗岩缘石断面图

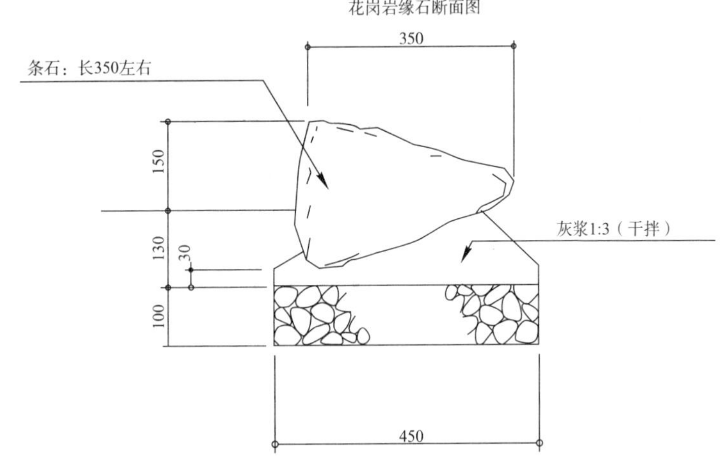

水边（沙滩部分）断面图

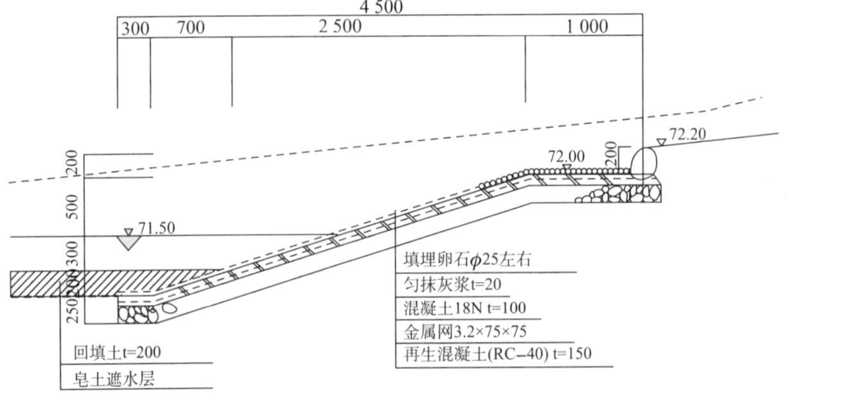

■各季节开花花种一览表

冬			
金鱼草　2~10月	小麦杆菊　2~5月	水仙　12~4月	仙客来　10~5月
藏红花　2~3月	三色堇　10~5月	紫罗兰　12~4月	圣诞蔷薇　12~3月
春			
地尾长闲草 2~3月	郁金香　3~5月	蓝雏菊　4~6月	延命菊　3~6月
风信子　3~4月	飞燕草　4~6月	樱草　3~7月	洋牡丹　5~6月
蝴蝶花　4~5月	喇叭花　5~7月	羽扇豆　4~5月	山梗菜　3~6月
薰衣草　6~7月	白芨　5~6月	红瞿麦　3~6月	紫花风信子　3~4月

夏

长春花　4～11月
花菖蒲　5～10月
向日葵　7～8月
牵牛花　7～9月
天香百合　6～7月
天竺牡丹　7～10月
红蓼　5～10月
美国蓝梅　4～11月
金莲花　4～10月
天竺葵　2～12月
一串红　7～11月
金盏花　5～10月
巴勒斯坦葵　3～11月
矮牵牛　4～11月
太阳花　7～10月
威灵仙　4～9月

秋

桔梗　6～9月
石蒜　9月
千日红　7～9月
菊　10～11月
杜鹃　9～10月
大波斯菊　7～11月
马缨丹　6～11月
山萝卜　6～10月

■树木一览表 （标注数字为树高）

常绿针叶高木

黑松　35m

雪松　45m

土松　5～10m

圆柏　10m

常绿阔叶中高木

木樨　10m

樟　35m

玉兰　20m

全手叶椎　10m

厚皮香　10～15m

犬黄杨　10m

鳄梨　20m

野山茶　15m

常绿阔叶低木

桃叶珊瑚　2m

大花六道木　2m

秋田胡颓子　2m

八角金盘

桂竹　1.5 ～ 2m

石楠　2.5m

紫杜鹃　2m

火棘　3m

落叶阔叶中高木

榉 30m

桂树 25m

染井吉野樱 10m

白桦 20m

辛夷 10～15m

灯台树 10～20m

七叶树 25m

枫 5～15m

落叶阔叶低木

金雀花 1～3m

麻叶绣球 2m

珍珠绣线菊 1～1.5m

吊钟花 5m

地被植物

细竹

迎春花

沿街草＋藓苔

及己

玉粒＋矮桧

圣诞蔷薇

富贵草

蝴蝶花